# MySQL 数据库项目化教程

## （活页式教材）

主　编　杨　琳

副主编　陈进军　何历怀　黎小花

王　慧　瞿小淦　付福杰

北京理工大学出版社
BEIJING INSTITUTE OF TECHNOLOGY PRESS

## 内容简介

本书采用最新的 MySQL 8 作为数据库系统平台，内容包括数据库技术的基础理论、实现方法、设计过程与开发应用等。

本书以任务驱动的方式设计了 4 个项目，每个项目又细化成若干具体任务。这些项目和任务旨在将理论与技能相结合，提高学生解决实际问题的专业技能。此外，本书还提供了 10 个任务工单，促进理论教学和实验教学融为一体。这些任务涵盖数据库的基础知识、高级操作、设计规划以及应用开发等方面，帮助学生更好地理解课程内容。每个任务工单都包含了具体的步骤和细节，让学生能够更加轻松地完成任务。

本书融合了理论和实践，是一本非常实用的 MySQL 数据库项目化教程，适合学生、数据库从业者和自学者使用。



**图书在版编目(CIP)数据**

MySQL 数据库项目化教程 / 杨琳主编. -- 北京 : 北京理工大学出版社, 2023.8

ISBN 978-7-5763-1968-2

Ⅰ. ①M… Ⅱ. ①杨… Ⅲ. ①SQL 语言-程序设计-高等学校-教材 Ⅳ. ①TP311.132.3

中国版本图书馆 CIP 数据核字(2022)第 258696 号

出版发行 / 北京理工大学出版社有限责任公司
社　　址 / 北京市海淀区中关村南大街 5 号
邮　　编 / 100081
电　　话 / (010) 68914775（总编室）
　　　　　(010) 82562903（教材售后服务热线）
　　　　　(010) 68944723（其他图书服务热线）
网　　址 / http://www.bitpress.com.cn
经　　销 / 全国各地新华书店
印　　刷 / 河北盛世彩捷印刷有限公司
开　　本 / 787 毫米×1092 毫米　1/16
印　　张 / 14.75
字　　数 / 314 千字
版　　次 / 2023 年 8 月第 1 版　2023 年 8 月第 1 次印刷
定　　价 / 52.00 元

责任编辑 / 王玲玲
文案编辑 / 王玲玲
责任校对 / 刘亚男
责任印制 / 施胜娟

随着信息技术的不断发展，数据在人们的社会生活中扮演着越来越重要的角色，它在金融管理、办公自动化、决策系统、信息检索、电子商务、大数据、人工智能等应用中发挥着重要作用，成为全球信息化的重要支撑。如果要存储和管理数据，那么离不开数据库。当数据存储到数据库后，需要数据库管理系统对数据进行操作和管理。MySQL 数据库管理系统是开源数据库管理系统中的杰出代表，其由于性能高、成本低、可靠性好等特点而受到了广泛应用。

本书选用最新的 MySQL 8 作为数据库系统平台，系统地介绍了数据库技术的基础理论、实现方法、设计过程与开发应用等内容。在内容编排上，采用了以项目引领任务驱动的方式，将学生需要具备的各项能力设计为 4 个项目，每一个项目再细化成若干具体任务，将理论与技能结合，以提高学生解决实际问题的专业技能为中心，在理论上保证足够深度的同时，尽可能深入浅出，使理论知识易于理解和吸收。

本教程的项目包括：

项目一　数据库设计，以学生信息系统为案例，主要介绍 MySQL 的安装与配置、数据库和表的设计与管理等知识，是全书的基础。

项目二　数据的管理与操作，以学生信息系统为案例，对其中的数据进行操作，是项目一的延续，主要介绍数据的增删改查的操作方法、索引和视图的创建与管理，是数据分析的重要技能。

项目三　数据的开发与维护，以图书管理系统为案例，主要介绍 MySQL 数据库编程知识、数据库存储过程和触发器的设计与应用，是对数据库技术的进阶学习。

项目四　数据库综合应用，以网上购物商城为案例，主要是前三个项目的知识点的综合应用，提升实战能力。

本书还提供了 10 个任务工单，以工作任务为内容，结合知识、技能学习来进行。通过完成工单任务，可以最大限度地培养学生利用 SQL 设计、编写和调试代码的能力，促使理论教学和实验教学融为一体。

本书由杨琳策划编写，陈进军、何历怀、黎小花、王慧、瞿小淦、付福杰担任副主编，参与了本书的编写工作或相关资料的收集工作，何邦财教授担任主审，提出了宝贵的意见。在此，感谢所有关心和支持教材编写的教师及参与教材论证的专家。

由于数据技术的飞速发展，MySQL 的版本不断更新，加上编者水平有限，编写时间仓促，书中难免会出现疏漏之处，恳请学界同仁和广大读者批评指正。我们将持续不断地努力，提高教材的质量，以更好地服务于教育事业。

编　者

# 目录

# 项目一

# 数据库设计

## ——学生信息管理系统

### 项目背景

随着学校的办学规模不断扩大，高校中的学生和教职工的数量逐年攀升，伴随而来的是高校对学生和教职工的管理负担越来越重。那么如何以“学生、教职工”为本，不断提高高校管理工作的效率，使其更趋于规范化？构建信息化管理平台，是高校管理工作的核心，也是高校管理工作发展的必然趋势。学生信息管理系统主要针对高校学生处、教务处等部门的大量业务处理工作而开发的管理软件，主要用于学校学生信息管理。其主要功能是利用计算机对学生各种信息进行日常管理，如查询、修改、增加、删除等；另外，还考虑到了学生选课、考试等需求，针对这些需求设计了学生信息管理系统。

# 任务 1　MySQL 的安装与配置

## 情境引入

小明在一家软件开发公司顶岗实习，A 高校需要建设学生信息系统，小明所在的公司承接了该项目，并成立了项目组。小明了解了项目背景后，觉得这是一个难得的锻炼机会，于是向领导提出了申请，也参与到了这个项目组中。

## 学习目标

➢ **专业能力**

1. 掌握在 Windows 操作系统下安装与配置 MySQL 数据库的方法。
2. 掌握启动、登录、退出、停止 MySQL 的操作方法。
3. 掌握 MySQL 图形化管理工具 Navicat 的安装与使用方法。

➢ **方法能力**

1. 通过官网下载资源，提高资源利用能力。
2. 通过安装与配置 MySQL，提升操作系统操作能力。
3. 通过完成学习任务，提高解决实际问题的能力。

➢ **社会能力**

1. 加强版权意识，激发创新活力。
2. 培养获取新知识、新技术的能力和信息搜索能力。
3. 培养团队协作精神和良好的职业道德。

## 任务 1－1　安装与配置 MySQL 数据库

### 任务描述

小明所在的项目组对项目进行了初步分析，拟定了项目计划，首先到 A 高校实地考察，做好需求分析；然后安装配置 MySQL 数据库管理系统，以及 Navicat 图形化管理工具，为创建学生信息系统数据库做准备；最后设计并创建数据库和表，并设置数据完整性约束，满足学生个人信息、成绩信息及课程信息的存储需求，为后期的使用做准备。

### 任务分析

MySQL 由于其开源、体积小、速度快、成本低、安全性高，因此许多中小型网站为了降低网站成本与企业开销，从而选择了 MySQL 作为数据库进行存储数据，因此，其也就成了编程初学者必学、必备的职业技能。

针对不同的用户，MySQL 分为两个版本：

➢ MySQL Community Server（社区版）：该版本完全免费，但是官方不提供技术支持。

➢ MySQL Enterprise Server（企业版）：该版本能够以很高的性价比为企业提供数据仓库

应用，支持 ACID 事物处理，提供完整的提交、回滚、崩溃恢复和行级锁定功能，但是该版本需要付费使用，官方提供电话技术支持。

因此，选用 MySQL 社区版作为数据库管理系统。

## 知识学习

### 一、MySQL 关系数据库管理系统

MySQL 是一个关系型数据库管理系统，由瑞典 MySQL AB 公司开发，属于 Oracle 旗下产品。MySQL 是最流行的关系型数据库管理系统（Relational Database Management System，RDBMS）之一，在 Web 应用方面，MySQL 是最好的 RDBMS 应用软件之一。关系数据库将数据保存在不同的表中，而不是将所有数据放在一个大仓库内，这样就增加了速度，并提高了灵活性。

MySQL 所使用的 SQL 语言是用于访问数据库的最常用标准化语言。MySQL 软件采用了双授权政策，分为社区版和商业版，由于其体积小、速度快、总体拥有成本低，尤其是开放源码这一特点，一般中小型和大型网站的开发都选择 MySQL 作为网站数据库。MySQL 商标标志如图 1－1－1 所示。

图 1－1－1　MySQL 商标标志

### 二、MySQL 的主要特点

与其他的大型数据库例如 Oracle、DB2、SQL Server 等相比，MySQL 自有它的不足之处，但是这丝毫没有降低它受欢迎的程度。对于一般的个人使用者和中小型企业来说，MySQL 提供的功能已经绰绰有余，而且由于 MySQL 是开放源码软件，因此可以大大降低总体拥有成本。

主要特点包括：

①可移植性强。

②运行速度快。

③支持多平台。

④支持多种开发语言。

⑤提供多种存储引擎。

⑥功能强大。

⑦安全性高。

⑧价格低廉。

## 任务实施

### 一、下载并配置 MySQL 文件

**步骤一：**

从 MySQL 官网下载社区版 MySQL 配置文件。MySQL 官网下载界面如图 1-1-2 所示。

图 1-1-2　MySQL 官网下载界面

**步骤二：**

下载完成后解压。MySQL 解压路径及目录如图 1-1-3 所示。

图 1-1-3　MySQL 解压路径及目录

**步骤三：**

解压后的目录并没有的 my. ini 文件，没关系，可以自行创建，在安装根目录下添加 my. ini（操作方法为：新建文本文件，将文件类型改为 my. ini），写入基本配置。My. ini 配置文件内容如图 1-1-4 所示。

```
1  [mysqld]
2  # 设置3306端口
3  port=3306
4  # 设置mysql的安装目录
5  basedir=D:\MySQL\mysql-8.0.27-winx64
6  # 设置mysql数据库的数据的存放目录
7  datadir=D:\MySQL\mysql-8.0.27-winx64\Data
8  # 允许最大连接数
9  max_connections=200
10 # 允许连接失败的次数。
11 max_connect_errors=10
12 # 服务端使用的字符集默认为utf8mb4
13 character-set-server=utf8mb4
14 # 创建新表时将使用的默认存储引擎
15 default-storage-engine=INNODB
16 # 默认使用"mysql_native_password"插件认证
17 #mysql_native_password
18 default_authentication_plugin=mysql_native_password
19 [mysql]
20 # 设置mysql客户端默认字符集
21 default-character-set=utf8mb4
22 [client]
23 # 设置mysql客户端连接服务端时默认使用的端口
24 port=3306
25 default-character-set=utf8mb4
26
```

图 1－1－4　my. ini 配置文件内容

## 二、初始化数据库

**步骤一：**

使用管理员身份运行 CMD，进入 MySQL 的 bin 目录，如图 1－1－5 所示。

```
管理员: 命令提示符
Microsoft Windows [版本 10.0.19043.1348]
(c) Microsoft Corporation。保留所有权利。

C:\WINDOWS\system32>d:

D:\>cd MySQL\mysql-8.0.27-winx64\bin

D:\MySQL\mysql-8.0.27-winx64\bin>
```

图 1－1－5　进入 MySQL 的 bin 目录

**步骤二：**

在 MySQL 的 bin 目录下执行初始化命令，如图 1－1－6 所示。

```
管理员: 命令提示符
C:\WINDOWS\system32>d:

D:\>cd MySQL\mysql-8.0.27-winx64\bin

D:\MySQL\mysql-8.0.27-winx64\bin>mysqld --initialize --console
2021-11-16T13:41:39.566139Z 0 [Warning] [MY-010918] [Server] 'default_authentication_plugin' is deprecated and will be removed in a future release. Please use authentication_policy instead.
2021-11-16T13:41:39.566161Z 0 [System] [MY-013169] [Server] D:\MySQL\mysql-8.0.27-winx64\bin\mysqld.exe (mysqld 8.0.27) initializing of server in progress as process 15036
2021-11-16T13:41:39.735657Z 1 [System] [MY-013576] [InnoDB] InnoDB initialization has started.
2021-11-16T13:41:46.028524Z 1 [System] [MY-013577] [InnoDB] InnoDB initialization has ended.
2021-11-16T13:41:58.960609Z 0 [Warning] [MY-013746] [Server] A deprecated TLS version TLSv1 is enabled for channel mysql_main
2021-11-16T13:41:58.960748Z 0 [Warning] [MY-013746] [Server] A deprecated TLS version TLSv1.1 is enabled for channel mysql_main

2021-11-16T13:41:59.014299Z 6 [Note] [MY-010454] [Server] A temporary password is generated for root@localhost: C4?MDUKw<hia

D:\MySQL\mysql-8.0.27-winx64\bin>
```

图 1－1－6　初始化 MySQL

```
mysqld --initialize -console
```

**步骤三：**

记住生成的临时初始密码：

```
C4? MDUKw<hia
```

每个人的初始密码不一样，后续登录会用到。

## 三、安装并启动 MySQL 服务

**步骤一：**

执行安装 MySQL 服务的命令，如图 1－1－7 所示。

```
mysqld -install
```

```
管理员：命令提示符
D:\MySQL\mysql-8.0.27-winx64\bin>mysqld --install
Service successfully installed.
```

图 1－1－7　安装 MySQL 服务

**步骤二：**

执行启动 MySQL 服务的命令，如图 1－1－8 所示。

```
net start mysql
```

```
管理员：命令提示符
D:\MySQL\mysql-8.0.27-winx64\bin>net start mysql
MySQL 服务正在启动 ..
MySQL 服务已经启动成功。
```

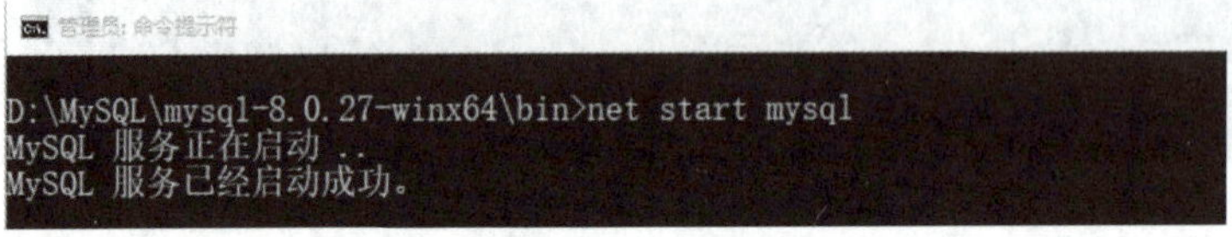

图 1－1－8　启动 MySQL 服务

**步骤三：**

在 Windows 的“服务”窗口中可以查看 MySQL 服务情况。

执行 CMD 命令打开“运行”对话框，在该对话框的文本框中输入命令“Services. msc”，然后单击“确定”按钮，打开“服务”窗口，可以查看 MySQL 服务的启动情况。

**【注意】**启动 MySQL 服务可以不通过命令行，直接在“服务”窗口启动。在服务管理器中启动 MySQL 服务如图 1－1－9 所示。

## 四、修改密码并登录

**步骤一：**

使用 root 账户登录 MySQL，执行 mysql －u root －p 命令，如图 1－1－10 所示。

**【注意】**输入的密码为之前保存的初始密码。

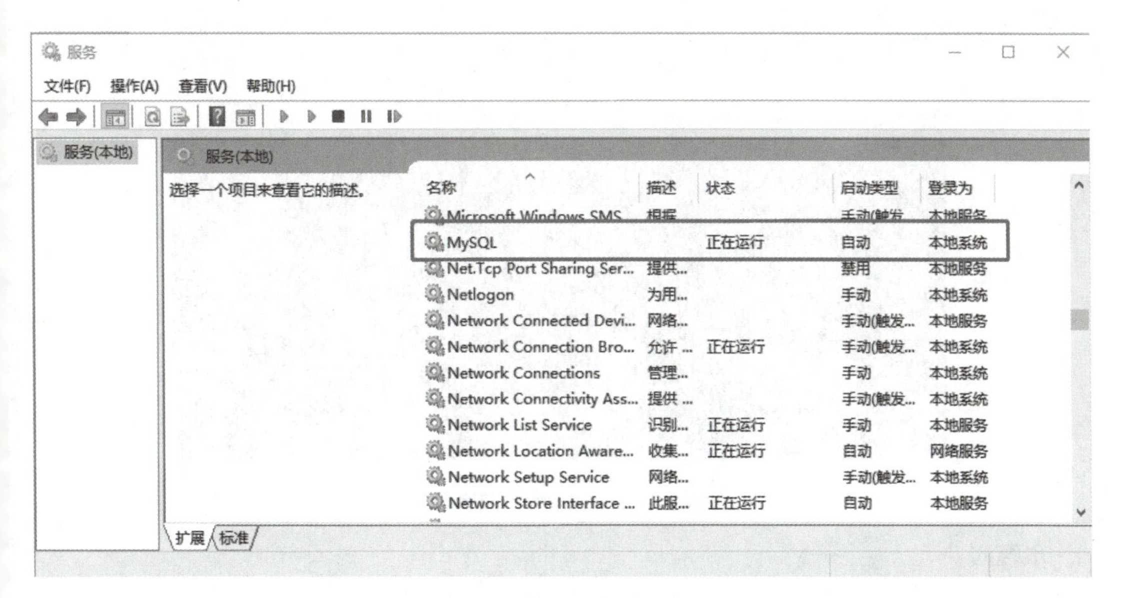


图 1－1－9　在服务管理器中启动 MySQL 服务

```
管理员: 命令提示符 - mysql -u root -p

D:\MySQL\mysql-8.0.27-winx64\bin>mysql -u root -p
Enter password: ************
Welcome to the MySQL monitor.  Commands end with ; or \g.
Your MySQL connection id is 9
Server version: 8.0.27

Copyright (c) 2000, 2021, Oracle and/or its affiliates.

Oracle is a registered trademark of Oracle Corporation and/or its
affiliates. Other names may be trademarks of their respective
owners.

Type 'help;' or '\h' for help. Type '\c' to clear the current input statement.

mysql>
```

图 1－1－10　登录 MySQL

**步骤二：**

在 mysql 提示符下使用以下命令修改密码：

```
ALTER USER 'root'@'localhost' IDENTIFIED BY '新密码';
```

【注意】新密码为你自己设置的密码。

如图 1－1－11 所示。

```
管理员: 命令提示符 - mysql -u root -p

mysql> ALTER USER 'root'@'localhost' IDENTIFIED BY '123456';
Query OK, 0 rows affected (0.07 sec)
```

图 1－1－11　修改 MySQL 登录密码

**步骤三：**

使用命令查看数据库，会显示 MySQL 自带的 4 个系统数据库，如图 1－1－12 所示。

```
SHOW DATABASES;
```

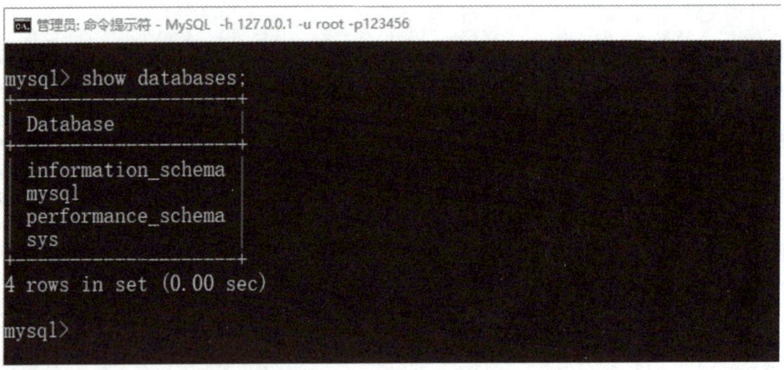

```
管理员: 命令提示符 - MySQL -h 127.0.0.1 -u root -p123456

mysql> show databases;
+--------------------+
| Database           |
+--------------------+
| information_schema |
| mysql              |
| performance_schema |
| sys                |
+--------------------+
4 rows in set (0.00 sec)

mysql>
```

图 1-1-12　查看数据库

**步骤四：**

密码修改成功后使用“exit;”命令退出 MySQL，如图 1-1-13 所示。

```
管理员: 命令提示符

mysql> exit;
Bye

D:\MySQL\mysql-8.0.27-winx64\bin>
```

图 1-1-13　退出 MySQL

## 五、终止 MySQL 服务

**步骤一：**

执行终止 MySQL 的服务的命令：

```
net stop mysql
```

如图 1-1-14 所示。

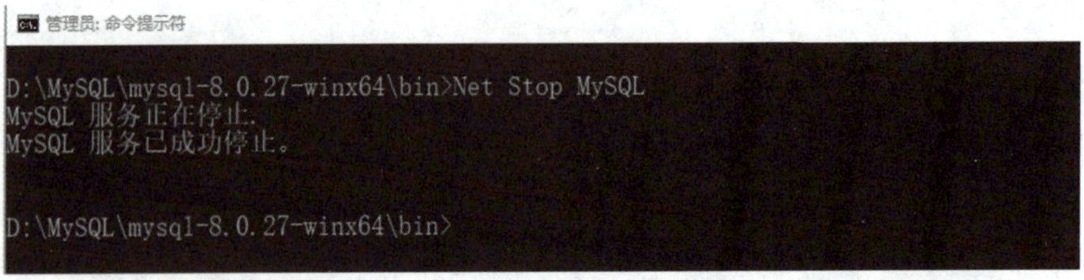

```
管理员: 命令提示符

D:\MySQL\mysql-8.0.27-winx64\bin>Net Stop MySQL
MySQL 服务正在停止.
MySQL 服务已成功停止。

D:\MySQL\mysql-8.0.27-winx64\bin>
```

图 1-1-14　终止 MySQL 服务

**步骤二：**

在 Windows 的“服务”窗口中查看到 MySQL 服务已停止，如图 1-1-15 所示。

图 1-1-15　在服务管理器中查看 MySQL 服务

## 任务工单 1

**MySQL 的安装与配置**

| 任务序号 | 1 | 任务名称 | MySQL 的安装与配置 | 学时 | 2 |
|---|---|---|---|---|---|
| 学生姓名 | | 学生学号 | | 班　级 | |
| 实训场地 | | 日　期 | | 任务成绩 | |
| 实训设备 | 安装 Windows 操作系统的计算机、互联网环境 | | | | |
| 客户任务描述 | MySQL 数据库管理系统安装与配置 | | | | |
| 任务目的 | 学会配置 MySQL 服务器，学会管理 MySQL 服务 | | | | |

**一、习题**

1. MySQL 数据库服务器的默认端口号是________。

2. MySQL 安装目录中，________目录用于存储一系列的库文件、________目录用于存放一些头文件、________目录用于存放一些可执行文件。

3. 命令“mysqld --initialize --insecure”中，________表示初始化数据库，________表示 MySQL 安装目录下 bin 目录中的 mysqld. exe 服务程序。

4. net start mysql 可以在命令提示符下________MySQL 服务器，net stop mysql 可以在命令提示符下________MySQL 服务器。

5. 初始化 MySQL 之后，会自动生成配置文件________设置的数据库存放的数据目录。

6. 数据库管理系统的简称________。

**二、实施**

1. 打开浏览器，登录 MySQL 官网下载社区版安装文件。
2. 使用管理员身份运行 CMD，进入 MySQL 安装目录，并配置 my. ini 文件。
3. 进入 MySQL 安装目录的 bin 目录中，执行初始化命令。
4. 初始化成功后，牢记初始化密码。
5. 在 bin 目录中安装 MySQL 服务。
6. 在 bin 目录中启动 MySQL 服务。
7. 使用 root 账户登录 MySQL。
8. 修改密码。
9. 退出 MySQL。
10. 停止 MySQL 服务。

**三、评估**

1. 请根据任务完成情况，对自己的工作进行评估，并提出改进意见。

(1) ______________________________________________

______________________________________________

(2) ______________________________________________

______________________________________________

(3) ______________________________________________

______________________________________________

2. 工单成绩（总分为自我评价、组长评价和教师评价得分值的平均值）。

| 自我评价 | 组长评价 | 教师评价 | 总分 |
|---|---|---|---|
| | | | |

## 拓展提升

### 一、拓展知识

**登录 MySQL 数据库**

登录 MySQL 数据库服务器的命令的完整形式如下：

```
MySQL -h <服务器主机名或主机地址> -P <端口号> -u <用户名> -p<密码>
```

登录 MySQL 数据库服务器的命令可以写成以下形式：

```
mysql -h localhost -u root -p
```

或者

```
mysql -u root -p
```

**【参数说明】**

（1）参数“-h <服务器主机名或主机地址>”用于设置 MySQL 数据库服务器，其后面接 MySQL 数据库服务器名称或 IP 地址。如果 MySQL 数据库服务器在本地计算机上，主机名可以写成“localhost”，也可以写 IP 地址“127.0.0.1”。对于本机操作，可以省略 -h <服务器主机名或主机地址>。

（2）参数“-P <端口号>”用于设置访问服务器的端口。注意，这里为大写字母“P”。

（3）参数“-u <用户名>”用于设置登录 MySQL 数据库服务器的用户名，-u 与 <用户名> 之间可以有空格，也可以没有空格。MySQL 安装与配置完成后，会自动创建一个 root 用户。

（4）参数“-p<密码>”用于设置登录 MySQL 数据库服务器的密码，-p 后面可以不接密码，按 Enter 键后，系统会提示输入密码。如果要接密码，-p 与密码之间没有空格。注意，这里为小写字母“p”。

（5）成功登录 MySQL 数据库服务器以后，会出现“Welcome to the MySQL monitor”的欢迎语，并出现“mysql>”命令提示符。在“mysql>”命令提示符后面可以输入 SQL 语句操作 MySQL 数据库。

（6）在 MySQL 中，每条 SQL 语句以半角分号“;”“\g”或“\G”结束，3 种结束符的作用相同，可以按 Enter 键来执行 MySQL 的命令或 SQL 语句。

（7）在命令提示符“mysql>”后输入“Quit;”或“Exit;”命令即可退出 MySQL 的登录状态，显示“Bye”的提示信息，并且出现“C:\>”或者“C:\Windows\system32>”之类的命令提示符。

### 二、拓展训练

网上查询常用的关系数据库管理系统，并了解其应用方向。

# 任务1－2 安装与使用Navicat图形化管理工具

## 任务描述

小明所在项目组在服务器上配置并安装MySQL数据库管理系统后，为了后继能够高效地开发和维护数据库，选择合适的图形化管理工具。

## 任务分析

MySQL由于其开源、体积小、速度快、成本低、安全性高，因此许多中小型网站为了降低网站成本与企业开销而选择了MySQL作为数据库进行存储数据，因此也就成了编程初学者必学的必备职业技能。但MySQL本身没有提供非常方便的图形管理工具，日常的开发和维护均在类似DOS窗口中进行，所以，对于编程初学者来说，上手就略微有点困难，增加了学习成本。

目前，Navicat是开发者用得最多的一款MySQL图形用户管理工具，界面简洁，功能也非常强大，与微软的SQL Server管理器很像，简单易学，支持中文，提供免费版本。

## 知识学习

**Navicat图形化管理工具**

Navicat是一套可创建多个连接的数据库管理工具，用于方便管理MySQL、Oracle、PostgreSQL、SQLite、SQL Server、MariaDB和/或MongoDB等不同类型的数据库，并支持管理某些云数据库，例如阿里云、腾讯云。Navicat的功能足以符合专业开发人员的所有需求，但是对数据库服务器初学者来说又相当容易学习。Navicat的用户界面（GUI）设计良好，让你以安全且简单的方法创建、组织、访问和共享信息。

Navicat提供了三种平台的版本：Microsoft Windows、MacOS和Linux。它可以让用户连接到本地或远程服务器，并提供一些实用的数据库工具来协助用户管理数据，包括云协同合作、数据建模、数据传输、数据同步、结构同步、导入、导出、备份、还原、图表、数据生成和自动运行。

Navicat for MySQL：Navicat for MySQL是一套专为MySQL设计的高性能数据库管理及开发工具。它可以用于任何版本3.21或以上的MySQL数据库服务器，并支持大部分MySQL最新版本的功能，包括触发器、存储过程、函数、事件、视图、管理用户等。

## 任务实施

### 一、下载并安装Navicat for MySQL

在Navicat官网下载Navicat for MySQL试用版本。Navicat下载界面如图1－1－16所示。网址：https://www.navicat.com/en/download/navicat-for-mysql。

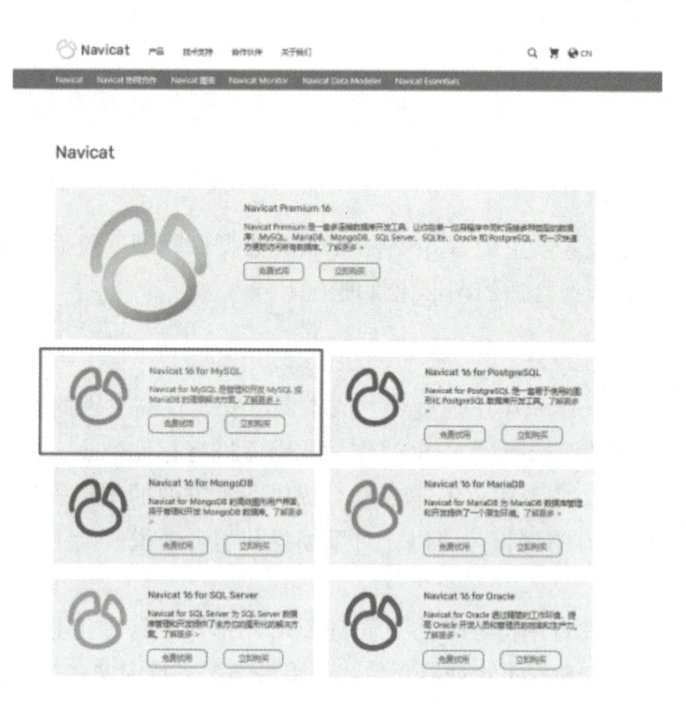


图 1－1－16　Navicat 下载界面

## 二、启动并创建 MySQL 连接

**步骤一：**

启动图形管理工具 Navicat for MySQL。Navicat 初始界面如图 1－1－17 所示。

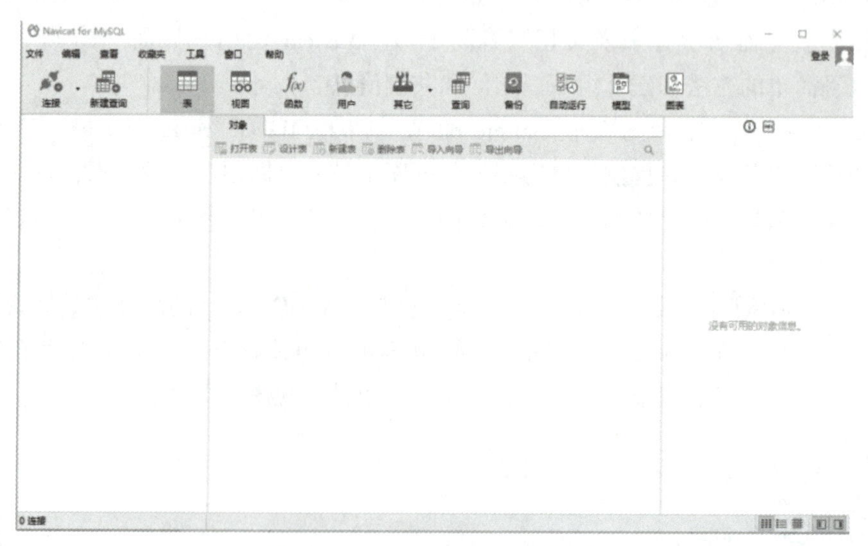


图 1－1－17　Navicat 初始界面

**步骤二：**

在“Navicat for MySQL”窗口单击“文件”→“新建连接”→“MySQL”，如图 1－1－18 所示。

图 1－1－18　选择“MySQL”连接

**步骤三：**

在“MySQL－新建连接”对话框中设置连接参数。在“连接名”文本框中输入“MyConn”，然后分别输入主机名或 IP 地址、端口号、用户名和登录密码。输入完成后，单击“测试连接”按钮，弹出“连接成功”的提示信息对话框，表示连接创建成功，单击“确定”按钮保存所创建的连接，如图 1－1－19 所示。

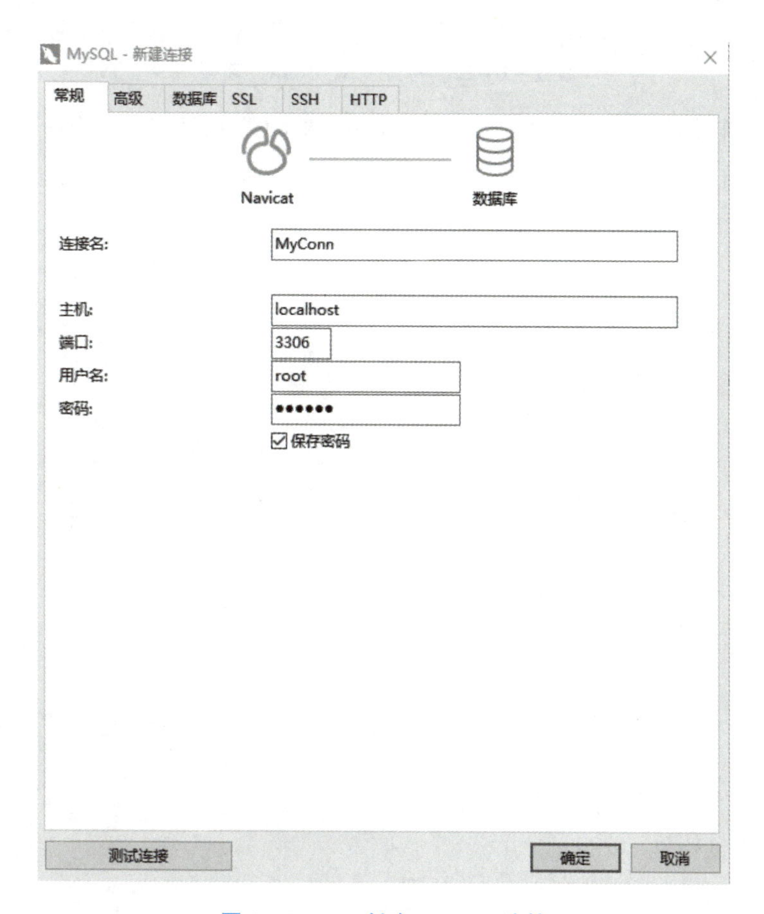


图 1－1－19　创建 MySQL 连接

**步骤四：**

在“Navicat for MySQL”窗口的“文件”菜单中选择“打开连接”命令，即可打开“MyConn”连接。“MyConn”连接如图 1－1－20 所示。

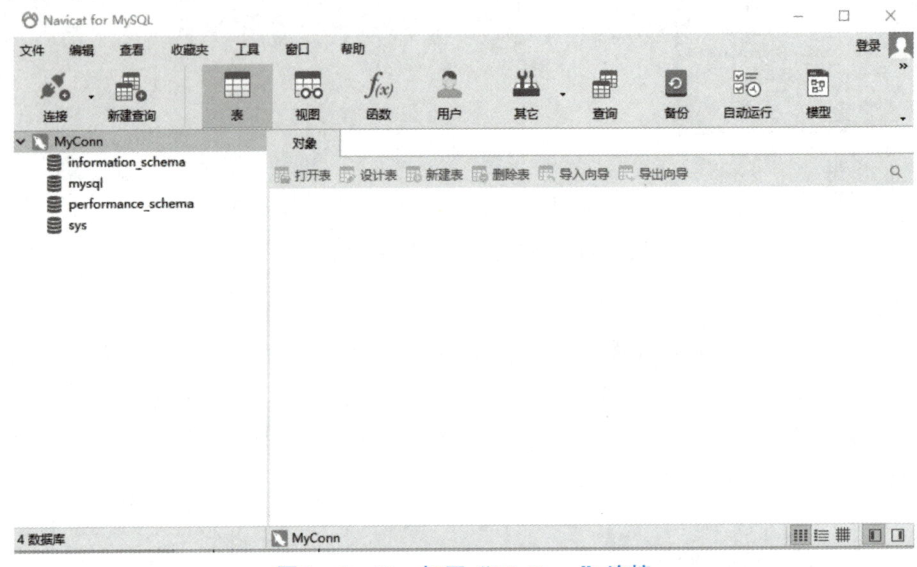


图 1－1－20　打开“MyConn”连接

“MyConn”连接打开后，会显示安装 MySQL 自带的数据库，与使用命令行工具查看的结果一致。

## 任务工单 2

**Navicat 的安装与配置**

| 任务序号 | 2 | 任务名称 | Navicat 的安装与配置 | 学时 | 2 |
|---|---|---|---|---|---|
| 学生姓名 | | 学生学号 | | 班　级 | |
| 实训场地 | | 日　期 | | 任务成绩 | |
| 实训设备 | 安装 Windows 操作系统的计算机、互联网环境、MySQL 数据库管理系统 | | | | |
| 客户任务描述 | MySQL 图形化管理工具的安装与配置 | | | | |
| 任务目的 | 学会安装 Navicat，学会使用 MySQL 图形化管理工具 | | | | |

**一、习题**

1. Navicat 是一个可多重连接的________，让管理不同类型的数据库更加方便。

2. Navicat 可以用来对本机或远程的________、MariaDB、MongoDB、SQL Server、SQLite、Oracle 及 PostgreSQL 数据库进行管理及开发。

3. Navicat 可运行在________、MacOS、Linux 和 iOS 操作系统中，可提供数据传输、数据同步、结构同步、导入、导出、备份、还原、报表创建工具及计划来协助管理数据等功能。

4. Navicat 选择________，填入 IP、端口号及账号密码即可新建数据库连接。

5. Navicat for ________是一套专为 MySQL 和 MariaDB 设计的高性能数据库管理及开发工具。它可以用于任何版本 3.21 或以上的 MySQL 和 MariaDB 数据库服务器，并支持大部分 MySQL 和 MariaDB 最新版本的功能，包括触发器、存储过程、函数、事件、视图、管理用户等。

**二、实施**

1. 打开浏览器，登录 Navicat 官网下载 Navicat for MySQL 安装程序。
2. 在电脑上安装 Navicat for MySQL 程序。
3. 启动“Navicat for MySQL”，并创建 MySQL 连接，命名为“MySQL”。
4. 查看创建的连接中已有的数据库情况。

**三、评估**

1. 请根据任务完成情况，对自己的工作进行评估，并提出改进意见。

(1) ____________________________________________

____________________________________________

(2) ____________________________________________

____________________________________________

(3) ____________________________________________

____________________________________________

2. 工单成绩（总分为自我评价、组长评价和教师评价得分值的平均值）。

| 自我评价 | 组长评价 | 教师评价 | 总分 |
|---|---|---|---|
| | | | |

## 拓展提升

### 一、拓展知识

**MySQL 自带的 4 个系统数据库简介**

➢ information_schema

这个数据库保存了 MySQL 服务器所有数据库的信息。比如数据库的名、数据库的表、访问权限、数据库表的数据类型、数据库索引的信息等。

➢ performance_schema

主要用于收集数据库服务器性能参数，可用于监控服务器在一个较低级别的运行过程中的资源消耗、资源等待等情况。

➢ sys

库中所有的数据源来自 performance_schema。目标是把 performance_schema 的复杂度降低，让 DBA 能更好地阅读这个库里的内容，让 DBA 更快地了解 DB 的运行情况。

➢ mysql

MySQL 的核心数据库，类似于 SQL Server 中的 master 表，主要负责存储数据库的用户、权限设置、关键字等 MySQL 自己需要使用的控制和管理信息。

### 二、拓展训练

网上查询常用的数据库图形化管理工具，并了解其优缺点。

# 任务 2　数据库的操作与管理

## 情境引入

配置好 MySQL 数据库管理系统以及图形化管理工具 Navicat 之后，就可以着手设计“学生信息系统”数据库。于是，小明所在的项目组需要在学校调研，分析客户需求，从而为数据库设计做准备。

## 学习目标

➤ **专业能力**

1. 了解数据库设计相关知识。
2. 掌握创建数据库的方法。
3. 掌握管理和维护数据库的方法。

➤ **方法能力**

1. 通过数据库设计，提高对关系数据库的理解能力。
2. 通过创建和管理数据库，提升 SQL 命令的操作能力。
3. 通过完成学习任务，提高解决实际问题的能力。

➤ **社会能力**

1. 培养学生逻辑思维能力和分析问题、解决问题的能力。
2. 加强善于使用工具的能力。
3. 培养严谨的工作作风，增强信息安全意识和危机意识。

## 任务 2－1　学生信息系统设计

### 任务描述

通过项目组调研，学生信息系统的对象是学院、班级、课程、学生信息和成绩信息。其中，学生成绩管理是学生信息管理的重要部分，也是学校教学工作的重要组成部分。该系统的开发能大大减少教务管理人员和教师的工作量，同时，能使学生及时了解选修课程成绩。

### 任务分析

该任务分析即为数据库需求分析，该系统主要包括学生信息管理、课程信息管理、成绩管理，具体功能如下：

（1）完成数据的录入和修改，并提交数据库保存。其中的数据包括班级信息、学生信息、课程信息、学生成绩等。

班级信息包括班级编号、班级名称、学生所在的学院名称、专业名称、入学年份等。学生信息包括学生的学号、姓名、性别、出生年月等。课程信息包括课程编号、课程名称、课程的学分、课程学时等。各课程成绩包括各门课程的平时成绩、期末成绩、总评成绩等。

（2）实现基本信息的查询。包括班级信息的查询、学生信息的查询、课程信息的查询和成绩的查询等。

（3）实现信息的查询统计。主要包括各班学生信息的统计、学生选修课程情况的统计、开设课程的统计、各课程成绩的统计、学生成绩的统计等。

## 知识学习

### 一、数据库设计概念

数据库设计（Database Design）是指对于一个给定的应用环境，构造最优的数据库模式，建立数据库及其应用系统，使之能够有效地存储数据，满足各种用户的应用需求（信息要求和处理要求）。

数据库设计是建立数据库及其应用系统的技术，是信息系统开发和建设中的核心技术。由于数据库应用系统的复杂性，为了支持相关程序运行，数据库设计就变得异常复杂，因此，最佳设计不可能一蹴而就，而只能是一种"反复探寻，逐步求精"的过程，也就是规划和结构化数据库中的数据对象以及这些数据对象之间关系的过程。

### 二、数据库设计步骤

（1）需求分析阶段：需求收集和分析，得到数据字典和数据流图。

（2）概念结构设计阶段：对用户需求综合、归纳与抽象，形成概念模型，用 E－R 图表示。

（3）逻辑结构设计阶段：将概念结构转换为某个 DBMS 所支持的数据模型。

（4）数据库物理设计阶段：为逻辑数据模型选取一个最适合应用环境的物理结构。

（5）数据库实施阶段：建立数据库，编制与调试应用程序，组织数据入库，程序试运行。

（6）数据库运行和维护阶段：对数据库系统进行评价、调整与修改。

## 任务实施

### 一、学生信息系统的数据库概要设计

首先，设计"学生信息系统"的 E－R 图。E－R 图也称实体－联系图（Entity Relationship Diagram），提供了表示实体类型、属性和联系的方法，用来描述现实世界的概念模型。

它是描述现实世界关系概念模型的有效方法，是表示概念关系模型的一种方式。用"矩形框"表示实体型，矩形框内写明实体名称；用"椭圆图框"或"圆角矩形"表示实体的属性，并用"实心线段"将其与相应关系的"实体型"连接起来。

用"菱形框"表示实体型之间的联系，在菱形框内写明联系名，并用"实心线段"分

别与有关“实体型”连接起来，同时，在“实心线段”旁标上联系的类型（1∶1、1∶n或m∶n）。学生信息系统E－R图如图1－2－1所示。

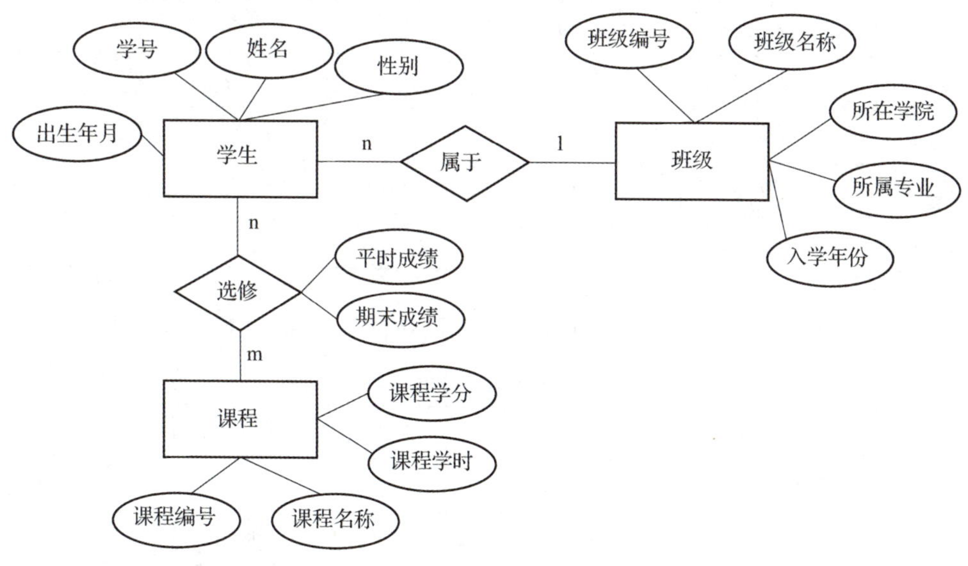


图1－2－1　“学生信息系统”E－R图

## 二、学生信息系统的数据库详细设计

在关系数据库中，关系实质上是一张二维表，表的每一行为一个元组，每一列为一个属性，关系是元组的集合。因此，关系模式必须指出这个元组集合的结构，即它由哪些属性构成，这些属性来自哪些域，以及属性与域之间的映象关系。

一个关系通常是由赋予它的元组语义来确定的。元组语义实质上是一个n目谓词（n是属性集中属性的个数）。凡使该n目谓词为真的笛卡尔积中的元素（或者说凡符合元组语义的那部分元素）的全体，就构成了该关系模式的关系。

### 1. E－R图转换为关系模式

班级（班级编号，班级名称，所在学院，所属专业，入学年份）

学生（学号，姓名，性别，民族，政治面貌，出生日期，班级编号）

课程（课程编号，课程名称，课程类型，课程学分，课程学时）

成绩（学号，课程编号，平时成绩，期末成绩）

### 2. 根据命名规范确定表名和属性名

➢ Class（ClassNo，ClassName，College，Specialty，EnterYear）

➢ Student（Sno，Sname，Sex，Nationality，Politics，Birth，ClassNo）

➢ Course（Cno，Cname，Type，Credit，ClassHour）

➢ Score（Sno，Cno，Uscore，EndScore）

### 3. 关系模式详细设计

➢ Class（ClassNo，ClassName，College，Specialty，EnterYear）（表1－2－1）

表 1－2－1 Class

| 字段名 | 字段说明 | 数据类型 | 长度 | 是否为空 | 约束 |
|---|---|---|---|---|---|
| ClassNo | 班级编号 | int | 11 | 否 | 主键，自增 |
| ClassName | 班级名称 | varchar | 30 | 否 | 唯一 |
| College | 所在学院 | varchar | 30 | 否 | |
| Specialty | 所属专业 | varchar | 30 | 否 | |
| EnterYear | 入学年份 | Year | | 是 | |

➢ Student（Sno，Sname，Sex，Nationality，Birth，Politics，ClassNo）（表 1－2－2）

表 1－2－2 Student

| 字段名 | 字段说明 | 数据类型 | 长度 | 是否为空 | 约束 |
|---|---|---|---|---|---|
| Sno | 学号 | char | 15 | 否 | 主键 |
| Sname | 姓名 | char | 5 | 否 | |
| Sex | m 男，w 女 | enum('w','m') | 1 | 否 | 默认值 'm' |
| Nationality | 民族 | char | 10 | 是 | |
| Politics | 政治面貌 | Set('群众','党员','共青团员','其他') | | 是 | |
| Birth | 出生日期 | date | | 是 | |
| ClassNo | 班级编号 | int | 11 | 否 | 外键，参照 Class 表的 ClassNo |

➢ Course（Cno，Cname，Credit，ClassHour）（表 1－2－3）

表 1－2－3 Course

| 字段名 | 字段说明 | 数据类型 | 长度 | 是否为空 | 约束 |
|---|---|---|---|---|---|
| Cno | 课程编号 | int | 11 | 否 | 主键，自增 |
| Cname | 课程名称 | varchar | 30 | 否 | |
| Type | 课程类型 | Set('公共基础课','专业基础课','专业核心课') | | 是 | |
| Credit | 课程学分 | Decimal(4,1) | | 是 | 值大于 0 |
| ClassHour | 课程学时 | tinyint | | 是 | 值大于 0 |

➢ Score（Sno，Cno，Uscore，EndScore）（表 1－2－4）

**表 1－2－4　Score**

| 字段名 | 字段说明 | 数据类型 | 长度 | 是否为空 | 约束 |
| --- | --- | --- | --- | --- | --- |
| Sno | 学号 | char | 15 | 否 | 主属性，参照 Student 表的 Sno |
| Cno | 课程编号 | int | 11 | 否 | 主属性，参照 Course 表的 Cno |
| Uscore | 平时成绩 | Decimal(4,1) | | 是 | 值为 0～100 |
| EndScore | 期末成绩 | Decimal(4,1) | | 是 | 值为 0～100 |

## 拓展提升

### 一、拓展知识

**MySQL 常用数据类型**

#### 1. 整数类型（表 1－2－5）

**表 1－2－5　整数类型**

| 类型 | 大小/B | 有符号范围 | 无符号范围 | 用途 |
| --- | --- | --- | --- | --- |
| TINYINT | 1 | －128～127 | 0～255 | 小整数值 |
| SMALLINT | 2 | －32 768～32 767 | 0～65 535 | 大整数值 |
| MEDIUMINT | 3 | －8 388 608～8 388 607 | 0～16 777 215 | 大整数值 |
| INT | 4 | －2 147 483 648～2 147 483 647 | 0～4 294 967 295 | 大整数值 |
| BIGINT | 8 | －9 223 372 036 854 775 808～9 223 372 036 854 775 807 | 0～18 446 744 073 709 551 615 | 极大整数值 |

整数类型有可选的 unsigned 属性，表示不允许负值，这可以使正数的上限提高一倍（还多 1）。有符号类型和无符号类型使用相同的存储空间，并且具有相同的性能，因此可以根据实际情况选择合适的类型。

MySQL 可以为整数类型指定宽度，例如 INT(11)，对大多数应用来说，这是没有意义的：它不会限制合法范围，只是规定了 MySQL 的一些交互工具（例如 MySQL 命令行客户端）用来显示字符的个数。对于存储和计算来说，INT(1）和 INT(20）是相同的。

#### 2. 实数类型（表 1－2－6）

DECIMAL 类型最多允许 65 个数字，表示为 DECIMAL(M,D)的格式。例如 DECIMAL(5,2)表示最多保存 5 个数字，其中 2 个是小数，表示的范围为－999.99～999.99。如果小数位数 D 为 0，则 DECIMAL 值不包含小数点或小数部分。

**表 1－2－6　实数类型**

| 类型 | 大小/B | 范围 | | 用途 |
|---|---|---|---|---|
| FLOAT | 4 | 有符号 | $-3.402\ 823\ 466\times10^{38} \sim -1.175\ 494\ 351\times10^{-38}$,<br>0,<br>$1.175\ 494\ 351\times10^{-38} \sim 3.402\ 823\ 466\times10^{38}$ | 单精度<br>浮点数值 |
| | | 无符号 | 0,<br>$1.175\ 494\ 351\times10^{-38} \sim 3.402\ 823\ 466\times10^{38}$ | |
| DOUBLE | 8 | 有符号 | $-1.797\ 693\ 134\ 862\ 315\ 7\times10^{308} \sim$<br>$-2.225\ 073\ 858\ 507\ 201\ 4\times10^{-308}$,<br>0,<br>$2.225\ 073\ 858\ 507\ 201\ 4\times10^{-308} \sim$<br>$1.797\ 693\ 134\ 862\ 315\ 7\times10^{308}$ | 双精度<br>浮点数值 |
| | | 无符号 | 0,<br>$2.225\ 073\ 858\ 507\ 201\ 4\times10^{-308} \sim$<br>$1.797\ 693\ 134\ 862\ 315\ 7\times10^{308}$ | |
| DECIMAL | 对 DECIMAL(M,D)，如果 M > D，大小为 M + 2；否则，为 D + 2。范围根据 M 和 D 的值确定 | | | 小数值 |

FLOAT 和 DOUBLE 类型只能使用标准的浮点运算进行近似运算，如果需要精确运算，例如金额计算，则需要使用 DECIMAL 类型。因为 CPU 不支持对 DECIMAL 的直接计算，所以，在 MySQL 5.0 以上的版本中，MySQL 服务器自身实现了 DECIMAL 的高精度计算。相对而言，CPU 直接支持原生的浮点计算，所以浮点计算明显更快。

涉及金额计算时，在数据量比较大的时候，可以考虑用 BIGINT 代替 DECIMAL。例如金额单位精确到分，99.99 可以用 9999 表示，以分为单位存储在 BIGINT 字段里，这样可以同时避免浮点数计算的不精确和 DECIMAL 精确计算代价高的问题。

### 3. 字符串类型（表 1－2－7）

**表 1－2－7　字符串类型**

| 类型 | 大小/B | 用途 |
|---|---|---|
| CHAR | 0 ~ 255 | 定长字符串 |
| VARCHAR | 0 ~ 65 535 | 变长字符串 |
| BINARY | 0 ~ 255 | 定长二进制 |
| VARBINARY | 0 ~ 65 535 | 变长二进制 |

续表

| 类型 | 大小/B | 用途 |
|---|---|---|
| TINYBLOB | 0～255 | 变长二进制 |
| BLOB | 0～65 535 | 变长二进制 |
| MEDIUMBLOB | 0～16 777 215 | 变长二进制 |
| LONGBLOB | 0～4 294 967 295 或 4 GB（$2^{32}-1$） | 变长二进制 |
| TINYTEXT | 0～255 | 变长字符串 |
| TEXT | 0～65 535 | 变长字符串 |
| MEDIUMTEXT | 0～16 777 215 | 变长字符串 |
| LONGTEXT | 0～4 294 967 295 或 4 GB（$2^{32}-1$） | 变长字符串 |

➢ CHAR

CHAR 类型是定长的，会根据定义的长度分配空间。当存储 CHAR 值时，MySQL 会删除所有的末尾空格。

CHAR 很适合存储很短的字符串，或者所有的值都接近同一个长度，例如，CHAR 非常适合存储密码的 MD5 的值，因为这是一个确定的长度。对于经常变动的数据，CHAR 也比 VARCHAR 更好，因为定长的 CHAR 类型不容易产生碎片。

对于非常短的列，CHAR 也比 VARCHAR 在存储空间上更有优势，例如，用 CHAR(1) 来存储只有 Y 和 N 的值，如果采用单字节字符集，只需 1 字节，但是 VARCHAR(1) 却需要 2 字节，因为还需要一个记录长度的额外字节。

➢ VARCHAR

VARCHAR 用于存储可变长的字符串，它比定长类型更节省空间。VARCHAR 需要使用 1 个或 2 个额外字节来记录字符串的长度，如果列的最大长度小于或等于 255 字节，则只使用 1 字节表示；如果列长度大于 255 字节，则需要使用 2 字节表示长度。

假设采用 latin 字符集，一个 VARCHAR(10) 的列需要 11 字节空间存储，一个 VARCHAR(1000) 的列则需要 1 002 字节空间存储，因为需要存储 2 字节的长度信息。

那么哪些情况使用 VARCHAR 类型比较合适呢?

- 字符串的列长度比平均长度大很多。
- 列的更新很少，碎片不是问题。
- 使用了像 UTF－8 这样复杂的字符集，每个字符都使用了不同的字节数进行存储。

**【注意】** char(n) 和 varchar(n) 中，括号中的 n 代表字符的个数，并不代表字节数，比如 CHAR(30) 就可以存储 30 个字符。

➢ BINARY 和 VARBINARY

BINARY 和 VARBINARY 存储的是二进制字符串。二进制字符串和常规的字符串非常相似，但是二进制字符串存储的是字节码，而不是字符。填充也不一样：MySQL 填充 BINARY 采用的是 \0（零字节），而不是空格，在检索时，也不会去掉填充值。

当需要存储二进制数据时，可以使用 BINARY 或 VARBINARY。MySQL 比较二进制字符串时，每次按一个字节，并且根据该字节的数值进行比较。因此，二进制比较比字符串比较简单得多，所以也更快。

➢ BLOB 和 TEXT

BLOB 和 TEXT 都是为了存储很大数据而设计的字符串数据类型，分别采用二进制存储和字符方式存储。

二进制类型：TINYBLOB、BLOB、MEDIUMBLOB、LONGBLOB。

字符类型：TINYTEXT、TEXT、MEDIUMTEXT、LONGTEXT。

与其他类型不同，MySQL 把每个 BLOB 和 TEXT 值当作一个独立的对象处理。存储引擎在存储时通常会做特殊处理，当 BLOB 和 TEXT 值太大时，InnoDB 会使用专门的“外部”存储区域来进行存储，此时每个值在行内需要 1 ~ 4 字节存储一个指针，然后在外部存储区域存储实际值。

BLOB 和 TEXT 家族之间仅有的不同是，BLOB 存储的是二进制数据，没有排序规则和字符集；而 TEXT 存储的是字符，有排序规则和字符集。MySQL 对 BLOB 和 TEXT 列进行排序和其他数据类型不同，它只对每个列的前 max_sort_length 字节而不是整个字符串做排序。如果只需要排序前面的一小部分字符，则可以减少 max_sort_length 的值，或者使用 ORDER BY SUBSTRING(column,length)。

MySQL 不能将 BLOB 和 TEXT 列全部长度的字符串进行索引，也不能使用这些索引消除排序。

### 4. 日期和时间类型（表 1－2－8）

**表 1－2－8　日期和时间类型**

| 类型 | 大小/B | 范围 | 格式 | 用途 |
| --- | --- | --- | --- | --- |
| DATE | 3 | ‘1000－01－01’ ~ ‘9999－12－31’ | YYYY－MM－DD | 日期值 |
| TIME | 3 | ‘－838:59:59’ ~ ‘838:59:59’ | hh:mm:ss | 时间值 |
| YEAR | 1 | 1901 ~ 2155 | YYYY | 年份值 |
| DATETIME | 8 | ‘1000－01－01 00:00:00’ ~ ‘9999－12－31 23:59:59’ | YYYY－MM－DD hh:mm:ss | 日期和时间值 |
| TIMESTAMP | 4 | ‘1970－01－01 00:00:01’ UTC ~ ‘2038－01－19 03:14:07’ UTC | YYYY－MM－DD hh:mm:ss | 日期和时间值 |

DATETIME 使用 8 字节的存储空间，和时区无关。

TIMESTAMP 使用 4 字节的存储空间，显示的时间依赖时区，保存了从 1970 年 1 月 1 号午夜（格林尼治标准时间）以来的秒数，它和 UNIX 的时间戳相同。TIMESTAMP 只能表示从 1970 年到 2038 年这期间的时间。如果插入和更新数据时没有指定 TIMESTAMP 的值，

MySQL 会默认更新 TIMESTAMP 的值为当前系统时间。

5. 位数类型（表 1-2-9）

表 1-2-9　位数类型

| 类型 | 范围/bit |
| --- | --- |
| BIT | 1～64 |

BIT(1)定义一个包含 1 位的数据，BIT(2)包含 2 位，依此类推，最大长度为 64 位。MySQL 把 BIT 当作字符串类型，而不是数字类型。当检索 BIT 的值时，结果是对应二进制表示的 ASCII 码转换后的字符，然而在数字上下文场景中检索的时候，会使用二进制表示的数字。

例如，如果存储一个二进制值 b'00111001'（十进制的值为 57）到 BIT(8)的列并检索它时，得到的结果是 9（9 的 ASCII 码是 57），如果对该字段进行加减，则返回结果 57。

6. JSON 类型

MySQL 8 支持直接存储 JSON 格式字符串，对应的是 JSON 数据类型。JSON 数据列会自动验证 JSON 的数据格式，如果格式不正确，则会报错。JSON 数据类型会把 JSON 格式的字符串转换成内部格式，能够快速地读取其中的元素。

## 二、拓展训练

数据类型 int 的“1”、float 的“1.0”、字符型的“1”的区别是什么？

# 任务 2-2　创建及管理学生信息数据库

## 任务描述

项目组进行学生信息系统设计后，正式进行数据库开发。开发人员将在 MySQL 数据库管理系统支持下创建和维护学生信息数据库。

## 任务分析

MySQL 安装好后，首先需要创建数据库，这是使用 MySQL 各种功能的前提。启动并连接好 MySQL 服务，即可对 MySQL 数据库进行操作。

➢ 在数据库服务器中可以存储多个数据库文件，所以，建立数据库时，要设定数据库的文件名，每个数据库有唯一的数据库文件名作为与其他数据库区别的标识。

➢ 数据库文件：数据库是由相关数据表组成的，一个数据库包括多个数据表。数据库文件用于记录数据库中数据表构成的信息。

➢ 数据库只能由得到授权的用户访问，这样保证了数据库的安全。

## 知识学习

## 一、SQL 语句分类

SQL（Structured Query Language，结构化查询语言）用来和关系数据库打交道，完成与数据库的通信。SQL 是关系型数据库的标准语言，所有的关系型数据库管理系统（RDBMS），比如 MySQL、Oracle、SQL Server、MS Access、Sybase、Informix、Postgres 等，都将 SQL 作为其标准处理语言。每一个数据库管理系统都有自己的特性，使用的 SQL 语言有不一样的地方，但是 90% 以上的 SQL 都是通用的。

SQL 语言共分为五大类：数据库查询语言（DQL）、数据库操作语言（DML）、数据库定义语言（DDL）、事务控制语言（TCL）、数据库控制语言（DCL）。

### 1. 数据库查询语言（DQL）

数据库查询语言（Data Query Language，DQL）基本结构是由 SELECT 子句、FROM 子句、WHERE 子句组成的查询块。代表关键字为 select。

### 2. 数据库操作语言（DML）

用户通过数据库操作语言（Data Manipulation Language，DML）可以实现对数据库的基本操作。代表关键字为 insert、delete、update。

### 3. 数据库定义语言（DDL）

数据库定义语言（Data Denifition Language，DDL）用来创建数据库中的各种对象，创建、删除、修改表的结构，比如表、视图、索引、同义词、聚簇等。代表关键字为 create、drop、alter。和 DML 相比，DML 是修改数据库表中的数据，而 DDL 是修改数据中表的结构。

### 4. 事务控制语言（TCL）

事务控制语言（Trasactional Control Language，TCL）经常被用于快速原型开发、脚本编程、GUI 和测试等方面。代表关键字为 commit、rollback。

### 5. 数据库控制语言（DCL）

数据库控制语言（Data Control Language，DCL）用来授予或回收访问数据库的某种特权，并控制数据库操作事务发生的时间及效果，对数据库实行监视等。代表关键字为 grant、revoke。

## 二、创建数据库语法

数据库可以看作一个专门存储数据对象的容器，这里的数据对象包括表、视图、触发器、存储过程等，其中表是最基本的数据对象。在 MySQL 数据库中创建数据对象之前，先要创建好数据库。

**语法格式：**

```
CREATE {DATABASE | SCHEMA} [IF NOT EXISTS] 数据库名
    [[DEFAULT] CHARACTER SET 字符集名
    |[DEFAULT] COLLATE 校对规则名]
```

➢ 语句中“[ ]”内为可选项，{ | }表示二选一。

语法说明如下：

（1）<数据库名>：创建数据库的名称。MySQL 的数据存储区将以目录方式表示

MySQL 数据库，因此，数据库名称必须符合操作系统的文件夹命名规则。注意，在 MySQL 中不区分大小写。

（2）IF NOT EXISTS：在创建数据库之前进行判断，只有当该数据库目前尚不存在时，才能执行操作。此选项可以用来避免数据库已经存在而重复创建的错误。

（3）[DEFAULT] CHARACTER SET：指定数据库的默认字符集。

（4）[DEFAULT] COLLATE：指定字符集的默认校对规则。

（5）MySQL 的字符集（CHARACTER）和校对规则（COLLATION）两个不同的概念：字符集是用来定义 MySQL 存储字符串的方式，校对规则定义了比较字符串的方式，解决排序和字符分组的问题。

（6）字符集和校对规则是一对多的关系，每个字符集至少对应一个校对规则。

## 三、修改数据库语法

**语法格式：**

```
ALTER {DATABASE | SCHEMA} [IF NOT EXISTS] 数据库名
      [[DEFAULT] CHARACTER SET 字符集名
      |[DEFAULT] COLLATE 校对规则名]
```

## 四、删除数据库语法

**语法格式：**

```
DROP DATABASE [IF EXISTS] 数据库名
```

# 任务实施

## 一、创建数据库

**实例 1**：创建学生信息数据库，并命名为“stuinfo”。

**步骤一：**

创建一个名为 stuinfo 的数据库。

**执行语句：**

```
CREATE DATABASE stuinfo;
```

运行结果如图 1－2－2 所示。

```
命令提示符 - mysql -u root -p

mysql> create database Stuinfo;
Query OK, 1 row affected (0.07 sec)
```

图 1－2－2　创建 stuinfo 数据库

➢ **注意**：在 MySQL 中，每一条 SQL 语句都以“;”作为结束标志。

**步骤二：**

显示目前 MySQL 中的数据库信息。

**执行语句：**

```
SHOW DATABASES;
```

运行结果如图 1－2－3 所示。

```
mysql> SHOW DATABASES ;
+--------------------+
| Database           |
+--------------------+
| information_schema |
| mysql              |
| performance_schema |
| stuinfo            |
| sys                |
+--------------------+
5 rows in set (0.00 sec)
```

图 1－2－3　显示 MySQL 中的数据库信息

➢ 可以看到增加了新创建的数据库 stuinfo。

**步骤三：**

显示目前创建的 stuinfo 数据的信息。

**执行语句：**

```
SHOW CREATE DATABASE stuinfo;
```

运行结果如图 1－2－4 所示。

图 1－2－4　显示数据库的创建信息

**步骤四：**

在 MySQL 的安装路径下，经过初始化生成 Data 目录，存放数据库信息。Data 目录下生成的 stuinfo 文件夹如图 1－2－5 所示。

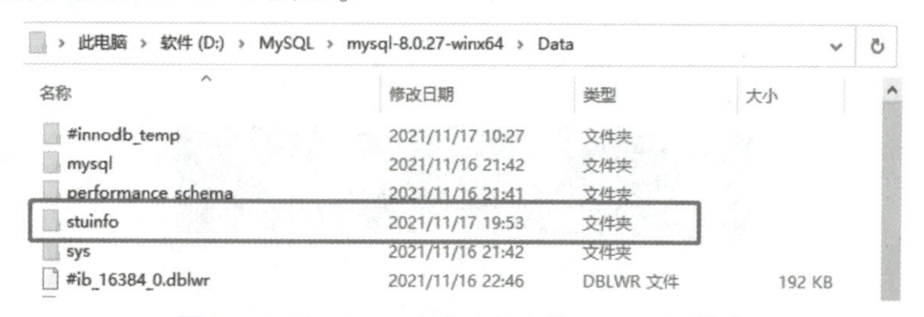


图 1－2－5　Data 目录下生成的 stuinfo 文件夹

➢ 创建好 stuinfo 数据库后，可以看到在 Data 目录下生成了 stuinfo 文件夹，用于存放该数据库的数据。

## 二、选择数据库

因为 MySQL 服务器中有多个数据库，可以使用 use 命令可指定当前数据库。

**实例 2：** 将数据库 stuinfo 设置为当前数据库。

**步骤：**

**执行语句：**

```
USE stuinfo;
```

如图 1－2－6 所示。

```
命令提示符 - mysql -u root -p
mysql> use stuinfo;
Database changed
mysql>
```

图 1－2－6　使用 use 调用数据库

➢ use 语句也可以用来从一个数据库"跳转"到另一个数据库，在用 CREATE DATABASE 语句创建了数据库之后，该数据库不会自动成为当前数据库，需要用这条 use 语句来指定。

## 三、修改数据库

**实例 3：** 修改数据库 stuinfo 的默认字符集为 gbk，校对规则为 gbk_chinese_ci。

**步骤：**

**执行语句：**

```
ALTER DATABASE Stuinfo
DEFAULT CHARACTER SET gbk
DEFAULT COLLATE gbk_chinese_ci;
```

运行结果如图 1－2－7 所示。

```
命令提示符 - mysql -u root -p
mysql> ALTER DATABASE Stuinfo
    -> DEFAULT CHARACTER SET gbk
    -> DEFAULT COLLATE  gbk_chinese_ci;
Query OK, 1 row affected (0.09 sec)

mysql> SHOW CREATE DATABASE Stuinfo;
+----------+-----------------
| Database | Create Database
+----------+-----------------
| Stuinfo  | CREATE DATABASE `Stuinfo` /*!40100 DEFAULT CHARACTER SET gbk */ /*!80016 DEFAULT ENCRYPTION='N'
*/ |
+----------+-----------------
1 row in set (0.00 sec)
```

图 1－2－7　修改数据库的字符集并显示结果

➢ 通过使用“show create database stuinfo;”语句来查看 stuinfo 数据库的字符集，发现已经更改。

## 四、删除数据库

**实例 4**：删除数据库 stuinfo，并用 SHOW DATABASES 查看 stuinfo 数据库是否存在。

**步骤**：

**执行语句**：

```
USE stuinfo;
DROP DATABASE stuinfo;
```

运行结果如图 1－2－8 所示。

```
命令提示符 - mysql -u root -p
mysql> DROP DATABASE Stuinfo;
Query OK, 0 rows affected (0.07 sec)

mysql> SHOW DATABASES;
+--------------------+
| Database           |
+--------------------+
| information_schema |
| mysql              |
| performance_schema |
| sys                |
+--------------------+
4 rows in set (0.00 sec)
```

图 1－2－8　删除数据库

➢ 可以看见 stuinfo 数据库删除成功。

## 任务工单 3

**创建学生信息数据库**

| 任务序号 | 4 | 任务名称 | 创建学生信息数据库 | 学时 | 2 |
|---|---|---|---|---|---|
| 学生姓名 | | 学生学号 | | 班　级 | |
| 实训场地 | | 日　期 | | 任务成绩 | |
| 实训设备 | 安装 Windows 操作系统的计算机、互联网环境、MySQL 数据库管理系统 | | | | |
| 客户任务描述 | 创建学生信息数据库 stuinfo | | | | |
| 任务目的 | 熟练掌握 MySQL 客户端管理工具的使用，掌握数据库的创建及管理方法 | | | | |

**一、习题**

1. 数据库建模的过程中，________图属于概念模型的产物，又称实体联系模型。

2. 数据库设计通常由规划、________、________、________、物理设计、数据库实现、数据库运行与维护 7 个阶段构成。

3. MySQL 数据库的数据模型是________。

4. 在 MySQL 中，创建数据库的 SQL 语句为________。

5. 在 MySQL 中，查看数据库的 SQL 语句为________。

6. 在 MySQL 中，选择数据库的 SQL 语句为________。

7. 在 MySQL 中，删除数据库的 SQL 语句为________。

8. 按功能对 SQL 语言进行分类，对数据库各种对象进行创建、删除、修改的操作属于________。

**二、实施**

1. 登录 MySQL。

2. 创建学生信息数据库，命名为“stuinfo”。

3. 查看数据库的字符集。

4. 将数据库的字符集改为 gbk。

**三、评估**

1. 请根据任务完成情况，对自己的工作进行评估，并提出改进意见。

(1) ______________________________

______________________________

(2) ______________________________

______________________________

(3) ______________________________

______________________________

2. 工单成绩（总分为自我评价、组长评价和教师评价得分值的平均值）。

| 自我评价 | 组长评价 | 教师评价 | 总分 |
|---|---|---|---|
| | | | |

## 拓展提升

### 一、拓展知识

**MySQL 字符集和排序规则**

MySQL 支持 40 多种字符集的 200 多种校对规则。在同一台服务器、同一个数据库甚至在同一个表中使用不同字符集或校对规则来混合字符串。

使用 SHOW CHARACTER SET;命令可以查看 MySQL 中的字符集、默认校对规则、最大长度，如图 1 -2 -9 所示。

```
命令提示符 - mysql -u root -p

mysql> SHOW CHARACTER SET;
+----------+---------------------------------+---------------------+--------+
| Charset  | Description                     | Default collation   | Maxlen |
+----------+---------------------------------+---------------------+--------+
| armscii8 | ARMSCII-8 Armenian              | armscii8_general_ci |      1 |
| ascii    | US ASCII                        | ascii_general_ci    |      1 |
| big5     | Big5 Traditional Chinese        | big5_chinese_ci     |      2 |
| binary   | Binary pseudo charset           | binary              |      1 |
| cp1250   | Windows Central European        | cp1250_general_ci   |      1 |
| cp1251   | Windows Cyrillic                | cp1251_general_ci   |      1 |
| cp1256   | Windows Arabic                  | cp1256_general_ci   |      1 |
| cp1257   | Windows Baltic                  | cp1257_general_ci   |      1 |
| cp850    | DOS West European               | cp850_general_ci    |      1 |
| cp852    | DOS Central European            | cp852_general_ci    |      1 |
| cp866    | DOS Russian                     | cp866_general_ci    |      1 |
| cp932    | SJIS for Windows Japanese       | cp932_japanese_ci   |      2 |
| dec8     | DEC West European               | dec8_swedish_ci     |      1 |
| eucjpms  | UJIS for Windows Japanese       | eucjpms_japanese_ci |      3 |
| euckr    | EUC-KR Korean                   | euckr_korean_ci     |      2 |
| gb18030  | China National Standard GB18030 | gb18030_chinese_ci  |      4 |
| gb2312   | GB2312 Simplified Chinese       | gb2312_chinese_ci   |      2 |
| gbk      | GBK Simplified Chinese          | gbk_chinese_ci      |      2 |
| geostd8  | GEOSTD8 Georgian                | geostd8_general_ci  |      1 |
| greek    | ISO 8859-7 Greek                | greek_general_ci    |      1 |
| hebrew   | ISO 8859-8 Hebrew               | hebrew_general_ci   |      1 |
| hp8      | HP West European                | hp8_english_ci      |      1 |
| keybcs2  | DOS Kamenicky Czech-Slovak      | keybcs2_general_ci  |      1 |
| koi8r    | KOI8-R Relcom Russian           | koi8r_general_ci    |      1 |
| koi8u    | KOI8-U Ukrainian                | koi8u_general_ci    |      1 |
| latin1   | cp1252 West European            | latin1_swedish_ci   |      1 |
| latin2   | ISO 8859-2 Central European     | latin2_general_ci   |      1 |
| latin5   | ISO 8859-9 Turkish              | latin5_turkish_ci   |      1 |
| latin7   | ISO 8859-13 Baltic              | latin7_general_ci   |      1 |
| macce    | Mac Central European            | macce_general_ci    |      1 |
| macroman | Mac West European               | macroman_general_ci |      1 |
| sjis     | Shift-JIS Japanese              | sjis_japanese_ci    |      2 |
| swe7     | 7bit Swedish                    | swe7_swedish_ci     |      1 |
| tis620   | TIS620 Thai                     | tis620_thai_ci      |      1 |
| ucs2     | UCS-2 Unicode                   | ucs2_general_ci     |      2 |
| ujis     | EUC-JP Japanese                 | ujis_japanese_ci    |      3 |
| utf16    | UTF-16 Unicode                  | utf16_general_ci    |      4 |
| utf16le  | UTF-16LE Unicode                | utf16le_general_ci  |      4 |
| utf32    | UTF-32 Unicode                  | utf32_general_ci    |      4 |
| utf8     | UTF-8 Unicode                   | utf8_general_ci     |      3 |
| utf8mb4  | UTF-8 Unicode                   | utf8mb4_0900_ai_ci  |      4 |
+----------+---------------------------------+---------------------+--------+
41 rows in set (0.09 sec)
```

图 1 -2 -9　显示 MySQL 字符集信息

➢ 给定的字符集始终至少有一个排序规则，大多数字符集都有几个排序规则。要列出字符集的显示排序规则，请使用 SHOW COLLATION 语句。

### 二、拓展训练

请分析常用字符集 ASCII、Latin -1、GB2312、GBK、UTF -8 的区别是什么。

# 任务3　表的操作与管理

## 情境引入

项目组通过实地调研、需求分析后，进行了学生信息系统数据库设计，本任务需要根据表结构创建数据表，为以后数据的存取做准备。

## 学习目标

➢ **专业能力**

1. 掌握创建表的方法。
2. 掌握设置各种约束的方法。
3. 掌握管理和维护表的方法。

➢ **方法能力**

1. 通过创建和管理表，提升 SQL 命令的操作能力。
2. 通过约束的设计，提升数据库完整性的维护能力。
3. 通过完成学习任务，提高解决实际问题的能力。

➢ **社会能力**

1. 培养学生逻辑思维能力和分析问题、解决问题的能力。
2. 加强善于使用工具的能力。
3. 培养严谨的工作作风，增强信息安全意识和危机意识。

## 任务3-1　创建班级信息表（Class）

### 任务描述

开发人员在 MySQL 数据库管理系统中创建好学生信息数据库后，开始创建数据表，为存储数据做准备。

### 任务分析

表（TABLE）是数据库中用来存储数据的对象，是有结构的数据的集合，是整个数据库系统的基础。在之前的数据库设计中，确定有 Class、Student、Course、Score 四张表。本任务使用命令的方式创建 Class（班级表）。

### 知识学习

**创建表的语法**

数据库可以看作一个专门存储数据对象的容器，这里的数据对象包括表、视图、触发器、存储过程等，其中，表是最基本的数据对象。在 MySQL 数据库中创建数据对象之前，先要创建好数据库。

**语法格式：**

```
CREATE TABLE [IF NOT EXISTS] 数据库名
    (列名 数据类型 [Constraints],…)
    ENGINE = 存储引擎
```

数据表命名应遵循以下原则：

（1）长度最好不超过 30 个字符。

（2）多个单词之间使用下划线“_”分隔，不允许有空格。

（3）不允许为 MySQL 关键字。

（4）不允许与同一数据库中的其他数据表同名。

## 任务实施

**实例 1**：使用命令创建班级表，并命名为“Class”，表结构如下：

➢ Class(ClassNo，ClassName，College，Specialty，EnterYear)（表 1－3－1）

**表 1－3－1　Class 表结构**

| 字段名 | 数据类型 | 长度 | 是否为空 | 约束 | 备注 |
|---|---|---|---|---|---|
| ClassNo | int | 11 | 否 | 主键，自增 | 班级编号 |
| ClassName | varchar | 30 | 否 | 唯一 | 班级名称 |
| College | varchar | 30 | 否 | | 所在学院 |
| Specialty | varchar | 30 | 否 | | 所属专业 |
| EnterYear | Year | | 是 | | 入学年份 |

**步骤一：**

选择数据库“stuinfo”。

**执行语句：**

```
USE stuinfo;
```

**步骤二：**

创建班级表，名为 Class。

**执行语句：**

```
CREATE TABLE Class
(ClassNo int(11) primary key,
ClassName varchar(30) not null,
College varchar(30) not null,
Specialty varchar(30) not null,
EnterYear Year);
```

代码运行结果如图 1－3－1 所示。

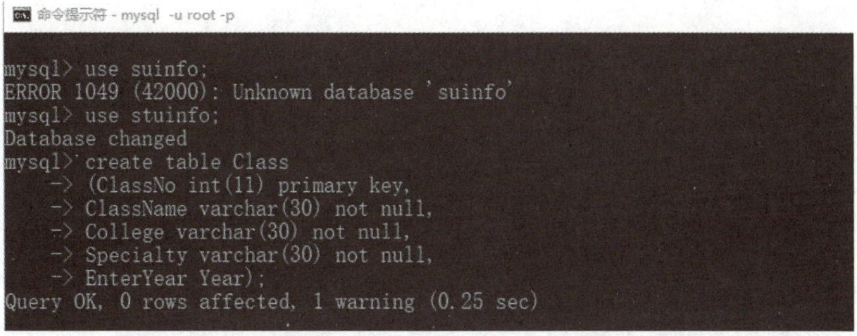

```
命令提示符 - mysql -u root -p

mysql> use suinfo;
ERROR 1049 (42000): Unknown database 'suinfo'
mysql> use stuinfo;
Database changed
mysql> create table Class
    -> (ClassNo int(11) primary key,
    -> ClassName varchar(30) not null,
    -> College varchar(30) not null,
    -> Specialty varchar(30) not null,
    -> EnterYear Year);
Query OK, 0 rows affected, 1 warning (0.25 sec)
```

图 1-3-1　创建 Class 表

➢ primary key：主键约束，同时保证数据唯一性和非空。

**步骤三：**

显示目前 stuinfo 数据库中表的信息。

**执行语句：**

```
SHOW TABLES;
```

代码运行结果如图 1-3-2 所示。

```
命令提示符 - mysql -u root -p

mysql> SHOW TABLES;
+--------------------+
| Tables_in_stuinfo  |
+--------------------+
| class              |
+--------------------+
1 row in set (0.00 sec)
```

图 1-3-2　显示目前数据库中表的信息

➢ 可以看到增加了新创建的数据表。

**步骤四：**

查看目前创建的 Class 数据表的结构。

**执行语句：**

```
DESC TABLE Class;
```

代码运行结果如图 1-3-3 所示。

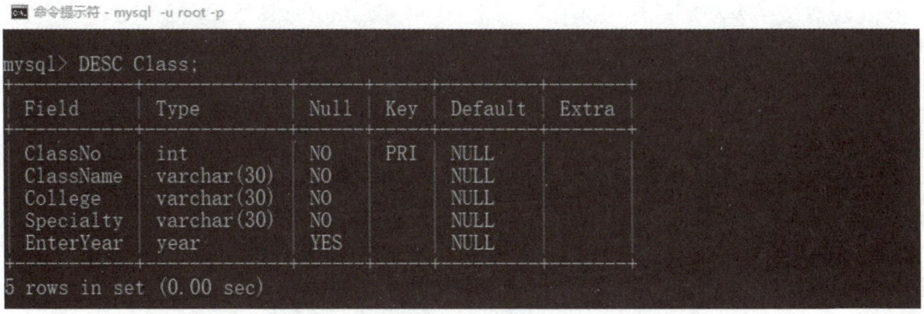

```
命令提示符 - mysql -u root -p

mysql> DESC Class;
+-----------+-------------+------+-----+---------+-------+
| Field     | Type        | Null | Key | Default | Extra |
+-----------+-------------+------+-----+---------+-------+
| ClassNo   | int         | NO   | PRI | NULL    |       |
| ClassName | varchar(30) | NO   |     | NULL    |       |
| College   | varchar(30) | NO   |     | NULL    |       |
| Specialty | varchar(30) | NO   |     | NULL    |       |
| EnterYear | year        | YES  |     | NULL    |       |
+-----------+-------------+------+-----+---------+-------+
5 rows in set (0.00 sec)
```

图 1-3-3　查看 Class 数据表的结构

**步骤五：**

查看目前创建的 Class 数据表的信息。

**执行语句：**

```
SHOW TABLE status like'class'\G;
```

代码运行结果如图 1-3-4 所示。

```
命令提示符 - mysql -u root -p

mysql> show table status like 'class'\G
*************************** 1. row ***************************
           Name: class
         Engine: InnoDB
        Version: 10
     Row_format: Dynamic
           Rows: 0
 Avg_row_length: 0
    Data_length: 16384
Max_data_length: 0
   Index_length: 0
      Data_free: 0
 Auto_increment: NULL
    Create_time: 2021-11-17 21:00:01
    Update_time: NULL
     Check_time: NULL
      Collation: utf8mb4_0900_ai_ci
       Checksum: NULL
 Create_options:
        Comment:
1 row in set (0.00 sec)
```

图 1-3-4　查看 Class 数据表的创建信息

参数说明：

- Name：表名。
- Engine：存储引擎。
- Row_format：行格式。
- Rows：行数，MyISAM 是准确的，InnoDB 是估计值。
- Avg_row_length：平均每行字节数。
- Data_length：表数据大小。
- Max_data_length：表数据最大容量，与存储引擎有关。
- Index_length：索引大小（字节）。
- Data_free：已分配但未使用空间。
- Auto_increment：下一个 Auto_increment 值，自增主键是下一个主键的值。
- Create_time：表创建时间。
- Update_time：表数据最后更新时间。
- Check_time：使用 check table 或者 myisamchk 工具最后检查时间。
- Collation：默认字符集和字符排序规则。
- Checksum：如果启用，保存整个表的实时校验和。
- Create_options：创建指定的其他选项。
- Comment：其他额外信息，一般用作表备注。

**步骤六：**

在 MySQL 的安装路径下，可以看到"Data\stuinfo"下生成了 class.ibd 数据文件，如

图 1－3－5 所示。

图 1－3－5　查看 Class 表的数据文件

## 拓展提升

### 拓展知识

#### 1. MySQL 8 常用约束（Constraint）

1）含义

约束是一种限制，用于限制表中的数据，以保证表中数据的准确性和可靠性。

2）分类

NOT NULL：非空，用于保证该字段的值不能为空。例如学生表的学生姓名及学号等。

DEFAULT：默认值，用于保证该字段有默认值。例如学生表的学生性别。

PRIMARY KEY：主键，用于保证该字段的值具有唯一性并且非空。例如学生表的学生学号等。

UNIQUE：唯一，用于保证该字段的值具有唯一性，可以为空。例如注册用户的手机号、身份证号等。

CHECK：检查约束，检查字段的值是否为指定的值。

FOREIGN KEY：外键，用于限制两个表的关系，保证该字段的值必须来自主表的关联列的值。具体操作是：在从表中添加外键约束，用于引用主表中某些列的值。例如学生信息表的班级编号来自班级信息表。

#### 2. 数据完整性

1）目的

为了防止不符合规范的数据进入数据库，在用户对数据进行插入、修改、删除等操作时，DBMS 自动按照一定的约束条件对数据进行监测，使不符合规范的数据不能进入数据库，以确保数据库中存储的数据正确、有效、相容。

2）概念

约束是用来确保数据的准确性和一致性。数据的完整性就是对数据的准确性和一致性的一种保证。

数据完整性（Data Integrity）是指数据的精确性（Accuracy）和可靠性（Reliability）。

3）分类

为了保证数据库的数据表中所保存数据的正确性，MySQL 提供了完整性约束。按照数据完整性的功能，可以将数据完整性划分为 4 类，见表 1－3－2。完整性之间的关系如图 1－3－6 所示。

表 1-3-2　数据完整性类型

| 数据完整性类型 | 含义 | 实现方法 |
| --- | --- | --- |
| 实体完整性<br>(Entity Integrity) | 保证数据表中每一条记录在数据表中都是唯一的，即必须至少有唯一标识来区分不同的记录 | 主键约束、唯一约束、唯一索引（Unique Index）等 |
| 域完整性<br>(Domain Integrity) | 限定数据表中输入数据的类型与取值范围 | 默认值约束、检查约束、外键约束、非空约束、数据类型等 |
| 参照完整性<br>(Referential Integrity) | 在数据库中添加、修改和删除数据时，要维护数据表之间数据的一致性，即包含主键的主表的数据和包含外键的从表的数据应对应一致，不能引用不存在的值 | 外键约束、检查约束、触发器（Trigger）、存储过程(Procedure）等 |
| 用户自定义完整性<br>(User-defined Integrity) | 实现用户某一特殊要求的数据规则或格式 | 默认值约束、检查约束等 |

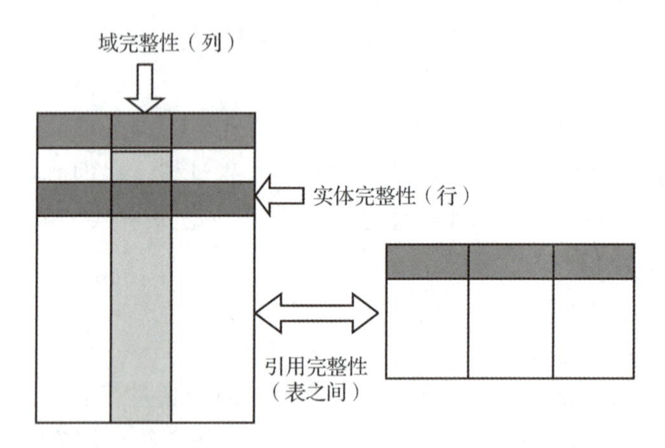


图 1-3-6　完整性图例

### 3. 约束与完整性之间的关系（表 1-3-3）

表 1-3-3　约束与完整性之间的关系

| 完整性类型 | 约束类型 | 描述 | 约束对象 |
| --- | --- | --- | --- |
| 列完整性 | Default | 当使用 INSERT 语句插入数据时，若已定义默认值的列没有提供指定值，则将该默认值插入记录中 | 列 |
| | Check | 指定某一列可接受的值 | |

续表

| 完整性类型 | 约束类型 | 描述 | 约束对象 |
|---|---|---|---|
| 实体完整性 | Primary Key | 每行记录的唯一标识符，确保用户不能输入重复值，并自动创建索引，提高性能，该列不允许使用空值 | 行 |
| | Unique | 在列集内强制执行值的唯一性，防止出现重复值，表中不允许有两行的同一列包含相同的非空值 | |
| 参考完整性 | Foreign Key | 定义一列或几列，其值与本表或其他表的主键或 UNIQUE 列相匹配 | 表与表之间 |

# 任务 3-2　创建学生信息表（Student）

## 任务描述

开发人员创建好班级信息表后，继续创建学生信息表，为存储数据做准备。

## 任务分析

表（TABLE）是数据库中用来存储数据的对象，是有结构的数据的集合，是整个数据库系统的基础。在之前的数据库设计中，确定有 Class、Student、Course、Score 四张表。本任务时用命令的方式创建 Student（学生表）。

## 知识学习

**创建数据表时定义约束**

### 1. 创建数据表时定义主键约束

➢ 在定义字段的同时指定一个字段为主键的语法格式：

```
<字段名称> <数据类型> Primary Key [默认值]
```

➢ 在定义完所有字段之后指定一个字段为主键的语法格式：

```
[Constraint <主键约束名称>]  Primary Key <字段名称>
```

➢ 在定义完所有字段之后指定多个字段为组合主键的语法格式：

```
[Constraint <主键约束名称>]  Primary Key (<字段名称1>, <字段名称2>, …)
```

### 2. 创建数据表时定义外键约束

**语法格式：**

```
[Constraint <外键约束名称>] Foreign Key (<字段名称11>[,<字段名称12>, …])
      References <主数据表名称>(<字段名称21>[,<字段名称22>, …])
```

### 3. 创建数据表时定义非空约束

创建数据表时定义非空约束，只需要在字段名称后面添加 Not Null 即可，否则默认为 Null。

**语法格式：**

```
<字段名称> <数据类型> Not Null
```

### 4. 创建数据表时定义默认约束

在定义完字段之后，直接指定默认值。

**语法格式：**

```
<字段名称> <数据类型> Default <默认值>
```

### 5. 创建数据表时定义唯一约束

➢ 在定义完字段之后直接指定唯一约束的语法格式：

```
<字段名称> <数据类型> Unique
```

➢ 在定义完所有字段之后指定唯一约束的语法格式：

```
[Constraint <唯一约束名称>] Unique (<字段名称>)
```

➢ 在创建数据表时将多个字段设置为唯一约束的语法格式：

```
[Constraint <唯一约束名称>] Unique(<字段名称1>, <字段名称2>, …)
```

### 6. 创建数据表时定义检查约束

➢ 在创建数据表时设置字段级检查约束的语法格式：

```
<字段名称> <数据类型> Check <表达式>
```

➢ 在定义完所有字段之后指定表级检查约束的语法格式：

```
[Constraint <检查约束名称>] Check (<表达式>)
```

## 任务实施

## 一、创建表（Class）

**实例 1**：使用命令创建学生个人信息表，表结构如下：

➢ Student(Sno, Sname, Sex, Nationality, Birth, Politics, ClassNo)（表 1-3-4）

**表 1-3-4 Student**

| 字段名 | 数据类型 | 长度 | 是否为空 | 约束 | 备注 |
| --- | --- | --- | --- | --- | --- |
| Sno | char | 15 | 否 | 主键 | 学号 |
| Sname | char | 10 | 否 | | 姓名 |
| Sex | enum('w','m') | 1 | 否 | 默认值 'm' | m 男，w 女 |

续表

| 字段名 | 数据类型 | 长度 | 是否为空 | 约束 | 备注 |
| --- | --- | --- | --- | --- | --- |
| Nationality | char | 10 | 是 | | 民族 |
| Politics | Set('群众', '党员', '共青团员', '其他') | | 是 | | 政治面貌 |
| Birth | date | | 是 | | 出生日期 |
| ClassNo | int | 11 | 否 | 外键，参照 Class 表的 ClassNo | 班级编号 |

**步骤：**

创建学生信息表，名为 Student。

**执行语句：**

```
CREATE TABLE Student
(Sno char(10) primary key COMMENT '学号',
SName char(10) not null COMMENT '姓名',
Sex enum('w','m') not null COMMENT '性别',
Nationality char(10) COMMENT '民族',
Politics Set('群众','党员','共青团员','其他') COMMENT '政治面貌',
Birth date COMMENT '出生日期',
ClassNo int(11) not null COMMENT '班级编号',
Constraint FK_class_stu foreign key(ClassNo) references Class(ClassNo));
```

代码运行结果如图 1-3-7 所示。

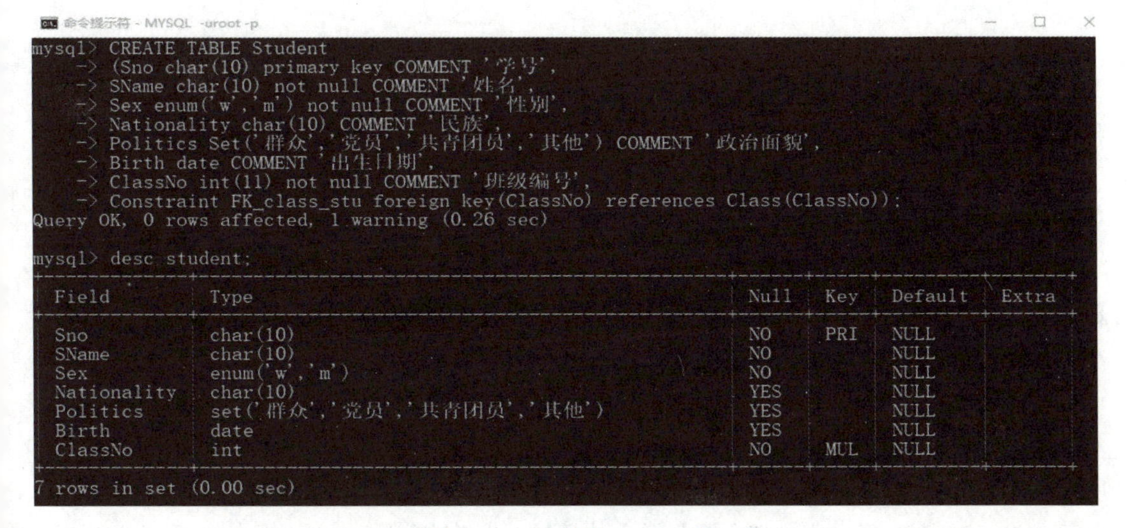


图 1-3-7　创建 Student 表

➢ 创建 Student 数据表成功，并查看数据表结构是否正确。

## 二、删除数据表

**语法格式：**

```
DROP TABLE [IF EXISTS] 表名 1][,表名 2] …
```

**实例 2：** 删除数据库 Student，并用 SHOW TABLES 查看 Student 表是否存在。

**步骤：**

**执行语句：**

```
DROP TABLE Student;
```

代码运行结果如图 1－3－8 所示。

```
命令提示符 - mysql -u root -p

mysql> drop table student;
Query OK, 0 rows affected (0.18 sec)

mysql> show tables;
+------------------+
| Tables_in_stuinfo |
+------------------+
| class            |
+------------------+
1 row in set (0.00 sec)
```

图 1－3－8　删除 Student 表

➢ 没有 Student 表了，证明已被删除。

## 拓展提升

### 1. MySQL 存储引擎

MySQL 中的数据用各种不同的技术存储在文件（或者内存）中。这些技术中的每一种都使用不同的存储机制、索引技巧、锁定水平，并且最终提供广泛的不同的功能和能力。通过选择不同的技术，可以获得额外的速度或者功能，从而改善应用的整体功能。

这些不同的技术以及配套的相关功能在 MySQL 中被称作存储引擎（也称作表类型）。MySQL 默认配置了许多不同的存储引擎，可以预先设置或者在 MySQL 服务器中启用。

存储和检索数据的灵活性是 MySQL 受欢迎的主要原因。其他数据库系统（包括大多数商业选择）仅支持一种类型的数据存储，这意味着你要么牺牲一些性能，要么用几个小时甚至几天的时间详细调整你的数据库。使用 MySQL，仅需要修改使用的存储引擎就可以了。

使用“SHOW ENGINES;”命令可以查看服务器的存储引擎状态信息，如图 1－3－9 所示。

在 MySQL 中，不需要在整个服务器中使用同一种存储引擎，针对具体的要求，可以对每一个表使用不同的存储引擎。Support 列的值表示某种引擎能否使用：YES 表示可以使用，NO 表示不能使用，DEFAULT 表示该引擎为当前默认的存储引擎。

```
mysql> SHOW ENGINES;
+--------------------+---------+----------------------------------------------------------------+--------------+------+------------+
| Engine             | Support | Comment                                                        | Transactions | XA   | Savepoints |
+--------------------+---------+----------------------------------------------------------------+--------------+------+------------+
| MEMORY             | YES     | Hash based, stored in memory, useful for temporary tables      | NO           | NO   | NO         |
| MRG_MYISAM         | YES     | Collection of identical MyISAM tables                          | NO           | NO   | NO         |
| CSV                | YES     | CSV storage engine                                             | NO           | NO   | NO         |
| FEDERATED          | NO      | Federated MySQL storage engine                                 | NULL         | NULL | NULL       |
| PERFORMANCE_SCHEMA | YES     | Performance Schema                                             | NO           | NO   | NO         |
| MyISAM             | YES     | MyISAM storage engine                                          | NO           | NO   | NO         |
| InnoDB             | DEFAULT | Supports transactions, row-level locking, and foreign keys     | YES          | YES  | YES        |
| BLACKHOLE          | YES     | /dev/null storage engine (anything you write to it disappears) | NO           | NO   | NO         |
| ARCHIVE            | YES     | Archive storage engine                                         | NO           | NO   | NO         |
+--------------------+---------+----------------------------------------------------------------+--------------+------+------------+
9 rows in set (0.00 sec)
```

图1-3-9　存储引擎状态信息

## 2. 存储引擎类型

- InnoDB

InnoDB 是 MySQL 5.5 版本默认的存储引擎。InnoDB 是一个事务安全的存储引擎，它具备提交、回滚以及崩溃恢复的功能，以保护用户数据。InnoDB 的行级别锁定及 Oracle 风格的一致性无锁定提升了它的多用户并发数及性能。InnoDB 将用户数据存储在聚集索引中，以减少基于主键的普通查询所带来的 I/O 开销。为了保证数据的完整性，InnoDB 还支持外键约束。

- MyISAM

MySQL 5.5 版本之前默认采用 MyISAM 存储引擎。MyISAM 既不支持事务，也不支持外键。其优势是访问速度快，但是表级别的锁定限制了它在读写负载方面的性能，因此它经常应用于只读或者以读为主的数据场景。

- Memory

Memory 在内存中存储所有数据，应用于对非关键数据快速查找的场景。Memory 类型的表访问数据非常快，因为它的数据是存放在内存中的，并且默认使用 HASH 索引，但是一旦服务关闭，表中的数据就会丢失。

- BLACKHOLE

黑洞存储引擎，类似于 UNIX 的/dev/null，Archive 只接收但却并不保存数据。对这种引擎的表的查询常常返回一个空集。这种表可以应用于 DML 语句需要发送到从服务器，但主服务器并不会保留这种数据的备份的主从配置中。

- CSV

CSV 的表真的是以逗号分隔的文本文件。CSV 表允许以 CSV 格式导入/导出数据，以相同的读和写的格式和脚本与应用交互数据。由于 CSV 表没有索引，所以最好是在普通操作中将数据放在 InnoDB 表里，只有在导入或导出阶段使用一下 CSV 表。

- NDB

又名 NDBCLUSTER。这种集群数据引擎尤其适用于需要最高程度的正常运行时间和可用性的应用。MySQL Cluster 能够使用多种故障切换和负载平衡选项来配置 NDB 存储引擎，但在 Cluster 级别上的存储引擎上做这个最简单。MySQL Cluster 的 NDB 存储引擎包含完整的数据集，仅取决于 Cluster 本身内的其他数据。

- Merge

允许 MySQL DBA 或开发者将一系列相同的 MyISAM 表进行分组，并把它们作为一个对象进行引用。适用于超大规模数据场景，如数据仓库。

- Federated

提供了从多个物理机上连接不同的 MySQL 服务器来创建一个逻辑数据库的能力。适用于分布式或者数据市场的场景。

- Example

这种存储引擎用于保存阐明如何开始写新的存储引擎的 MySQL 源码的例子。主要针对有兴趣的开发人员。这种存储引擎就是一个什么事都不做的“存根”。开发人员可以使用这种引擎创建表，但是无法向其保存任何数据，也无法用它们检索任何索引。

## 任务 3-3 修改表（Alter Table）

### 任务描述

开发人员在 MySQL 数据库管理系统中创建好数据表后，有时情况会发生变化，需要改变原表的结构。例如，增加字段或删减字段、修改原有字段数据类型、重新命名字段或表、修改表字符集等。

### 任务分析

在之前的创建表中，已经创建好的表有 Class、Student 等，本任务使用“ALTER TABLE”语句修改表的结构。

### 知识学习

**修改数据表的语法格式：**

```
ALTER TABLE 表名
    ADD [COLUMN] 字段定义 [FIRST | AFTER 字段名]                          /* 添加列 */
    | ALTER [COLUMN] 字段名 {SET DEFAULT 默认值 | DROP DEFAULT}           /* 修改默认值 */
    | CHANGE [COLUMN] 旧字段名 字段定义                                   /* 对列重命名 */
    [FIRST |AFTER 字段名]
    | MODIFY [COLUMN] 字段定义 [FIRST | AFTER 字段名]                     /* 修改列类型 */
    | DROP [COLUMN] 字段名                                                /* 删除列 */
    | RENAME [TO] 新表名                                                  /* 重命名该表 */
```

在 MySQL 中，修改表内某一列的属性的时候，MySQL 支持 3 种语法结构，见表 1-3-5。

**表 1-3-5　3 种语法结构**

| 语法 | 功能 | 说明 |
| --- | --- | --- |
| ALTER | 只能更改列的默认值 | |
| CHANGE | 可以重命名列或者修改列的定义 | 标准 SQL 的扩展 |
| MODIFY | 可以更改列的定义，但不能更改列的名称 | 兼容 Oracle 的扩展 |

通过文档介绍的功能，基本能够判断处该使用哪种语法，CHANGE 功能最强大，什么情况下都可以使用（达到预期的效果）。但是还有一个区别：

ALTER 语法只是修改 .frm 文件，不会去更新表中的数据；MODIFY 和 CHANGE 在更新表结构的时候重新插入表中的数据，因此比较耗费时间。

所以，当只需要修改某一列的默认值的时候，优先选用 ALTER；需要修改列的名称时，用 CHANGE；只修改列的定义时，用 MIODIFY。

## 任务实施

### 一、复制表（Student_copy）

**语法格式：**

```
CREATE TABLE [IF NOT EXISTS] 新表名
  [LIKE 参照表名] |[AS (select 语句)]
```

**实例 1：**复制学生信息表，名为 Student_copy。

**步骤：**

**执行语句：**

```
CREATE TABLE Student_copy LIKE Student;
```

代码运行结果如图 1－3－10 所示。

```
命令提示符 - MYSQL -uroot -p

mysql> CREATE TABLE Student_copy LIKE Student;
Query OK, 0 rows affected (0.69 sec)

mysql>
```

图 1－3－10　复制 Student 信息表

### 二、添加字段（Add）

**语法格式：**

```
ALTER TABLE <数据表名称>
    Add <新字段名称> <数据类型> [ 约束条件 ]
        First |After <已存在字段名称> ] ;
```

**实例 2：**在 Student_copy 表中增加一列来存储电话号码，列名为 phone，数据类型为 char(11)，可以为空。

**步骤：**

**执行语句：**

```
ALTER TABLE Student_copy ADD phone char(11);
```

代码运行结果如图 1－3－11 所示。

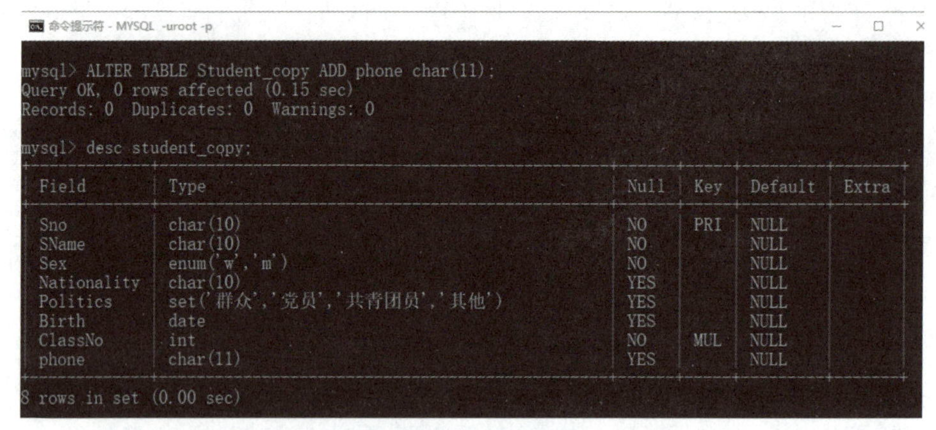

```
命令提示符 - MYSQL -uroot -p
mysql> ALTER TABLE Student_copy ADD phone char(11);
Query OK, 0 rows affected (0.15 sec)
Records: 0  Duplicates: 0  Warnings: 0

mysql> desc student_copy;
+-------------+--------------------------------------------+------+-----+---------+-------+
| Field       | Type                                       | Null | Key | Default | Extra |
+-------------+--------------------------------------------+------+-----+---------+-------+
| Sno         | char(10)                                   | NO   | PRI | NULL    |       |
| SName       | char(10)                                   | NO   |     | NULL    |       |
| Sex         | enum('w','m')                              | NO   |     | NULL    |       |
| Nationality | char(10)                                   | YES  |     | NULL    |       |
| Politics    | set('群众','党员','共青团员','其他')       | YES  |     | NULL    |       |
| Birth       | date                                       | YES  |     | NULL    |       |
| ClassNo     | int                                        | NO   | MUL | NULL    |       |
| phone       | char(11)                                   | YES  |     | NULL    |       |
+-------------+--------------------------------------------+------+-----+---------+-------+
8 rows in set (0.00 sec)
```

图 1－3－11　添加字段 1

➢ 通过查看 Student_copy 表结构，可知 phone 字段已添加。

**实例 3**：在 Student_copy 表中，在 Birth 之后增加一列来存储居住地址，列名为 Address，数据类型为 varchar(30)，可以为空。

**步骤**：

**执行语句**：

```
ALTER TABLE Student_copy ADD Address varchar(30) after Birth;
```

代码运行结果如图 1－3－12 所示。

```
命令提示符 - MYSQL -uroot -p
mysql> ALTER TABLE Student_copy ADD Address varchar(30) after Birth;
Query OK, 0 rows affected (0.49 sec)
Records: 0  Duplicates: 0  Warnings: 0

mysql> desc student_copy;
+-------------+--------------------------------------------+------+-----+---------+-------+
| Field       | Type                                       | Null | Key | Default | Extra |
+-------------+--------------------------------------------+------+-----+---------+-------+
| Sno         | char(10)                                   | NO   | PRI | NULL    |       |
| SName       | char(10)                                   | NO   |     | NULL    |       |
| Sex         | enum('w','m')                              | NO   |     | NULL    |       |
| Nationality | char(10)                                   | YES  |     | NULL    |       |
| Politics    | set('群众','党员','共青团员','其他')       | YES  |     | NULL    |       |
| Birth       | date                                       | YES  |     | NULL    |       |
| Address     | varchar(30)                                | YES  |     | NULL    |       |
| ClassNo     | int                                        | NO   | MUL | NULL    |       |
| phone       | char(11)                                   | YES  |     | NULL    |       |
+-------------+--------------------------------------------+------+-----+---------+-------+
9 rows in set (0.00 sec)
```

图 1－3－12　添加字段 2

➢ 通过查看 Student_copy 表结构，可知 Address 字段已添加在 Birth 字段之后。

## 三、删除字段（DROP）

**语法格式**：

```
Alter Table <数据表名称> Drop <字段名称>；
```

**实例 4**：删除 Student_copy 表中的 phone 字段的列名 phone。

**步骤**：

**执行语句**：

```
ALTER TABLE Student_copy DROP phone;
```

代码运行结果如图 1-3-13 所示。

```
mysql> ALTER TABLE Student_copy DROP phone;
Query OK, 0 rows affected (0.45 sec)
Records: 0  Duplicates: 0  Warnings: 0

mysql> desc student_copy;
+-------------+-------------------------------------+------+-----+---------+-------+
| Field       | Type                                | Null | Key | Default | Extra |
+-------------+-------------------------------------+------+-----+---------+-------+
| Sno         | char(10)                            | NO   | PRI | NULL    |       |
| SName       | char(10)                            | NO   |     | NULL    |       |
| Sex         | enum('w','m')                       | NO   |     | NULL    |       |
| Nationality | char(10)                            | YES  |     | NULL    |       |
| Politics    | set('群众','党员','共青团员','其他') | YES  |     | NULL    |       |
| Birth       | date                                | YES  |     | NULL    |       |
| Address     | varchar(30)                         | YES  |     | NULL    |       |
| ClassNo     | int                                 | NO   | MUL | NULL    |       |
+-------------+-------------------------------------+------+-----+---------+-------+
8 rows in set (0.00 sec)
```

**图 1-3-13　删除字段**

➢ 通过查看 Student_copy 表结构，可知 phone 字段已删除。

## 四、修改字段名称（Change）

**语法格式**：

```
Alter Table <数据表名称> Change <原字段名称> <新字段名称> <新数据类型>;
```

**实例 5**：将 Student_copy 表中 Address 字段的列名改为 ADDR。

**步骤**：

**执行语句**：

```
ALTER TABLE Student_copy CHANGE Address ADDR varchar(30);
```

代码运行结果如图 1-3-14 所示。

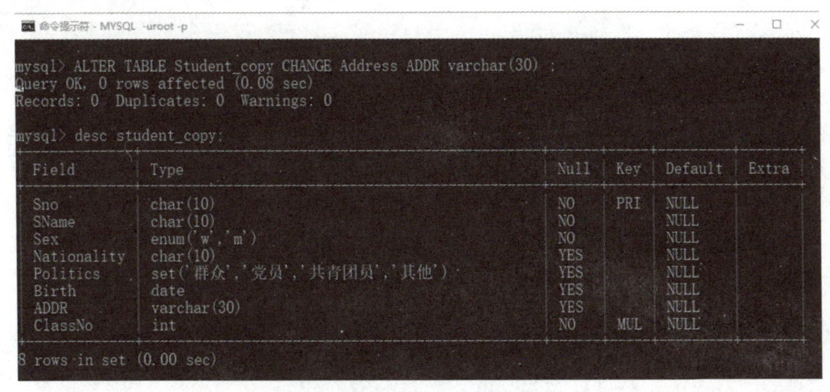

```
mysql> ALTER TABLE Student_copy CHANGE Address ADDR varchar(30);
Query OK, 0 rows affected (0.08 sec)
Records: 0  Duplicates: 0  Warnings: 0

mysql> desc student_copy;
+-------------+-------------------------------------+------+-----+---------+-------+
| Field       | Type                                | Null | Key | Default | Extra |
+-------------+-------------------------------------+------+-----+---------+-------+
| Sno         | char(10)                            | NO   | PRI | NULL    |       |
| SName       | char(10)                            | NO   |     | NULL    |       |
| Sex         | enum('w','m')                       | NO   |     | NULL    |       |
| Nationality | char(10)                            | YES  |     | NULL    |       |
| Politics    | set('群众','党员','共青团员','其他') | YES  |     | NULL    |       |
| Birth       | date                                | YES  |     | NULL    |       |
| ADDR        | varchar(30)                         | YES  |     | NULL    |       |
| ClassNo     | int                                 | NO   | MUL | NULL    |       |
+-------------+-------------------------------------+------+-----+---------+-------+
8 rows in set (0.00 sec)
```

**图 1-3-14　修改字段名称**

➢ 通过查看 Student_copy 表结构，可知 Address 字段已改名为 ADDR。

## 五、修改字段的数据类型（Modify）

**修改数据类型的语法格式：**

```
Alter Table <数据表名称> Modify <字段名称> <数据类型>;
```

**实例 6：**将 Student_copy 表中 Birth 字段的列的字段类型改为日期时间类型。

**步骤：**

**执行语句：**

```
ALTER TABLE Student_copy MODIFY Birth datetime not null;
```

代码运行结果如图 1-3-15 所示。

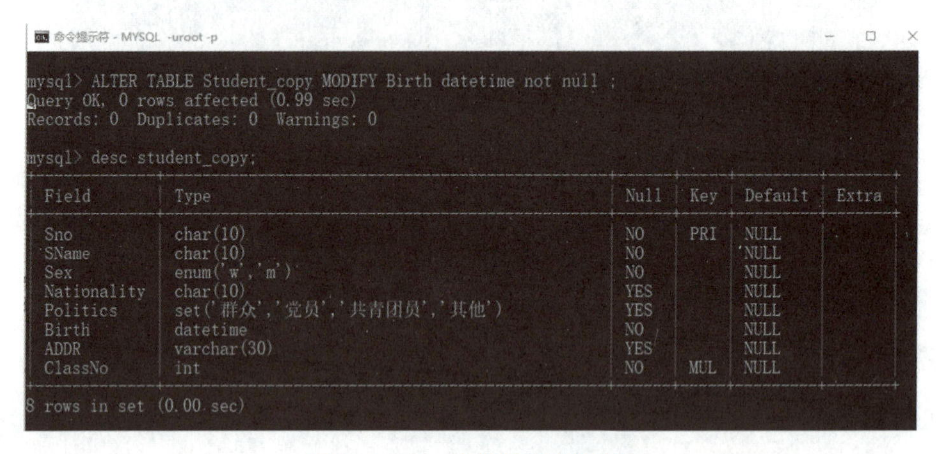


图 1-3-15 修改字段数据类型

➢ 通过查看 Student_copy 表结构，可知 Birth 字段数据类型已由 date 改为 datetime。

➢ 提示：修改数据类型会导致表中不符合数据类型的数据被清空，所以谨慎操作。

## 六、修改数据表中字段的排列位置（Modify）

**语法格式：**

```
Alter Table <数据表名称>
        Modify <字段名称> <数据类型>
                First |After <已存在字段名称> ];
```

**实例 7：**将 Student_copy 表中 ADDR 字段放置在数据表最后。

**步骤：**

**执行语句：**

```
ALTER TABLE Student_copy MODIFY ADDR varchar(30) after classno;
```

代码运行结果如图 1-3-16 所示。

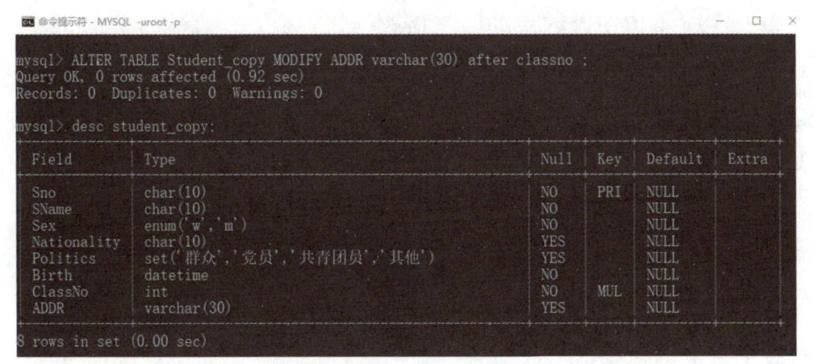

```
mysql> ALTER TABLE Student_copy MODIFY ADDR varchar(30) after classno ;
Query OK, 0 rows affected (0.92 sec)
Records: 0  Duplicates: 0  Warnings: 0

mysql> desc student_copy;
```

| Field | Type | Null | Key | Default | Extra |
|---|---|---|---|---|---|
| Sno | char(10) | NO | PRI | NULL | |
| SName | char(10) | NO | | NULL | |
| Sex | enum('w','m') | NO | | NULL | |
| Nationality | char(10) | YES | | NULL | |
| Politics | set('群众','党员','共青团员','其他') | YES | | NULL | |
| Birth | datetime | NO | | NULL | |
| ClassNo | int | NO | MUL | NULL | |
| ADDR | varchar(30) | YES | | NULL | |

8 rows in set (0.00 sec)

图 1-3-16　修改字段位置

➢ 通过查看 Student_copy 表结构，可知 ADDR 字段的位置已改变。

## 七、修改表名（Rename）

**语法格式：**

```
Alter Table <原数据表名称> Rename [To] <新数据表名称>;
```

**实例 8：**复制班级信息表，名为 Class_copy，并重命名为 Class_new。

**步骤：**

**执行语句：**

```
CREATE TABLE Class_copy LIKE Class;
ALTER TABLE Class_copy RENAME Class_new;
```

代码运行结果如图 1-3-17 所示。

```
mysql> CREATE TABLE Class_copy LIKE Class;
Query OK, 0 rows affected (0.24 sec)

mysql> ALTER TABLE Class_copy RENAME Class_new ;
Query OK, 0 rows affected (0.12 sec)

mysql> show tables;
+-------------------+
| Tables_in_stuinfo |
+-------------------+
| class             |
| class_new         |
| course            |
| student           |
| student_copy      |
+-------------------+
5 rows in set (0.00 sec)
```

图 1-3-17　修改表名

➢ 查看 Stuinfo 数据库中的表，显示有 Class_new。

## 八、修改表的约束

### 1. 修改数据表时添加主键约束（Primary Key）

主键约束不仅可以在创建数据表的同时创建，也可以在修改数据表时添加。需要注意的是，设置成主键约束的字段中不允许出现空值。

➢ 给表的单一字段添加主键约束的语法格式：

```
Alter Table <数据表名称>
    Add Constraint <主键约束名称> Primary Key(<字段名称>);
```

➢ 添加由多个字段组成的组合主键约束的语法格式：

```
Alter Table <数据表名称> Add Constraint <主键约束名称>
    Primary Key(<字段名称1>,<字段名称2>,…,<字段名称n>);
```

➢ 删除主键约束的语法格式：

```
Alter Table <数据表名称>
    Drop Primary Key;
```

### 2. 修改数据表时添加外键约束（Foreign Key）

外键约束也可以在修改数据表时添加，但是添加外键约束的前提是设置为外键约束的字段中的数据必须与引用的主键表中的字段一致或者该字段中没有数据。

### 3. 修改数据表时添加默认值约束（Default）

默认值约束除了可以在创建数据表时添加，也可以在修改数据表时添加。

➢ 添加默认约束的语法格式：

```
Alter Table <数据表名称> Alter <设置默认值的字段名称>
    Set Default <默认值>;
```

➢ 删除默认约束的语法格式：

```
Alter Table <数据表名称> Alter <设置默认值的字段名称>
    Drop Default;
```

### 4. 修改数据表时添加非空约束（Not Null）

如果在创建数据表时没有为字段设置非空约束，也可以在修改数据表时添加。

➢ 添加非空约束的语法格式：

```
Alter Table <数据表名称>
    Modify <设置非空约束的字段名称> <数据类型> Not Null;
```

➢ 删除非空约束的语法格式：

```
Alter Table <数据表名称>
    Drop <设置非空约束的字段名称> <数据类型>;
```

### 5. 修改数据表时添加检查约束（Check）

### 6. 修改数据表时添加自增属性（Auto_Increment）

➢ 添加检查约束的语法格式：

```
Alter Table <数据表名称>
```

```
        Add Constraint <检查约束名称> Check(表达式);
```

➢ **删除检查约束的语法格式：**

```
Alter Table <数据表名称>
        Drop Check <约束名称>;
```

➢ **添加自增属性的语法格式：**

```
Alter Table <数据表名称>
        Change <自增属性的字段名称> <字段名称> <数据类型> Auto_Increment; ;
```

➢ **删除自增属性的语法格式：**

```
Alter Table <数据表名称>
    Change <自增属性的字段名称> <字段名称> <数据类型>;
```

➢ **对于已创建好的数据表，添加唯一约束的语法格式：**

```
Alter Table <数据表名称>
        Add [Constraint <唯一约束名称>] Unique (<字段名称1>, <字段名称2>…);
```

➢ **删除唯一约束的语法格式：**

```
Alter Table <数据表名称> Drop [ Index | Key ] <唯一约束名称> ;
```

➢ **单独删除唯一约束的语法格式：**

```
Drop Index <唯一约束名称> On <数据表名称> ;
```

### 7. 修改数据表时添加唯一约束（Unique）

### 8. 修改数据表中的索引

➢ **查看表中索引的语法格式：**

```
Show Index from <数据表名称> ;
```

➢ **使用 Alter 语句删除索引的语法格式：**

```
Alter Table <数据表名称> Drop Index <索引名称> ;
```

➢ **使用 Drop 语句删除的语法格式：**

```
Drop Index <索引名称> On <数据表名称> ;
```

**实例9：**为 Class_new 表中 ClassName 字段添加唯一约束 UK_Classname

**步骤：**

**执行语句：**

```
ALTER TABLE Class_new add Constraint UK_Classname unique(Classname) ;
```

代码运行结果如图 1－3－18 所示。

```
命令提示符 - mysql -u root -p

mysql> ALTER TABLE Class_new
    -> add Constraint UK_Classname unique(Classname) ;
Query OK, 0 rows affected (0.65 sec)
Records: 0  Duplicates: 0  Warnings: 0

mysql> show create table class_new;
+-----------+------------------------------------------------------------------
| Table     | Create Table
+-----------+------------------------------------------------------------------
| class_new | CREATE TABLE `class_new` (
  `ClassNo` int NOT NULL,
  `ClassName` varchar(30) NOT NULL,
  `College` varchar(30) NOT NULL,
  `Specialty` varchar(30) NOT NULL,
  `EnterYear` year DEFAULT NULL,
  PRIMARY KEY (`ClassNo`),
  UNIQUE KEY `UK_Classname` (`ClassName`)
) ENGINE=InnoDB DEFAULT CHARSET=utf8mb4 COLLATE=utf8mb4_0900_ai_ci |
+-----------+------------------------------------------------------------------
1 row in set (0.00 sec)
```

图 1－3－18　添加唯一约束

➢ 查看 Class_new 表的创建语句，唯一索引 UK_Classname 已生成。

**实例 10：** 为 Class_new 表中 ClassNo 字段添加自增属性。

**步骤：**

**执行语句：**

```
ALTER TABLE Class_new change ClassNo ClassNo int Auto_Increment;
```

代码运行结果如图 1－3－19 所示。

```
命令提示符 - mysql -u root -p

mysql> ALTER TABLE Class_new
    -> add Constraint UK_Classname unique(Classname) ;
Query OK, 0 rows affected (0.65 sec)
Records: 0  Duplicates: 0  Warnings: 0

mysql> show create table class_new;
+-----------+------------------------------------------------------------------
| Table     | Create Table
+-----------+------------------------------------------------------------------
| class_new | CREATE TABLE `class_new` (
  `ClassNo` int NOT NULL,
  `ClassName` varchar(30) NOT NULL,
  `College` varchar(30) NOT NULL,
  `Specialty` varchar(30) NOT NULL,
  `EnterYear` year DEFAULT NULL,
  PRIMARY KEY (`ClassNo`),
  UNIQUE KEY `UK_Classname` (`ClassName`)
) ENGINE=InnoDB DEFAULT CHARSET=utf8mb4 COLLATE=utf8mb4_0900_ai_ci |
+-----------+------------------------------------------------------------------
1 row in set (0.00 sec)
```

图 1－3－19　添加自增属性

➢ 通过查看 Class_new 表的创建语句，唯一索引 UK_Classname 已生成。

**实例 11**：将 Student_copy 表中 Sex 字段设定默认值为“m”。

**步骤：**

**执行语句：**

```
ALTER TABLE student_copy Alter Sex Set Default 'm';
```

代码运行结果如图 1-3-20 所示。

```
命令提示符 - mysql -u root -p

mysql> ALTER TABLE student_copy Alter Sex Set Default 'm';
Query OK, 0 rows affected (0.08 sec)
Records: 0  Duplicates: 0  Warnings: 0

mysql> desc student_copy;
+-------------+-------------------------------------------+------+-----+---------+-------+
| Field       | Type                                      | Null | Key | Default | Extra |
+-------------+-------------------------------------------+------+-----+---------+-------+
| Sno         | char(10)                                  | NO   | PRI | NULL    |       |
| SName       | char(10)                                  | NO   |     | NULL    |       |
| Sex         | enum('w','m')                             | NO   |     | m       |       |
| Nationality | char(10)                                  | YES  |     | NULL    |       |
| Politics    | set('群众','党员','共青团员','其他')      | YES  |     | NULL    |       |
| Birth       | datetime                                  | NO   |     | NULL    |       |
| ClassNo     | int                                       | NO   | MUL | NULL    |       |
| ADDR        | varchar(30)                               | YES  |     | NULL    |       |
+-------------+-------------------------------------------+------+-----+---------+-------+
8 rows in set (0.00 sec)
```

图 1-3-20　添加默认值

➢ 通过查看 Student_copy 表的结构，可以看到 Sex 字段的默认值已经设置好。

**实例 12**：删除 Student_copy 表中的外键，然后为 Student_copy 表 ClassNo 字段重新创建外键 FK_class_student，该外键的对应主键为 Class_new 表中的 ClassNo 字段。

**步骤一：**

删除外键 Student_copy。

**执行语句：**

```
ALTER TABLE student_copy drop KEY FK_class_stu;
```

**步骤二：**

为 Student_copy 表 ClassNo 字段重新创建外键 FK_class_student，该外键的对应主键为 Class_new 表中的 ClassNo 字段。

**执行语句：**

```
ALTER TABLE student_copy Add Constraint FK_class_student Foreign Key(ClassNo)
References Class_new (ClassNo);
```

代码运行结果如图 1-3-21 所示。

```
命令提示符 - MYSQL -uroot -p

mysql> ALTER TABLE student_copy Add Constraint FK_class_student  Foreign Key(ClassNo) References Class_new (ClassNo);
Query OK, 0 rows affected (1.11 sec)
Records: 0  Duplicates: 0  Warnings: 0

mysql> show create table student_copy;
+--------------+------------------------------------------------------------
| Table        | Create Table
+--------------+------------------------------------------------------------
| student_copy | CREATE TABLE `student_copy` (
  `Sno` char(10) NOT NULL COMMENT '学号',
  `SName` char(10) NOT NULL COMMENT '姓名',
  `Sex` enum('w','m') NOT NULL DEFAULT 'm' COMMENT '性别',
  `Nationality` char(10) DEFAULT NULL COMMENT '民族',
  `Politics` set('群众','党员','共青团员','其他') DEFAULT NULL COMMENT '政治面貌',
  `Birth` date DEFAULT NULL COMMENT '出生日期',
  `ClassNo` int NOT NULL COMMENT '班级编号',
  PRIMARY KEY (`Sno`),
  KEY `FK_class_student` (`ClassNo`),
  CONSTRAINT `FK_class_student` FOREIGN KEY (`ClassNo`) REFERENCES `class_new` (`ClassNo`)
) ENGINE=InnoDB DEFAULT CHARSET=utf8mb4 COLLATE=utf8mb4_0900_ai_ci |
+--------------+------------------------------------------------------------
1 row in set (0.00 sec)
```

图 1-3-21　添加外键

➢ 通过查看 Student_copy 表的创建语句，外键约束 FK_class_student 已生成。

## 九、修改数据表存储引擎

在 MySQL 5.1 之前的版本中，默认的搜索引擎是 MyISAM；从 MySQL 5.5 之后的版本中，默认的搜索引擎变更为 InnoDB。

**语法格式：**

```
Alter Table <数据表名称> Engine = <更改后的存储引擎名>;
```

# 任务 3-4　使用 Navicat 创建成绩表（Score）

### 任务描述

在对 MySQL 数据库的管理中，为了便于管理，选用 Navicat 图形化管理工具。

### 任务分析

在之前的创建表中，已经创建好的表有 Class、Student 两张表。本任务是使用 Navicat 创建 Score 表。

### 知识学习

## 一、关于服务器对象

Navicat 提供强大的工具助你管理服务器对象，例如数据库、表、视图、函数等。

**【注意】** 在 Navicat 中开始使用服务器对象前，要先创建连接。

在对象设计器的“SQL 预览”或“脚本预览”选项卡中，可以预览创建或编辑对象时所需的 SQL 语句和脚本。对于某些数据库或模式对象，可以使用底部的下拉式列表来显示在“文件”菜单中选择“保存”或“另存为”时所运行的 SQL 或脚本。

Navicat 可能隐藏了某些服务器对象。这些对象包括系统数据库、系统表等。若要显示隐藏的项目，则从菜单栏中选择“查看”→“显示隐藏项目”。

## 二、MySQL 或 MariaDB

### 1. 数据库

若要开始使用服务器对象，应该创建并打开一个连接。如果服务器中没有任何对象，需要创建一个新的数据库。

创建一个新的数据库：

（1）在导航窗格中，右击“连接”，然后选择“新建数据库”。

（2）在弹出的窗口中输入数据库的属性。

编辑一个现有的数据库：

（1）在导航窗格中，右击“数据库”，然后选择“编辑数据库”。

（2）在弹出的窗口中编辑数据库的属性。

**【注意】** MySQL 不支持通过它的界面重命名数据库，请访问保存数据库的目录。在默认情况下，全部数据库保存于 MySQL 安装文件夹内一个名为 data 的目录中，例如：C:\mysql5\data。必须停止 MySQL 服务，然后才能重命名数据库。

### 2. 表

表是数据库对象，包含数据库中的所有数据。表是由行和列组成的，它们的相交点是字段。在主窗口中，单击“表”来打开表的对象列表。

有两种方法可以打开一个有图形字段的表，见表 1-3-6。右击表，然后选择其中一种。

**表 1-3-6　打开一个有图形字段的表的方法**

| 选项 | 描述 |
| --- | --- |
| 打开表 | 打开表时，Navicat 加载全部 BLOB 字段（图片） |
| 打开表（快速） | 快速打开图形表，BLOB 字段（图片）将不会被加载，直至你单击该单元格（默认情况下不显示，若要使用此选项，请在右击的同时按 Shift 键） |

可以创建一个表快捷方式，右击对象选项卡中的表，然后从弹出式菜单中选择“创建打开表快捷方式”。此选项可以让你快速、直接地打开表来输入数据，而无须打开 Navicat 主窗口。

若要清空一个表，右击已选择的表，然后从弹出式菜单中选择“清空表”。此选项仅适用于清除全部现有记录但不重置自动递增值。如果想在清除表时重置自动递增值，请使用

“截断表”。

1）表设计器

“表设计器”是一个用于设计表的 Navicat 基本工具，能让你创建、编辑或删除表字段、索引、外键等。在“字段”选项卡中，可以搜索一个字段名，选择“编辑”→“查找”，或按快捷键 Ctrl + F。

**【注意】**设计器中的选项卡和选项会根据服务器类型和版本而有所不同。

2）表查看器

当你打开表时，“表查看器”以网格显示数据。数据可以用两种模式显示：网格视图和表单视图。

**【注意】**事务仅适用于 INNODB 表。

### 3. 视图

视图让用户访问一组表，就像它是单个数据一样。可以使用视图来限制访问行。在主窗口中，单击“视图”来打开视图的对象列表。

可以创建一个视图快捷方式，右击对象选项卡中的视图，然后从弹出式菜单中选择“创建打开视图快捷方式”。此选项可以让你快速、直接地打开视图，而无须打开 Navicat 主窗口。

1）视图设计器

“视图设计器”是一个用于设计视图的 Navicat 基本工具。可以在“定义”选项卡中编辑视图的定义为 SQL 语句（实作 SELECT 语句）。若要自定义编辑器并查看更多 SQL 编辑功能，请参阅 SQL 编辑器。如果想从 SQL 文件加载 SQL 语句到编辑器，可以选择“文件”→“导入 SQL”。视图设计总按钮及其功能见表 1－3－7。

**表 1－3－7　视图设计总按钮及其功能**

| 按钮 | 描述 |
|---|---|
| 预览 | 预览视图的数据 |
| 解释 | 显示视图的查询计划 |
| 视图创建工具 | 视觉化地创建视图，即使你不认识 SQL，它也能让你创建和编辑视图，详细信息请参阅 SQL 创建工具 |
| 美化 SQL | 在编辑器中以美化 SQL 选项设置代码的格式 |

**提示**：可以通过选择“查看”→“结果”→“显示在编辑器下面”或“显示在新页”来选择在编辑器下面显示结果或显示结果为一个新的选项卡。

2）视图查看器

当打开视图时，“视图查看器”以网格显示数据。数据可以用两种模式显示：网格视图和表单视图。

**【注意】**事务仅适用于可更新的视图。

### 4. 过程或函数

过程和函数（存储例程）由 MySQL 5.0 开始支持。存储例程是一组保存在服务器上的

SQL 语句。在主窗口中，单击“函数”按钮 $f_{(x)}$ 来打开函数的对象列表。

1）函数向导

在对象工具栏中单击“新建函数”，会弹出“函数向导”对话框，可以简易地创建过程或函数。

（1）选择创建的类型：“过程”或“函数”。

（2）定义参数。在相应的列中设置“模式”“名”和/或“类型”。

（3）如果要创建一个函数，从列表中选择“返回类型”，并输入相应的信息：“长度”“小数点”“字符集”和/或“枚举”。

**提示：**一旦取消勾选“下次显示向导”选项，可以前往选项中再次启用它。

2）函数设计器

“函数设计器”是一个用于设计过程或函数的 Navicat 基本工具，可以在“定义”选项卡中输入有效的 SQL 语句。它可以是一个简单的语句，如 SELECT 或 INSERT，也可以是一个用 BEGIN 和 END 写的复合语句。复合语句可以包含声明循环和其他控制结构语句。

3）结果

若要运行过程或函数，请在工具栏单击“运行”。如果 SQL 语句是正确的，该语句将被运行；如果该语句运行后将返回数据，“结果”选项卡会打开，并显示返回的数据。如果运行过程或函数时发生错误，运行会停止并显示相应的错误信息。如果过程或函数需要输入参数，将弹出“输入参数”对话框。如果勾选“原始模式”选项，将不会在传递输入值到过程或函数时添加引号。

**【注意】**Navicat 支持返回 20 个结果集。

### 5. 表空间

InnoDB 通用表空间是一个共享表空间，可以容纳多个表，并支持所有表行格式。InnoDB 撤销表空间包含撤销日志。在 MySQL NDB Cluster 中，表空间可以包含一个或多个数据文件，从而为 NDB Cluster Disk Data 表提供存储空间。在主窗口中，单击“其他”→“表空间”来打开表空间的对象列表。

表空间设计器是一个用于设计表空间的 Navicat 基本工具，用于设置表引擎、指定数据文件等。

### 6. 事件

事件是按计划运行的任务。在主窗口中，单击“其他”→“事件”来打开事件的对象列表。

事件设计器是一个用于设计事件的 Navicat 基本工具。可以在“定义”选项卡中输入有效的 SQL 过程语句。这可以是一个简单的语句，如 SELECT 或 INSERT，也可以是一个用 BEGIN 和 END 写的复合语句。复合语句可以包含声明循环和其他控制结构语句。

### 7. 维护对象

Navicat 为维护 MySQL 或 MariaDB 对象提供完整的解决方案。

（1）在主窗口的导航窗格中或“对象”选项卡中选择对象。

（2）右键单击已选择的对象。

（3）选择“维护”，然后从弹出式菜单中选择一个维护选项。

（4）结果显示在弹出的窗口中。

1）表（表 1－3－8）

**表 1－3－8**

| 选项 | 描述 |
| --- | --- |
| 分析表 | 分析并保存表的键分布 |
| 检查表 | 检查表是否有错误 |
| 优化表 | 优化表以减少存储空间并提高 I/O 效率 |
| 修复表 | 修复可能损坏的表 |
| 获取行的总数 | 计算表中的行数 |

2）表空间（表 1－3－9）

**表 1－3－9　表空间**

| 选项 | 描述 |
| --- | --- |
| 设置为活动状态 | 将 InnoDB 撤销表空间标记为活动状态 |
| 设置为非活动状态 | 将 InnoDB 撤销表空间标记为非活动状态 |

## 任务实施

使用 Navicat 创建成绩表，表结构如下：

➢ Score（Sno，Cno，Uscore，EndScore）（表 1－3－10）

**表 1－3－10**

| 字段名 | 字段说明 | 数据类型 | 长度 | 是否为空 | 约束 |
| --- | --- | --- | --- | --- | --- |
| Sno | 学号 | char | 15 | 否 | 主属性，参照 Student 表的 Sno |
| Cno | 课程编号 | int | 11 | 否 | 主属性，参照 Course 表的 Cno |
| Uscore | 平时成绩 | Decimal(4,1) |  | 是 | 值为 0～100 |
| EndScore | 期末成绩 | Decimal(4,1) |  | 是 | 值为 0～100 |

**实例 13：**创建数据表（Score）

**步骤一：**

启动图形管理工具 Navicat for MySQL，在窗口左侧窗格中右击打开的连接名“MyConn”，打开数据库“Stuinfo”。在“数据库对象”窗格中依次展开“stuinfo”文件夹，然后右击“表”，在弹出的快捷菜单中选择“新建表”命令，如图 1－3－22 所示。

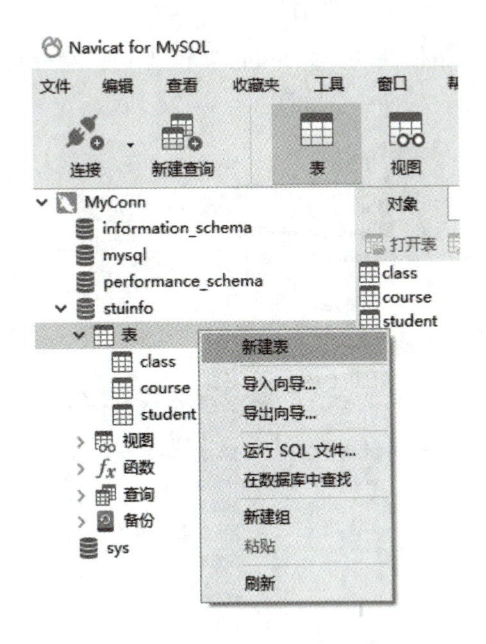


图 1-3-22　右击新建表

**步骤二：**

单击“新建表”后，系统自动打开表结构编辑界面，并自动创建一个空白字段，填入表结构对应的字段名、类型、是否为 null、注释。填完后保存，将会弹出“表名”对话框，填入表名“Score”，如图 1-3-23 所示。

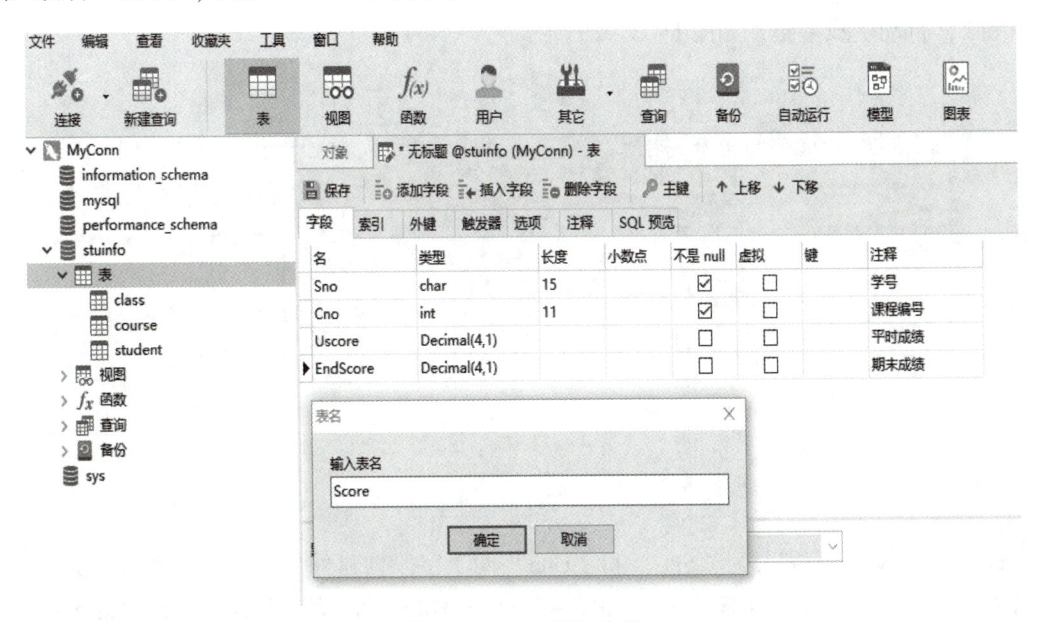


图 1-3-23　添加字段

**实例 14：** Score 表主键由“Sno”和“Cno”两个字段构成，通过修改表，为“Score”表添加主键。

**步骤一：**

在“数据库对象”窗格中依次展开“stuinfo”文件夹，然后右击数据表“Score”，在弹出的快捷菜单中选择“设计表”命令，如图 1－3－24 所示。

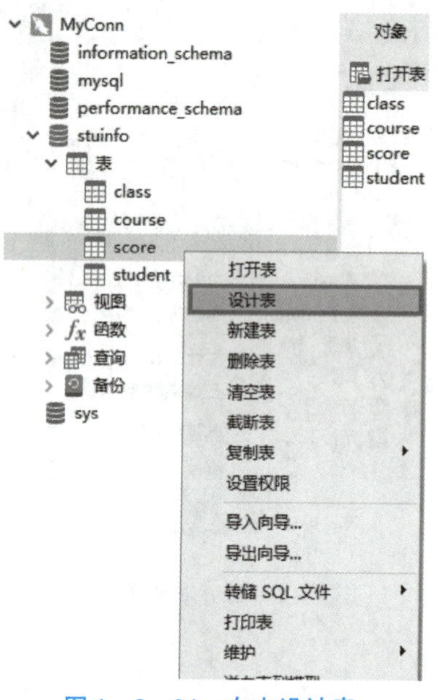


图 1－3－24　右击设计表

**步骤二：**

单击“设计表”后，系统自动打开表结构编辑界面，分别在“Sno”和“Cno”字段单击“键”，自动生成主键，如图 1－3－25 所示。

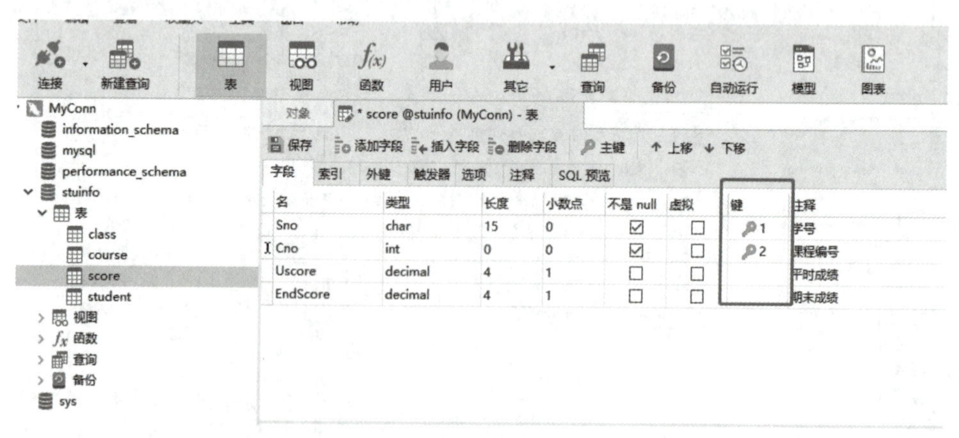


图 1－3－25　创建主键

**实例 15**：Score 表需要为“Sno”和“Cno”两个字段创建外键，对应关系为：Sno 的外键名为 FK_Stu_Sco，对应主键为 Student 表中的 Sno 字段；Cno 的外键名为 FK_Cou_Sco，对应主键为 Course 表中的 Cno 字段。

**步骤一：**

单击“设计表”后，系统自动打开表结构编辑界面，单击“外键”。打开“外键”编

辑界面后，系统自动生成一个空白行，如图 1－3－26 所示。

对象
score @stuinfo (MyConn) - 表
保存
添加外键
删除外键
字段
索引
外键
触发器
选项
注释
SQL 预览
名
字段
被引用的模式
被引用的表（父）
被引用的字段
删除时
更新时


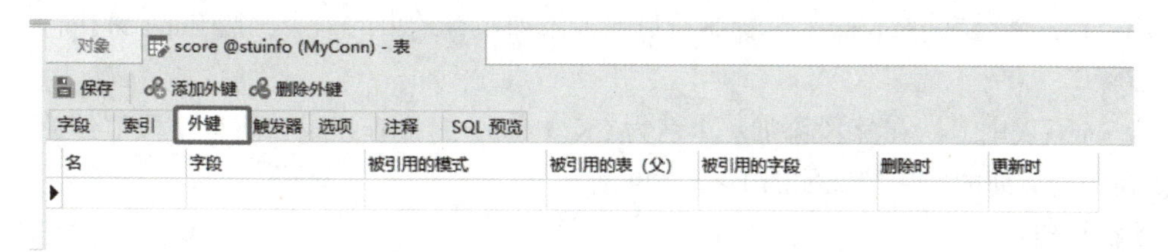

图 1－3－26 打开外键

**步骤二：**

在编辑框中填入对应的外键名、字段及对应主键的表及字段后，单击“保存”按钮，如图 1－3－27 所示。

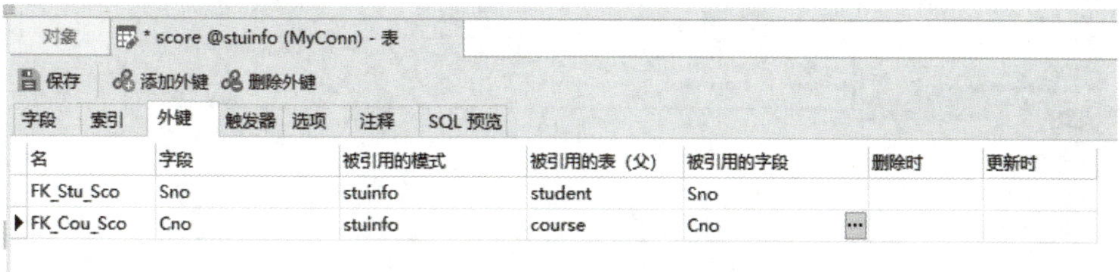

对象
* score @stuinfo (MyConn) - 表
保存
添加外键
删除外键
字段
索引
外键
触发器
选项
注释
SQL 预览
名
字段
被引用的模式
被引用的表（父）
被引用的字段
删除时
更新时
FK_Stu_Sco
Sno
stuinfo
student
Sno
FK_Cou_Sco
Cno
stuinfo
course
Cno


图 1－3－27 创建外建

**实例 16**：Score 表需要为“Uscore”和“EndScore”两个字段添加检查约束，将填入的成绩的值约束在 0～100 分，以避免填入不符合要求的数据。

**分析**：由于 Navicat 中没有添加检查约束的按键，为此，将在 Navicat 中使用命令执行添加约束操作。在此示范两种方式。

- 方式一：Navicat 的命令行运行命令方式

**步骤一：**

右键单击“stuinfo”，在弹出的快捷菜单中选择“命令列界面…”命令，如图 1－3－28 所示。

MyConn
information_schema
mysql
performance_schema
stuinfo
表
class
course
score
student
视图
函数
查询
备份
sys
关闭数据库
编辑数据库...
新建数据库...
删除数据库
新建查询
命令列界面...
运行 SQL 文件...
转储 SQL 文件
打印数据库
逆向数据库到模型...
在数据库中查找
刷新


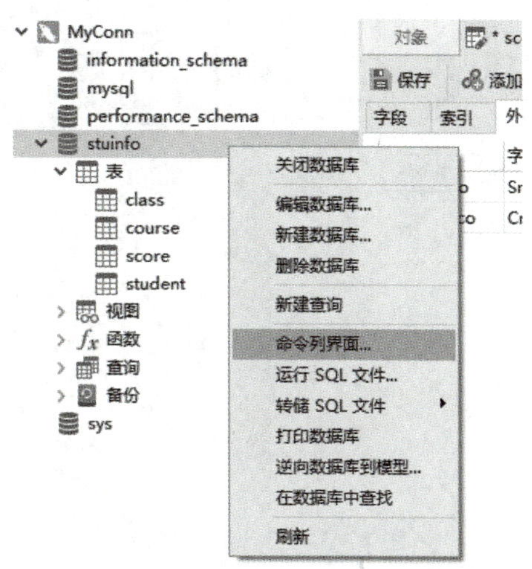

图 1－3－28 命令列界面

单击“新建表”后，系统自动打开命令列界面。该界面和 Windows 系统的命令行窗口的使用方式一致。在“mysql >”提示符后输入添加检查约束的命令，按 Enter 键执行。

**步骤二：**

为 Score 表中 Uscore 字段添加一个名为 CK_Uscore 的检查约束，将该字段值约束在 0 ~ 100。命令列界面的使用情况如图 1 – 3 – 29 所示。

**执行语句：**

```
ALTER TABLE Score Add Constraint CK_Uscore Check(Uscore >=0 and Uscore <=100);
```

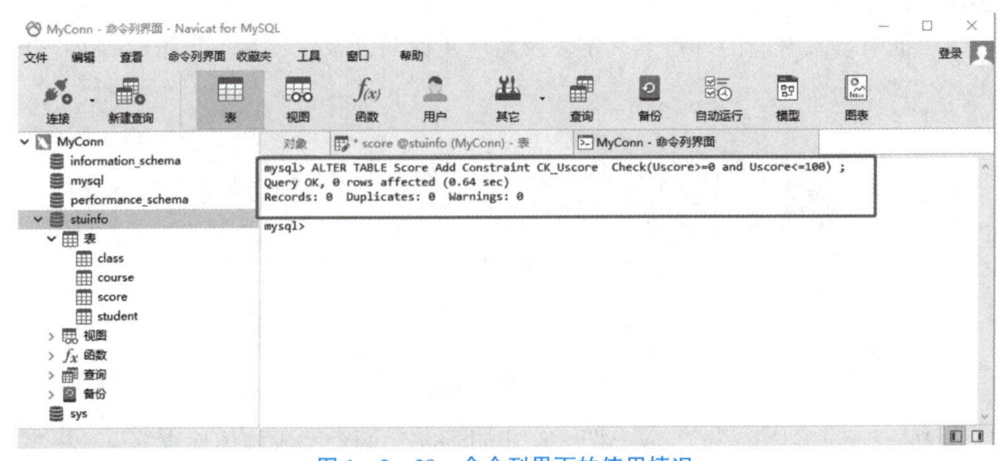


图 1 – 3 – 29 命令列界面的使用情况

➢ 创建 Check 约束成功。

- 方式二：Navicat 的查询窗口运行命令方式

**步骤一：**

单击“查询”菜单，在系统自动打开的界面中单击“新建查询”按钮，如图 1 – 3 – 30 所示。系统自动打开查询界面，将命令写入空白界面运行即可。

图 1 – 3 – 30 新建查询

**步骤二：**

为 Score 表中的 EndScore 字段添加一个名为 CK_EndScore 的检查约束，将该字段值约束在 0 ~ 100。“新建查询”的使用情况如图 1 - 3 - 31 所示。

**执行语句：**

```
ALTER TABLE Score Add Constraint CK_EndScore Check(EndScore >=0 and EndScore
<=100);
```

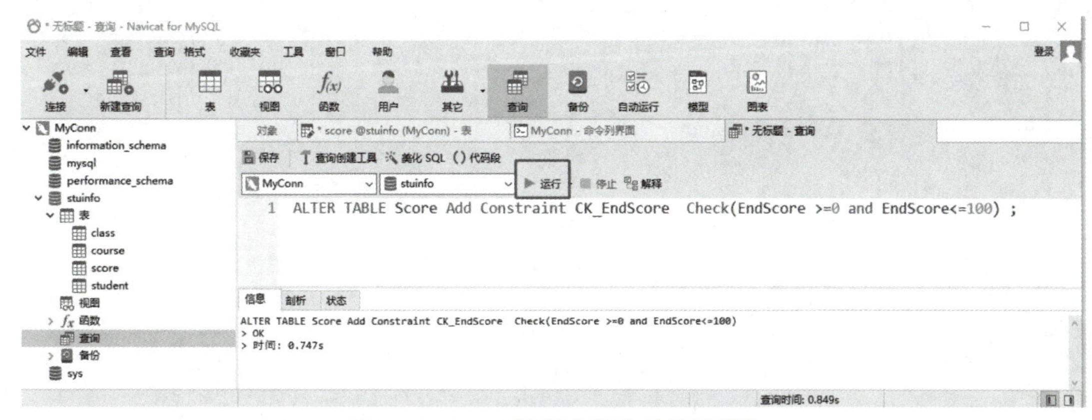


图 1 - 3 - 31 “新建查询”的使用情况

➢ 创建 Check 约束成功。

## 任务工单 4

**创建表**

| 任务序号 | 4 | 任务名称 | 创建表 | 学时 | 4 |
|---|---|---|---|---|---|
| 学生姓名 | | 学生学号 | | 班　级 | |
| 实训场地 | | 日　期 | | 任务成绩 | |
| 实训设备 | 安装 Windows 操作系统的计算机、互联网环境、MySQL 数据库管理系统 | | | | |
| 客户任务描述 | 使用命令方式创建学生信息表、班级表和课程信息表，使用 Navicat 创建成绩表 | | | | |
| 任务目的 | 通过创建表及约束，提升数据库完整性维护能力，提高解决实际问题的能力 | | | | |

**一、习题**

1. 主键，用于保证该字段的值具有唯一性并且非空，它的英文全称是________。

2. 非空，用于保证该字段的值不能为空，它的英文全称是________。

3. 外键，用于限制两个表的关系，用于保证该字段的值必须来自主表的关联列的值，它的英文全称是________。

4. 在 MySQL 中，设置自增约束的关键字是________。

5. 在 MySQL 中，设置唯一性约束的关键字是________。

6. 在 MySQL 中，设置无符号约束的关键字是________。

7. 在 MySQL 中，设置默认约束的关键字是________。

8. 在 MySQL 中，设置检查约束的关键字是________。

9. 在 MySQL 中，________语句可查看数据表的创建语句。

10. 下面关于 DECIMAL(5, 3) 的说法中，正确的是（　　）。[单选题]

A. 它不可以存储小数

B. 5 表示数据的长度，3 表示数据的精度

C. 5 表示整数位数，3 表示小数点后的位数

D. 以上说法都正确

11. （　　）用于创建数据表时设置存储引擎和字符集。[单选题]

A. ENGINE 和 COLLATE

B. ENGINE 和 CHARSET

C. CHARSET 和 COLLATE

D. 以上答案都不正确

**二、实施**

1. 登录 MySQL。

2. 进入学生信息数据库。

3. 创建学生信息表，命名为“Student”。

4. 创建班级信息表，命名为“Class”。

5. 创建课程信息表，命名为“Course”。表结构如下：

续表

➢ Course（Cno，Cname，Type，Credit，ClassHour）

| 字段名 | 字段说明 | 数据类型 | 长度 | 是否为空 | 约束 |
| --- | --- | --- | --- | --- | --- |
| Cno | 课程编号 | int | 11 | 否 | 主键，自增 |
| Cname | 课程名称 | varchar | 30 | 否 | |
| Type | 课程类型 | Set('公共基础课', '专业基础课', '专业核心课') | | 是 | |
| Credit | 课程学分 | Decimal(4,1) | | 是 | 值大于 0 |
| ClassHour | 课程学时 | tinyint | | 是 | 值大于 0 |

6. 使用 Navicat 创建成绩表，命名为“Score”。
7. 查看目前创建的四个数据表的结构。
8. 退出 MySQL。

**三、评估**

1. 请根据自己的任务的完成情况，对自己的工作进行自我评估，并提出改进意见。

（1）________________________________________

________________________________________

（2）________________________________________

________________________________________

（3）________________________________________

________________________________________

2. 工单成绩（总分为自我评价、组长评价和教师评价得分值的平均值）。

| 自我评价 | 组长评价 | 教师评价 | 总分 |
| --- | --- | --- | --- |
| | | | |

## 拓展提升

**Navicat 用户界面**

## 一、主窗口

主窗口是由几个工具栏和窗格组成的，用于创建连接、数据库对象，以及使用一些高级工具，图 1－3－32 所示。

图 1－3－32 主窗口

### 1. 主工具栏

主工具栏用于访问基本的对象和功能，例如连接、用户、表、集合、备份、自动运行及更多。若要使用小图标或隐藏图标标题，则右击工具栏，然后禁用“使用大图标”或“显示标题”。

### 2. 导航窗格

导航窗格是浏览连接、数据库和数据库对象的基本途径。如果导航窗格已隐藏，从菜单栏选择“查看”→“导航窗格”→“显示导航窗格”。

### 3. 选项卡栏

选项卡栏用于切换对象窗格内具有选项卡的窗口。也可以选择弹出窗口显示在一个新选项卡中，或显示在一个新窗口。如果已打开多个选项卡，可以使用 Ctrl + Tab 组合键方便地切换到其他选项卡。

### 4. 对象工具栏

对象工具栏提供其他控件，用于操作对象。

### 5. 对象窗格

对象窗格显示一个对象的列表（例如：表、集合、视图、查询等），以及具有选项卡的窗口表单。使用“列表”“详细信息”和“ER 图表”按钮来转换对象选项卡的视图。

### 6. 信息窗格

信息窗格显示对象的详细信息、项目活动日志、数据库对象的 DDL、对象相依性、用户或角色的成员资格和预览。如果信息窗格已隐藏，从菜单栏选择“查看”→“信息窗格”→“显示信息窗格”。

### 7. 状态栏

状态栏显示当前正在使用的窗口的状态信息。

## 二、导航窗格

导航窗格采用树状结构设计，如图 1－3－33 所示。其用于通过弹出式菜单快捷及方便地处理数据库和它们的对象。如果选项窗口中的“在导航窗格中的模式下显示对象”选项已勾选，那么所有数据库对象都会显示在此窗格中。如果要连接到一个数据库或模式，则在此窗格中双击它即可。

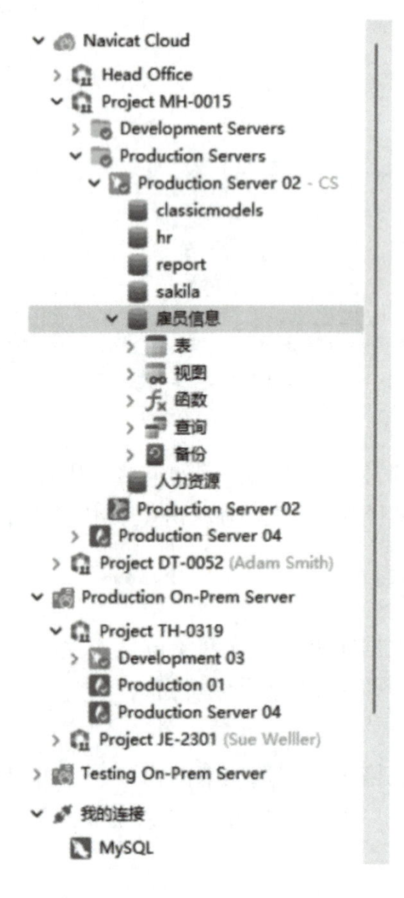


图 1－3－33　导航窗口

在登录 Navicat Cloud 或 On－Prem Server 后，可以在导航窗格中找到它，本地存储的所有连接都将位于“我的连接”之下。

可以单击树来对焦，并输入搜索字符串来筛选树。若要只显示已打开的对象，则从菜单栏选择“查看”→“导航窗格”→“仅显示活跃对象”。

如果想隐藏导航窗格中的组结构，选择“查看”→“导航窗格”→“隐藏连接组”。

如果导航窗格已隐藏，则选择“查看”→“导航窗格”→“显示导航窗格”。

## 三、对象窗格

在“对象”选项卡中，可以使用“列表”“详细信息”和“ER 图表”按钮来转换对象的视图。

如果想隐藏列表视图或详细信息视图中的组结构，则从菜单栏中选择“查看”→“隐藏对象组”。

### 1. “列表”视图

在默认情况下，Navicat 使用“列表”视图。其只显示对象的名字。

### 2. “详细信息”视图

“详细信息”视图以列显示对象的名和属性。若要更改显示属性的列，则从菜单栏中选择“查看”→“选择列”，并在弹出式窗口中为不同的对象选择要显示的列。

### 3. ER 图表视图（仅适用于非 Essentials 版）

**【注意】** ER 图表视图仅适用于 MySQL、Oracle、PostgreSQL、SQLite、SQL Server 和 MariaDB。只有表提供 ER 图表视图。

如果已选择的数据库或模式中有表，ER 图表将会自动生成，如图 1－3－34 所示。ER 图表文件保存在设置位置。

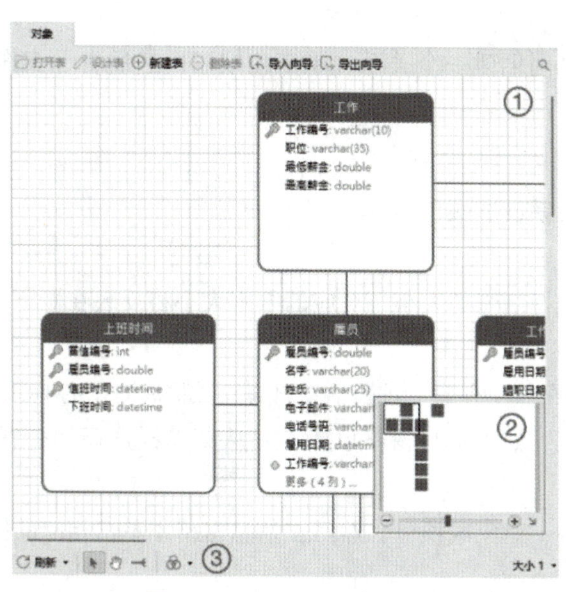


图 1－3－34　ER 图表视图

1）图表画布

以图像形式显示数据库或模式中表的字段和表之间的关系。可以添加、编辑或删除表之间的关系，以及在关系线条上添加或删除顶点。

**添加一个外键**

在底部工具栏单击按钮，然后由子表拖拉一个字段到父表的字段。

**编辑或删除一个外键**

右键单击关系线条，然后从弹出式菜单中选择“设计外键”或“删除外键”。

**添加或删除一个顶点**

选择一条关系线条或一个顶点，然后按住 Shift 键并单击该关系线条或该顶点。

**【注意】**在 ER 图表视图中双击一个表会打开表设计器，而在列表或详细信息视图中双击一个表，则会打开表查看器。

2）概览

若要放大或缩小在图表中选择的区域，则调整滑杆。使用键盘快捷键也可得到同样的效果：

放大：Ctrl ++ 或 Ctrl + 滑鼠滚轮向上。

缩小：Ctrl +- 或 Ctrl + 滑鼠滚轮向下。

3）底部工具栏

刷新

刷新 ER 图表。选择“重新生成 ER 图表”来使用自动布局功能重新生成 ER 图表。

移动图表

切换到掌形模式来移动图表。也可以按住 Space 键，然后移动图表。

新建关系

在两个表的字段之间创建一个关系。单击此按钮，然后由子表拖拉一个字段到父表的字段。

颜色

为已选择的表或关系设置颜色。

**纸张大小**

从下拉式列表中选择纸张的大小。对应的纸张大小将反映在概览窗格中。

### 4. 信息窗格

信息窗格显示对象的详细信息、项目活动日志、数据库对象的 DDL、对象相依性、用户或角色的成员资格和预览。如果信息窗格已隐藏，从菜单栏选择“查看”→“信息窗格”→“显示信息窗格”。

可以选择任何连接、对象或项目，然后在信息窗格中单击相应的按钮，见表 1-3-11。

**表 1-3-11　信息窗口按钮及其功能**

| 按钮 | 描述 |
| --- | --- |
| ⓘ | 常规-显示对象或项目的常规信息 |
| ● | 预览-显示查询的 SQL 语句 |
| DDL | DDL-显示对象的 DDL 语句。按 Ctrl+F 组合键打开搜索框 |
|  | 使用-显示已选择对象所依赖的对象<br>对象-显示表空间里的对象<br>成员属于-显示用户或角色被分配到的角色 |
|  | 被使用-显示依赖于已选择对象的对象<br>成员-显示角色的成员 |
| () | 代码段-显示所有内置或自定义的代码段<br>(仅适用于非 Essentials 版) |
|  | 标识符-显示已选择的数据库或模式中所有可用的表、集合、视图和字段<br>字段-在表查看器中显示已选择字段的信息 |
|  | 权限-显示授予用户的权限 |
|  | 项目-显示项目的成员和成员的活动日志，单击“+”按钮来添加成员到项目 |
|  | 类型颜色-设置特定类型的颜色，以高亮显示网格视图中的单元格<br>(仅适用于 MongoDB) |

# 项目二

# 数据管理与操作

## ——学生数据管理及分析

### 项目背景

数据管理是利用计算机硬件和软件技术对数据进行有效的收集、存储、处理和应用的过程。其目的在于充分、有效地发挥数据的作用。在关系数据库中使用数据操纵语言（Data Manipulation Language，DML）对数据进行操作管理。

DML 是用于数据库操作，对数据库中的对象和数据运行访问工作的编程语句，通常是数据库专用编程语言中的一个子集。例如，在信息软件产业通行标准的 SQL 语言中，以 INSERT、UPDATE、DELETE 三种指令为核心，分别代表插入（意指新增或创建）、更新（修改）与删除（销毁）。这是在使用数据库的系统开发过程中必然会使用的指令，而加上 SQL 的 SELECT 语句，就是开发人员所说的“增、查、改、删”。

# 任务 1 数据操作

## 情境引入

项目组将数据库及表创建好以后，需要收集数据，并通过 SQL 语言的数据操纵功能使过 DML 实现。DML 包括数据查询和数据更新两种数据操纵语句。其中，数据查询指对数据库中的数据的查询、统计、分组、排序等操作；数据更新指数据的插入、更新和删除等数据维护操作。

## 学习目标

➢ **专业能力**

1. 掌握数据的添加、修改、删除操作。
2. 掌握 DML 数据操纵语句。
3. 掌握 MySQL 图形化管理工具 Navicat 的安装与使用方法。

➢ **方法能力**

1. 通过对数据的增删改，提高对数据的操作能力。
2. 通过对 MySQL 的运用，提升数据管理能力。
3. 通过完成学习任务，提高解决实际问题的能力。

➢ **社会能力**

1. 树立数据安全管理意识。
2. 培养学生逻辑思维能力和分析问题、解决问题的能力。
3. 培养严谨的工作作风，增强信息安全意识和危机意识。

## 任务 1－1　插入数据记录

## 任务描述

数据库主要用于数据存取，是可持久化保存数据的仓库，可以很方便地把数据放进去，并且根据各种需要把数据取出来。项目组创建好数据库及表后，首先往数据库中插入数据，为之后的数据应用做好准备。

## 任务分析

表（TABLE）是数据库中用来存储数据的对象。可以使用命令和图形化工具两种方法向表中插入数据。本任务使用命令的方式将数据插入 Class（班级）表，再使用 Navicat 将数据插入 Student（学生）表。

## 知识学习

### 一、插入数据语法格式

常见的数据插入操作主要包括：向表中所有字段插入数据；向表中指定字段插入数据；

同时插入多条数据。其语法格式如下。

```
INSERT INTO <数据表名称>(<字段名1>,<字段名2>,…,<字段名n>)
    Values(<字段值11>,<字段值12>,…,<字段值1n>),
      (<字段值21>,<字段值22>,…,<字段值2n>),
      …
      (<字段值m1>,<字段值m2>,…,<字段值mn>);
```

如果是将其他表中的数据插入表中，其语法格式如下。

```
INSERT INTO <目标数据表名称>
   SELECT * | <字段列表> FROM <源数据表名称>;
```

## 二、数据内容

本任务将使用两种方法插入不同的表，具体内容如下。

### 1. 使用命令插入班级（Class）表数据（表2-1-1）

**表2-1-1 Class表数据**

| ClassNo | ClassName | College | Specialty | EnterYear |
| --- | --- | --- | --- | --- |
| 1 | 203大数据 | 信息工程学院 | 大数据技术与应用 | 2020 |
| 2 | 203人工智能 | 信息工程学院 | 人工智能 | 2020 |
| 3 | 203虚拟现实 | 信息工程学院 | 虚拟现实 | 2020 |
| 4 | 203高计网 | 信息工程学院 | 计算机网络 | 2020 |
| 5 | 203护理 | 护理学院 | 护理 | 2020 |
| 6 | 203临床 | 医学院 | 临床医学 | 2020 |
| 7 | 203会计 | 经济管理学院 | 会计 | 2020 |
| 8 | 203物联网 | 信息工程学院 | 物联网 | 2020 |

### 2. 使用Navicat插入学生（Student）表数据（表2-1-2）

**表2-1-2 Student表数据**

| Sno | SName | Sex | Nationality | Politics | Birth | Address | ClassNo |
| --- | --- | --- | --- | --- | --- | --- | --- |
| 2020010001 | 刘佳佳 | w | 汉 | 群众 | 2002/3/9 | 贵州省铜仁市碧江区 | 1 |
| 2020010002 | 田露 | w | 苗 | 共青团员 | 2001/1/29 | 贵州省黔东南苗族侗族自治州 | 1 |
| 2020010003 | 汪汪 | m | 汉 | 共青团员 | 2003/1/10 | 湖南省怀化市 | 1 |
| 2020010004 | 刘士加 | m | 侗 | 党员 | 2001/7/5 | 四川省成都市 | 1 |
| 2020010005 | 杨旭 | m | 汉 | 群众 | 2002/5/4 | 贵州省贵阳市 | 1 |
| 2020010006 | 黄云升 | m | 汉 | 党员 | 2003/1/2 | 贵州省遵义市 | 4 |

续表

| Sno | SName | Sex | Nationality | Politics | Birth | Address | ClassNo |
|---|---|---|---|---|---|---|---|
| 2020010007 | 张强 | m | 布依族 | 群众 | 2001/11/2 | 贵州省都匀市 | 4 |
| 2020010008 | 杨帅帅 | m | 汉 | 共青团员 | 2002/12/1 | 北京市 | 5 |
| 2020010009 | 何楚 | m | 侗 | 共青团员 | 2002/8/4 | 重庆市 | 7 |
| 2020010010 | 刘备 | m | 汉 | 群众 | 2001/9/23 | 河北省涿州市 | 8 |

向数据表中插入记录时，应特别注意以下几点。

（1）插入字符型（Char 和 Varchar）和日期时间型（Date 等）数据时，都必须在数据的前后加半角单引号，只有数值型（Int、Float 等）的值前后不加半角单引号。

（2）对于 Date 类型的数据，插入时，必须使用“YYYY－MM－DD”的格式，并且日期数据必须用半角单引号。

（3）若某个字段不允许为空，并且无默认值约束，则表示向数据表中插入一条记录时，该字段必须写入值。

（4）若某个字段上设置了主键约束，则插入记录时不允许出现重复数值。

（5）若某个字段上设置了外键约束，则插入的值必须是关联表存在的值。

## 任务实施

### 一、使用 Insert 命令插入数据（Class）

**实例 1：** 在“Stuinfo”数据库的“Class”数据表中插入表 2－1－1 所列的第 1 行数据。

**分析：** 一次插入一条完整的记录，可以将字段名省略。

**步骤一：**

**执行语句：**

```
Insert into Class
Values (1,'203 大数据','信息工程学院','大数据技术与应用','2020 ');
```

代码运行结果如图 2－1－1 所示。

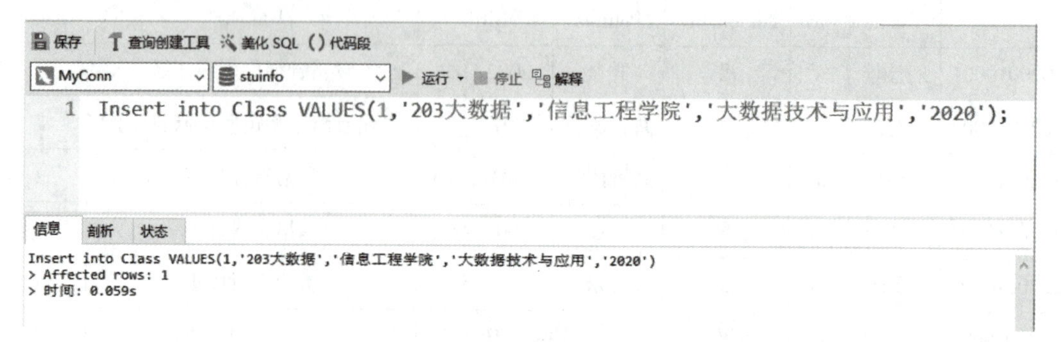


图 2－1－1　插入一条完整的记录

➢ Affected rows 等于实际插入的行数。这里表示成功插入 1 条记录。

**步骤二：**

为了证明数据成功插入，打开 Class 表进行查看，如图 2-1-2 所示。

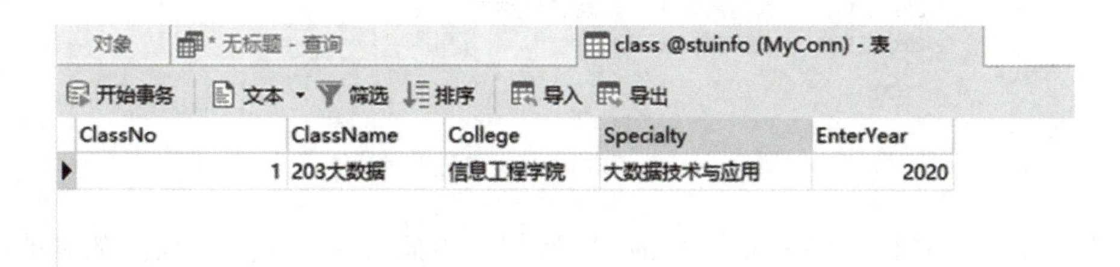

| ClassNo | ClassName | College | Specialty | EnterYear |
|---|---|---|---|---|
| 1 | 203大数据 | 信息工程学院 | 大数据技术与应用 | 2020 |

图 2-1-2　查看 Class 表中的数据

➢ 可见数据已经存在于 Class 表中。

**实例 2**：在“Stuinfo”数据库的“Class”数据表中插入表 2-1-1 所列的第 2 行数据中 Classname、College、Specialty 三个字段的值。

**分析**：向表中指定字段插入一条记录，字段名和值的顺序要一致。

**步骤一：**

**执行语句：**

```
Insert into Class(ClassName,College,Specialty)
Values ('203 人工智能','信息工程学院','人工智能');
```

代码运行结果如图 2-1-3 所示。

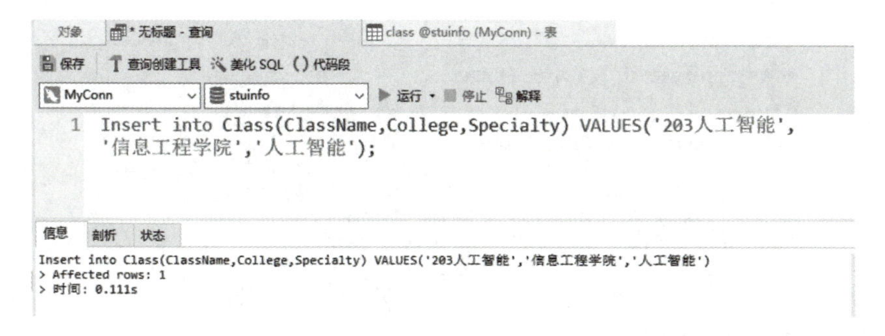


图 2-1-3　插入一条指定字段的记录

➢ 指定字段和值的顺序一一对应；

➢ 没有指定的字段，必须可以为 Null；

➢ 插入时，字段设置自增约束时，系统将把字段值设置为自增后的序列值；

➢ 插入时，没有指定的字段设置默认值约束时，系统将把字段值设置为默认值。

**步骤二：**

打开 Class 表，数据插入成功。自增字段 ClassNo 自动生成 2，非空字段 EnterYear 由 Null 填充，如图 2-1-4 所示。

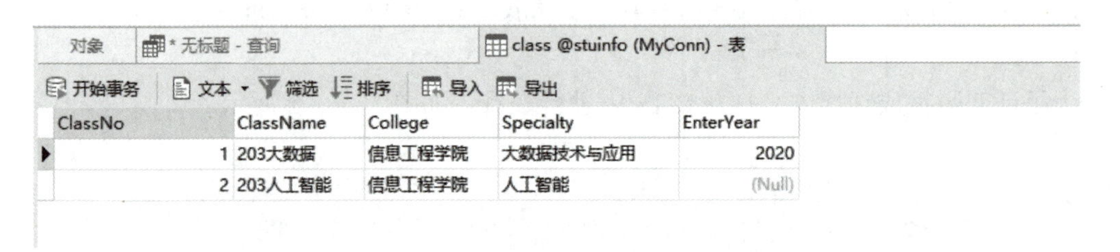

| ClassNo | ClassName | College | Specialty | EnterYear |
| --- | --- | --- | --- | --- |
| 1 | 203大数据 | 信息工程学院 | 大数据技术与应用 | 2020 |
| 2 | 203人工智能 | 信息工程学院 | 人工智能 | (Null) |

图 2－1－4　查看 Class 表中的数据

**实例 3**：在“Stuinfo”数据库的“Class”数据表中插入表 2－1－1 所列的其他数据中 Classname、College、Specialty、EnterYear 四个字段的值。

**分析**：一次插入多条指定字段记录时，值与值之间用逗号隔开。

**步骤一**：

**执行语句**：

```
Insert into Class(ClassName,College,Specialty,EnterYear)
VALUES('203 虚拟现实','信息工程学院','虚拟现实','2020'),
('203 高计网','信息工程学院','计算机网络','2020'),
('203 护理','护理学院','护理','2020'),
('203 临床','医学院','临床医学','2020'),
('203 会计','经济管理学院','会计','2020'),
('203 物联网','信息工程学院','物联网','2020');
```

代码运行结果如图 2－1－5 所示。

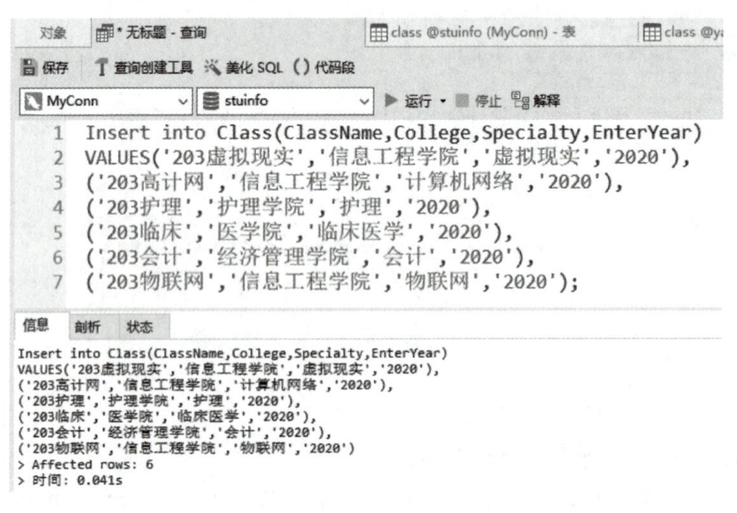


图 2－1－5　插入多条指定字段的记录

**步骤二**：

打开 Class 表，数据插入成功。自增字段 ClassNo 自动生成，如图 2－1－6 所示。

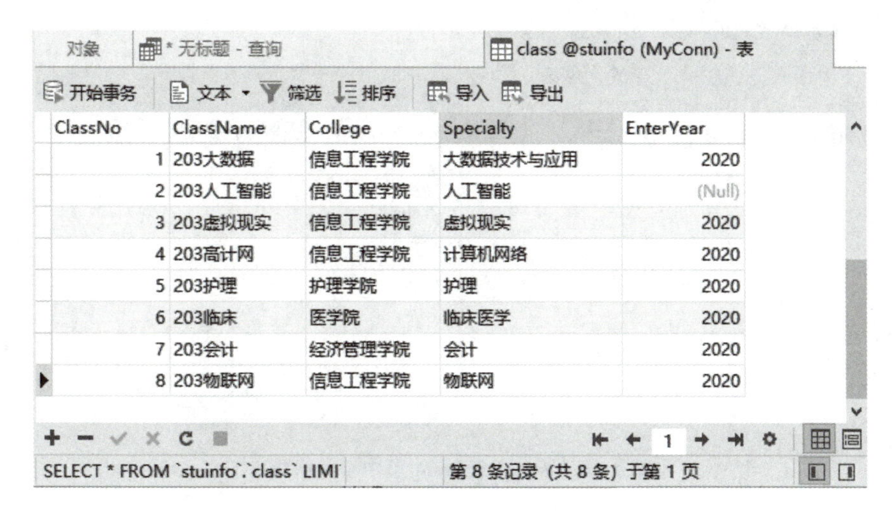


| ClassNo | ClassName | College | Specialty | EnterYear |
|---|---|---|---|---|
| 1 | 203大数据 | 信息工程学院 | 大数据技术与应用 | 2020 |
| 2 | 203人工智能 | 信息工程学院 | 人工智能 | (Null) |
| 3 | 203虚拟现实 | 信息工程学院 | 虚拟现实 | 2020 |
| 4 | 203高计网 | 信息工程学院 | 计算机网络 | 2020 |
| 5 | 203护理 | 护理学院 | 护理 | 2020 |
| 6 | 203临床 | 医学院 | 临床医学 | 2020 |
| 7 | 203会计 | 经济管理学院 | 会计 | 2020 |
| 8 | 203物联网 | 信息工程学院 | 物联网 | 2020 |

图 2 – 1 – 6　查看 Class 表中的数据

## 二、使用 Navicat 插入数据（Student）

**实例 4**：使用 Navicat 图形化工具向“Stuinfo”数据库的“Student”数据表中插入表 2 – 1 – 2 所列的数据。

**步骤一**：

启动图形管理工具 Navicat for MySQL，在窗口左侧窗格中右击打开的连接名“MyConn”，打开数据库“Stuinfo”。在“数据库对象”窗格中依次展开“stuinfo”→“表”，右击“student”，选择“打开表”。

单击“打开表”后，系统自动打开 Student 表的数据编辑界面，并自动创建一条空白记录。依次填入第一条记录对应的字段值。

➢ Sex 字段默认值为“m”，是枚举类型 enum('w','m')，单击下拉框进行选择，或正确填写，如图 2 – 1 – 7 所示。

图 2 – 1 – 7　向 Student 表中填入数据 1

➢ Politics 字段是集合类型 Set('群众','党员','共青团员','其他')，单击下拉框进行选择，或正确填写，如图 2 – 1 – 8 所示。

➢ ClassNo 字段是外键，对应值必须是 Class 表中的 ClassNo 字段中已经存在的值，如图 2 – 1 – 9 所示。

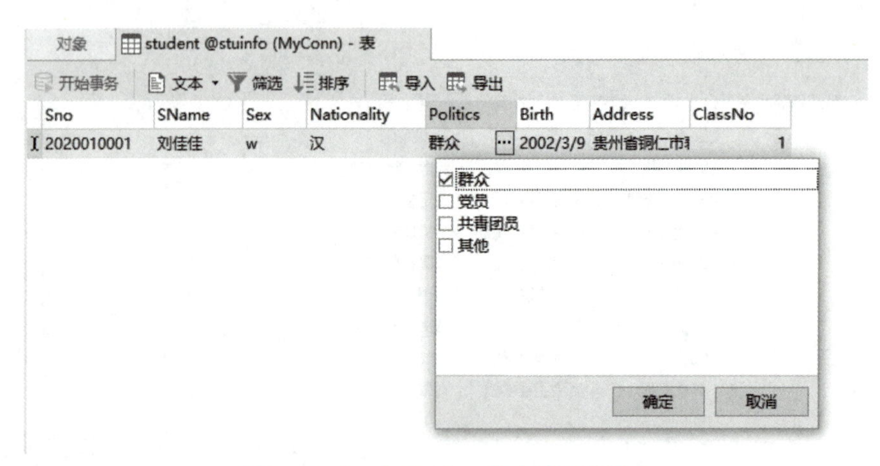


图 2-1-8　向 Student 表中填入数据 2

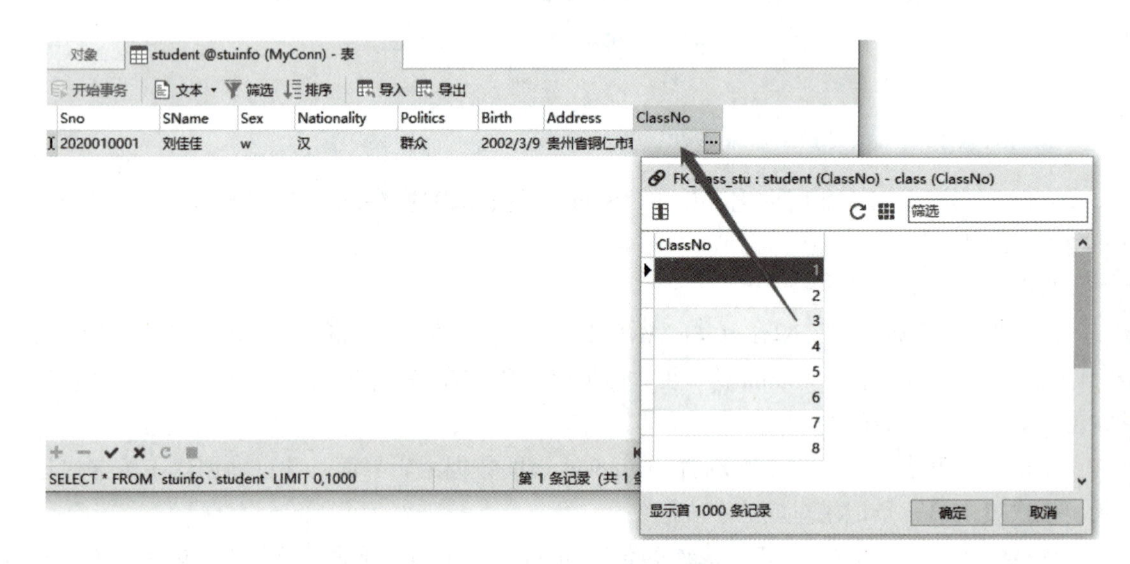


图 2-1-9　向 Student 表中填入数据 3

**步骤二：**

正确添加一条记录后，单击应用更改按钮“√”后，单击添加记录按钮“+”，即可追加数据，如图 2-1-10 所示。

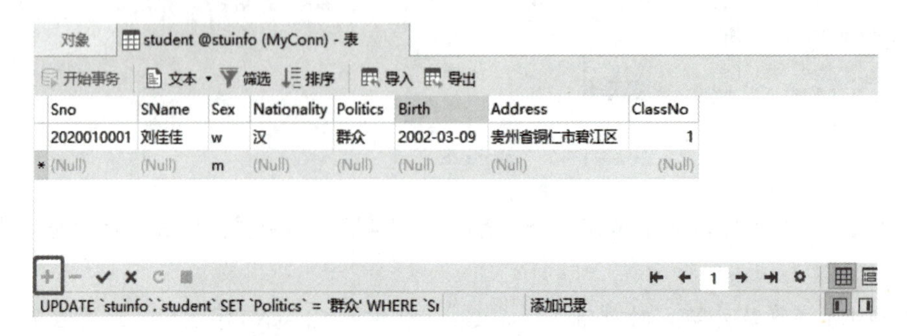


图 2-1-10　向 Student 表中填入数据 4

**步骤三：**

正确添加 Student 表中的数据，如图 2－1－11 所示。

对象　student @stuinfo (MyConn) - 表

开始事务　文本 ▾　筛选　排序　导入　导出

| | Sno | SName | Sex | Nationality | Politics | Birth | Address | ClassNo |
|---|---|---|---|---|---|---|---|---|
| | 2020010001 | 刘佳佳 | w | 汉 | 群众 | 2002-03-09 | 贵州省铜仁市碧江区 | 1 |
| | 2020010002 | 田露 | w | 苗 | 共青团员 | 2001-01-29 | 贵州省黔东南苗族侗族 | 1 |
| | 2020010003 | 汪汪 | m | 汉 | 共青团员 | 2003-01-10 | 湖南省怀化市 | 1 |
| | 2020010004 | 刘士加 | m | 侗 | 党员 | 2001-07-05 | 四川省成都市 | 1 |
| | 2020010005 | 杨旭 | m | 汉 | 群众 | 2002-05-04 | 贵州省贵阳市 | 1 |
| | 2020010006 | 黄云升 | m | 汉 | 党员 | 2003-01-02 | 贵州省遵义市 | 4 |
| | 2020010007 | 张强 | m | 布依族 | 群众 | 2001-11-02 | 贵州省都匀市 | 4 |
| | 2020010008 | 杨帅帅 | m | 汉 | 共青团员 | 2002-12-01 | 北京市 | 5 |
| | 2020010009 | 何楚 | m | 侗 | 共青团员 | 2002-08-04 | 重庆市 | 7 |
| ▶ | 2020010010 | 刘备 | m | 汉 | 群众 | 2001-09-23 | 河北省涿州市 | 8 |

图 2－1－11　向 Student 表中填入数据 5

➢ Student 表中的数据全部添加完毕。

# 任务 1－2　更新数据记录

## 任务描述

在数据表中，数据不是一成不变的，比如某课程的课时发生改变，项目组需要根据实际情况更新数据。

## 任务分析

在本任务中，将使用 Update 语句更新表中的记录。

## 知识学习

### 更新数据的语法格式

使用 Update 语句更新数据表中的数据时，可以更新特定的数据，也可以同时更新所有记录的数据。

如果数据表中只有一个字段的值需要修改，则只需要在 Update 语句的 Set 子句后跟一个表达式“<字段名 1> = <字段值 1>”即可。如果需要修改多个字段的值，则需要在 Set 子句后跟多个表达式“<字段名> = <字段值>”，各个表达式之间使用半角逗号“,”分隔。

如果所有记录的某个字段的值都需要修改，则不必加 Where 子句，即为无条件修改，代表修改所有记录的字段值。

更新数据的语法格式：

```
Update <数据表名称>
    Set <字段名 1> = <字段值 1> [, …, <字段名 n> = <字段值 n>]
    [ Where <条件表达式> ];
```

## 任务实施

### 一、使用 Update 命令更新全部数据

**实例 1**：将“Course”数据表中“Credit”字段更新为 2 个学分。

**步骤**：

**执行语句**：

```
Update Course Set Credit =2;
```

代码运行结果如图 2－1－12 所示。

| Cno | CName | Type | Credit | ClassHour |
|---|---|---|---|---|
| 1 | 计算机应用基础 | 公共基础课 | 2.0 | (Null) |
| 2 | 大数据导论 | 专业基础课 | 2.0 | (Null) |
| 3 | JAVA高级程序设计 | 专业基础课 | 2.0 | (Null) |
| 4 | MySQL数据库 | 专业基础课 | 2.0 | (Null) |
| 5 | Hadoop大数据开发基础 | 专业核心课 | 2.0 | (Null) |
| 6 | 数据挖掘 | 专业核心课 | 2.0 | (Null) |
| 7 | 高等数学 | 公共基础课 | 2.0 | (Null) |
| 8 | 大学英语 | 公共基础课 | 2.0 | (Null) |
| 9 | 人工智能导论 | 专业基础课 | 2.0 | (Null) |
| 10 | 数据结构 | 专业基础课 | 2.0 | (Null) |

图 2－1－12　修改数据结果显示

➢ 可以看到“Course”数据表中“Credit”字段已更新。

### 二、使用 Update 命令更新指定数据

**实例 2**：将“Course”数据表中专业核心课和专业基础课学分更新为 4 学分。每个学分对应 18 节课，请计算课时并填入“ClassHour”字段。

**步骤一**：

**执行语句**：

```
Update Course Set Credit =4
where Type ="专业基础课" or Type ="专业核心课";
```

代码运行结果如图 2－1－13 和图 2－1－14 所示。

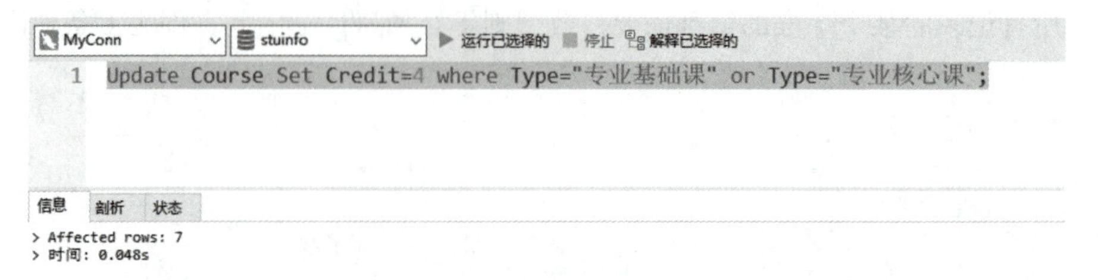


图 2－1－13　修改数据命令

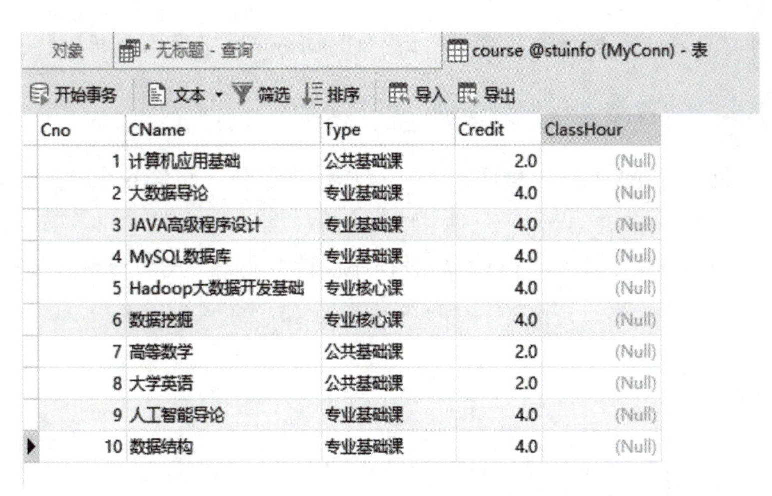

| Cno | CName | Type | Credit | ClassHour |
|---|---|---|---|---|
| 1 | 计算机应用基础 | 公共基础课 | 2.0 | (Null) |
| 2 | 大数据导论 | 专业基础课 | 4.0 | (Null) |
| 3 | JAVA高级程序设计 | 专业基础课 | 4.0 | (Null) |
| 4 | MySQL数据库 | 专业基础课 | 4.0 | (Null) |
| 5 | Hadoop大数据开发基础 | 专业核心课 | 4.0 | (Null) |
| 6 | 数据挖掘 | 专业核心课 | 4.0 | (Null) |
| 7 | 高等数学 | 公共基础课 | 2.0 | (Null) |
| 8 | 大学英语 | 公共基础课 | 2.0 | (Null) |
| 9 | 人工智能导论 | 专业基础课 | 4.0 | (Null) |
| 10 | 数据结构 | 专业基础课 | 4.0 | (Null) |

图 2-1-14　修改数据结果显示

➢ 打开“Course”数据表，可以看到“Credit”字段已更新。

**步骤二：**

将“Credit”*18，可计算得到“ClassHour”字段的值。

**执行语句：**

```
Update Course Set ClassHour = Credit * 18;
```

代码运行结果如图 2-1-15 和图 2-1-16 所示。

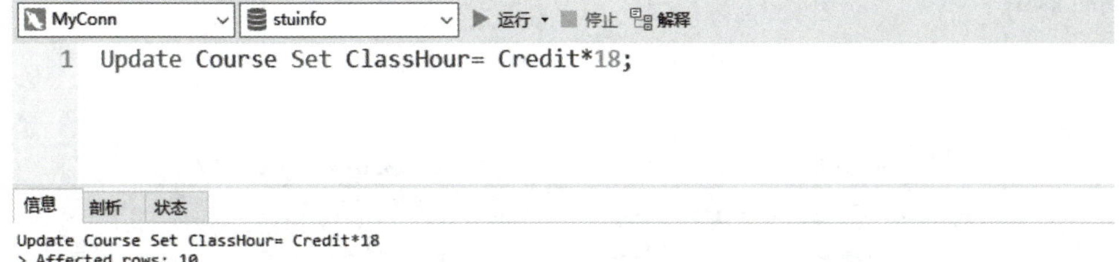


图 2-1-15　修改数据命令

| Cno | CName | Type | Credit | ClassHour |
|---|---|---|---|---|
| 3 | JAVA高级程序设计 | 专业基础课 | 4.0 | 72 |
| 4 | MySQL数据库 | 专业基础课 | 4.0 | 72 |
| 5 | Hadoop大数据开发基础 | 专业核心课 | 4.0 | 72 |
| 6 | 数据挖掘 | 专业核心课 | 4.0 | 72 |
| 7 | 高等数学 | 公共基础课 | 2.0 | 36 |
| 8 | 大学英语 | 公共基础课 | 2.0 | 36 |
| 9 | 人工智能导论 | 专业基础课 | 4.0 | 72 |
| 10 | 数据结构 | 专业基础课 | 4.0 | 72 |

SELECT * FROM `stuinfo`.`course` LIMIT 0,1000

图 2-1-16　修改数据结果显示

➢ 再次打开“Course”数据表，可以看到“ClassHour”字段已更新。

## 三、使用 Update 命令更新多个字段数据

**实例 3**：经调研，“JAVA 高级程序设计”课程计划更新，将修 6 个学分，请更新该课程相关数据。

**分析**：此项工作不仅要修改“JAVA 高级程序设计”课程的学分，同时还要重新计算课时量并更新。

**步骤**：

**执行语句**：

```
Update Course Set Credit  = 6, ClassHour = 6 * 18
where Cname = "JAVA 高级程序设计";
```

代码运行结果如图 2－1－17 和图 2－1－18 所示。

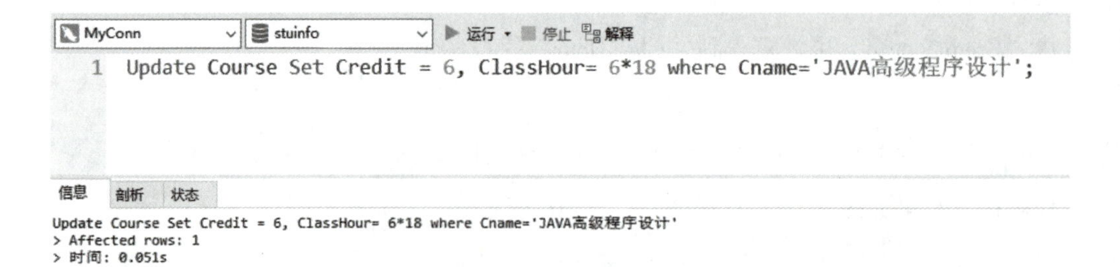


图 2－1－17　修改数据命令

对象　* 无标题 - 查询　course @stuinfo (MyConn) - 表

开始事务　文本　筛选　排序　导入　导出

| Cno | CName | Type | Credit | ClassHour |
|---|---|---|---|---|
| 1 | 计算机基础 | 公共基础课 | 2.0 | 36 |
| 2 | 大数据导论 | 专业基础课 | 4.0 | 72 |
| 3 | JAVA高级程序设计 | 专业基础课 | 6.0 | 108 |
| 4 | MySQL数据库 | 专业基础课 | 4.0 | 72 |
| 5 | Hadoop大数据开发基础 | 专业核心课 | 4.0 | 72 |
| 6 | 数据挖掘 | 专业核心课 | 4.0 | 72 |
| 7 | 高等数学 | 公共基础课 | 2.0 | 36 |
| 8 | 大学英语 | 公共基础课 | 2.0 | 36 |
| 9 | 人工智能导论 | 专业基础课 | 4.0 | 72 |
| 10 | 数据结构 | 专业基础课 | 4.0 | 72 |

SELECT * FROM `stuinfo`.`course` LIMIT 0,1000

图 2－1－18　修改数据结果显示

➢ 重新打开“Course”数据表，可以看到“JAVA 高级程序设计”的学分和学时已更新。

# 任务 1-3 删除数据记录

## 任务描述

在数据表中，数据不是一成不变的。比如有些数据录入错误，或者失效，项目组需要根据实际情况删除数据。

## 任务分析

在次任务中，将主要使用 Delete 语句删除表中的记录。

## 知识学习

**删除数据的三种方法**

### 1. Delete

用于删除表中的行数据，如果不带 Where 条件，则会删除表中所有数据。删除操作作为事务记录在日志中，可回滚操作还原数据。

**语法格式：**

```
Delete From <数据表名称> [ Where <条件表达式> ];
```

使用 Delete 语句更新数据表中的数据时，可以删除特定的数据，也可以同时删除所有记录的数据。使用 Update 命令更新全部数据。

### 2. Truncate

使用 Truncate Table 语句将删除指定表中的所有数据，删除操作不记录在日志中，不能回滚操作还原数据，因此也称其为清除表数据语句。

**语法格式：**

```
Truncate Table <数据表名称>;
```

### 3. Drop

用于删除表（表的数据、结构、属性以及索引也会被删除），并将表所占用的空间全部释放，不能回滚操作还原数据。

**语法格式：**

```
Drop Table <数据表名称>;
```

以上三种方法，在速度上，有 Drop > Truncate > Delete，但因为 Drop、Truncate 不能回滚操作，所以要慎重。本任务主要介绍 Delete 和 Truncate 的使用。

## 任务实施

### 一、数据准备

在 Score 表中添加值，以便执行后期的删除操作，见表 2-1-3。

表 2－1－3　Score 表数据

| Sno | Cno | Uscore | EndScore |
|---|---|---|---|
| 2020010001 | 2 | 87 | 90 |
| 2020010001 | 4 | 80 | 69 |
| 2020010002 | 4 | 73 | 86 |
| 2020010003 | 4 | 69 | 70 |
| 2020010008 | 1 | 80 | 77 |
| 2020010008 | 7 | 50 | 66 |
| 2020010008 | 8 | 78 | 50 |
| 2020010009 | 1 | 80 | 68 |

## 二、复制 Score 表及数据

**实例 1**：创建新表，表名为“Score_copy”，并复制“Score”数据表中已有数据。

**步骤**：

**执行语句**：

```
Create table Score_copy select * from Score;
```

代码运行结果如图 2－1－19 所示。

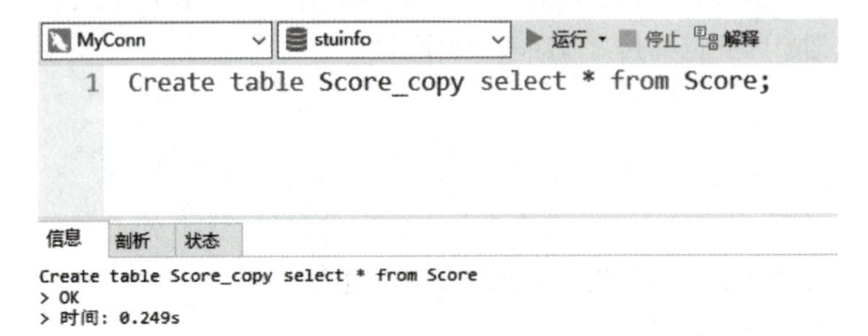


图 2－1－19　复制 Score 数据表

➢ 打开 Score_copy 表，可以看到数据已复制成功。

## 三、使用 Delete 命令删除指定数据

**实例 2**：将“Score_copy”数据表中“Uscore”字段小于 60 分的记录删除。

**步骤**：

**执行语句**：

```
Delete From Score_copy where Uscore < 60;
```

代码运行结果如图 2-1-20 所示。

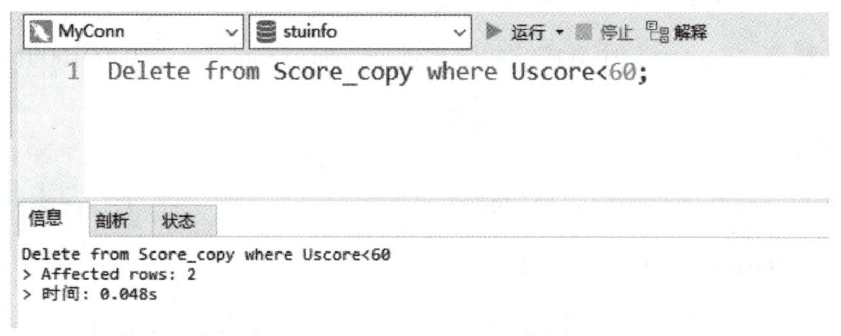


图 2-1-20 Delete 命令删除表

➢ 可以看到，“Score_copy”数据表中有两条记录被删除。

## 四、使用 Truncate 命令删除表数据

**实例 3：** 清空“Score_copy”数据表。

**步骤：**

**执行语句：**

```
Truncate Table Score_copy;
```

代码运行结果如图 2-1-21 所示。

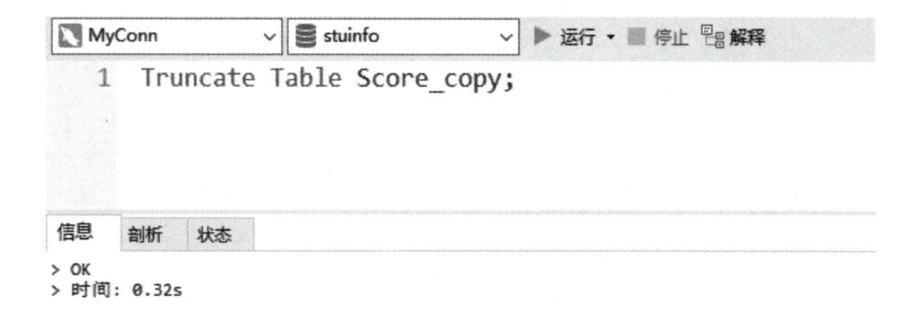


图 2-1-21 Truncate 命令清空表

➢ 重新打开 Score_copy 表，可以看到数据被清空，如图 2-1-22 所示。

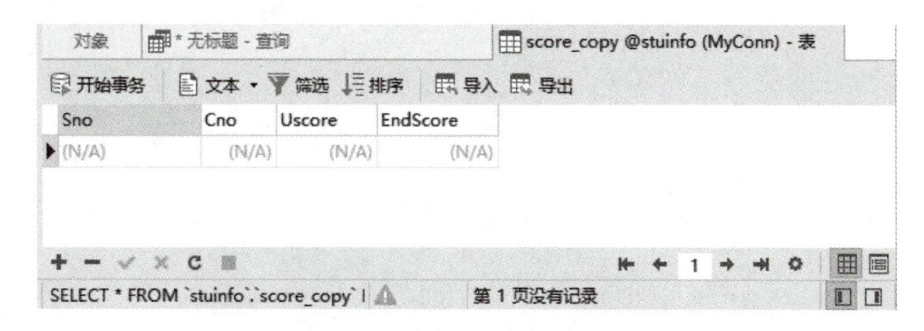


图 2-1-22 数据被清空

## 五、删除有外键关联的表数据

**实例 4**：删除“Student”中有成绩的学生数据，如“Sno”为“2020010001”的记录。

**步骤**：

**执行语句**：

```
Delete From Student Where Sno ='2020010001';
```

代码运行结果如图 2－1－23 所示。

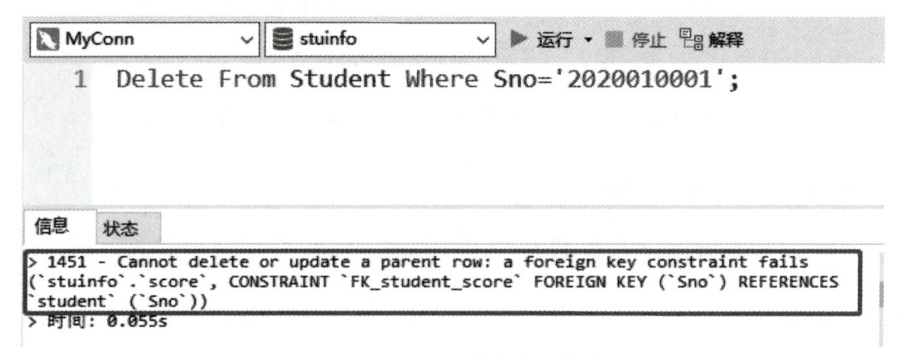


图 2－1－23　删除有外键的表

➢ 可以看到，报错为有外键约束，无法删除，保证了参照完整性。

## 任务工单 5

**维护学生信息数据库数据**

| 任务序号 | 5 | 任务名称 | 维护学生信息数据库数据 | 学时 | 4 |
|---|---|---|---|---|---|
| 学生姓名 | | 学生学号 | | 班　级 | |
| 实训场地 | | 日　期 | | 任务成绩 | |
| 实训设备 | 安装 Windows 操作系统的计算机、互联网环境、MySQL 数据库管理系统 | | | | |
| 客户任务描述 | 在学生信息数据库中添加数据，并管理维护 | | | | |
| 任务目的 | 通过完成数据的添加、修改、删除操作的任务，提升数据管理能力 | | | | |

**一、习题**

1. 插入数据的关键字为________，执行插入操作时，可以指定字段和其对应的值；也可以不指定字段，只列出字段值，但此时应注意值的顺序要与表中字段的顺序相同。

2. 修改数据的关键字为________，可以修改全部数据，也可以添加 WHERE 条件修改指定数据。

3. 删除数据的关键字为________，可以删除全部数据，也可以添加 WHERE 条件删除指定数据。

4. 设有学生表 student(sno,sname,sage,smajor)，各字段的含义分别是学生学号、姓名、年龄和专业。要求输入一条学生记录，学号为 100，姓名为张红，年龄为 20。以下不能完成如上输入要求的语句是（　　）。[单选题]

A. INSERT INTO student VALUES(100,'张红',20);

B. INSERT INTO student(sno,sname,sage,smajor) VALUES(100,'张红',20,NULL);

C. INSERT INTO student VALUES(100,'张红',20,NULL);

5. DELETE 和 TRUNCATE 删除自动增长字段从 1 ~4 的所有值后，再次插入数据，此字段的值分别为（　　）。[单选题]

A. 1 和 1　　B. 5 和 5　　C. 1 和 5　　D. 5 和 1

6. 下面关于“INSERT 表 1 SELECT FROM 表 2”的说法，正确的是（　　）。[单选题]

A. 可从表 2 中复制已有的数据到表 1 中

B. 表 1 和表 2 不能是同一个数据表

C. 表 1 和表 2 的表结构可以不同

D. 以上说法全部正确

**二、实施**

在任务工单 4 创建的四张表的基础上添加如下数据。

1. Class 表数据（表 2-1-4）

**表 2-1-4　Class 表数据**

| ClassNo | ClassName | College | Specialty | EnterYear |
|---|---|---|---|---|
| 1 | 203 大数据 | 信息工程学院 | 大数据技术与应用 | 2020 |
| 2 | 203 人工智能 | 信息工程学院 | 人工智能 | 2020 |
| 3 | 203 虚拟现实 | 信息工程学院 | 虚拟现实 | 2020 |

续表

| ClassNo | ClassName | College | Specialty | EnterYear |
| --- | --- | --- | --- | --- |
| 4 | 203 高计网 | 信息工程学院 | 计算机网络 | 2020 |
| 5 | 203 护理 | 护理学院 | 护理 | 2020 |
| 6 | 203 临床 | 医学院 | 临床医学 | 2020 |
| 7 | 203 会计 | 经济管理学院 | 会计 | 2020 |
| 8 | 203 物联网 | 信息工程学院 | 物联网 | 2020 |

2. Student 表数据（表 2-1-5）

**表 2-1-5 Student 表数据**

| Sno | SName | Sex | Nationality | Politics | Birth | Address | ClassNo |
| --- | --- | --- | --- | --- | --- | --- | --- |
| 2020010001 | 刘佳佳 | w | 汉 | 群众 | 2002/3/9 | 贵州省铜仁市碧江区 | 1 |
| 2020010002 | 田露 | w | 苗 | 共青团员 | 2001/1/29 | 贵州省黔东南苗族侗族自治州 | 1 |
| 2020010003 | 汪汪 | m | 汉 | 共青团员 | 2003/1/10 | 湖南省怀化市 | 1 |
| 2020010004 | 刘士加 | m | 侗 | 党员 | 2001/7/5 | 四川省成都市 | 1 |
| 2020010005 | 杨旭 | m | 汉 | 群众 | 2002/5/4 | 贵州省贵阳市 | 1 |
| 2020010006 | 黄云升 | m | 汉 | 党员 | 2003/1/2 | 贵州省遵义市 | 4 |
| 2020010007 | 张强 | m | 布依族 | 群众 | 2001/11/2 | 贵州省都匀市 | 4 |
| 2020010008 | 杨帅帅 | m | 汉 | 共青团员 | 2002/12/1 | 北京市 | 5 |
| 2020010009 | 何楚 | m | 侗 | 共青团员 | 2002/8/4 | 重庆市 | 7 |
| 2020010010 | 刘备 | m | 汉 | 群众 | 2001/9/23 | 河北省涿州市 | 8 |

3. Score 表数据（表 2-1-6）

**表 2-1-6 Score 表数据**

| Sno | Cno | Uscore | EndScore |
| --- | --- | --- | --- |
| 2020010001 | 2 | 87 | 90 |
| 2020010001 | 4 | 80 | 69 |
| 2020010002 | 4 | 73 | 86 |
| 2020010003 | 4 | 69 | 70 |
| 2020010008 | 1 | 80 | 77 |
| 2020010008 | 7 | 50 | 66 |

续表

| Sno | Cno | Uscore | EndScore |
| --- | --- | --- | --- |
| 2020010008 | 8 | 78 | 50 |
| 2020010009 | 1 | 80 | 68 |

4. Course 表数据（表 2－1－7）

**表 2－1－7　Course 表数据**

| Cno | CName | Type | Credit | ClassHour |
| --- | --- | --- | --- | --- |
| 1 | 计算机基础 | 公共基础课 | 2.0 | 36 |
| 2 | 大数据导论 | 专业基础课 | 4.0 | 72 |
| 3 | JAVA 高级程序设计 | 专业基础课 | 6.0 | 108 |
| 4 | MySQL 数据库 | 专业基础课 | 4.0 | 72 |
| 5 | Hadoop 大数据开发基础 | 专业核心课 | 4.0 | 72 |
| 6 | 数据挖掘 | 专业核心课 | 4.0 | 72 |
| 7 | 高等数学 | 公共基础课 | 2.0 | 36 |
| 8 | 大学英语 | 公共基础课 | 2.0 | 36 |
| 9 | 人工智能导论 | 专业基础课 | 4.0 | 72 |
| 10 | 数据结构 | 专业基础课 | 4.0 | 72 |

**三、评估**

1. 请根据自己任务完成的情况，对自己的工作进行评估，并提出改进意见。

（1）______________________________

______________________________

（2）______________________________

______________________________

（3）______________________________

______________________________

2. 工单成绩（总分为自我评价、组长评价和教师评价得分值的平均值）。

| 自我评价 | 组长评价 | 教师评价 | 总分 |
| --- | --- | --- | --- |
|  |  |  |  |

# 任务2　单表查询

## 情境引入

在数据库操作中，使用频率最多的是查询操作。查询数据时，根据不同的需求，对数据库中的数据进行查询、统计、分组、排序等操作并返回结果。项目组安排小明从学生信息表（Student）查询着手，分析学生的个人信息。

## 学习目标

➤ **专业能力**

1. 掌握 SELECT 语句基本语法。
2. 掌握 SELECT 语句进行单表查询方法。
3. 掌握查询分组数据的方法。
4. 掌握排序、Limit 的方法。

➤ **方法能力**

1. 通过数据查询学习，具有对数据统计汇总的能力。
2. 通过对数据的运用，提升数据分析的能力。
3. 通过完成学习任务，提高解决实际问题的能力。

➤ **社会能力**

1. 树立数据安全管理意识。
2. 培养学生逻辑思维能力和分析问题、解决问题的能力。
3. 培养严谨的工作作风，增强信息安全意识和危机意识。

## 任务2－1　Select 语句

### 任务描述

分析学生的个人信息，首先从 Select 语句着手。

### 任务分析

Select 语句用于从数据库中选取数据，返回的数据存储在结果表中，称为结果集。其中，Select 关键字用于指定需要在查询返回的结果集中包含的属性（列），即我们需要看到的字段及其对应的值。

### 知识学习

**Select 语句的语法格式及其功能**

MySQL 从数据表中查询数据的基本语句为 Select 语句，Select 语句的一般格式如下。

**语法格式：**

```
Select <* |字段名称 |表达式列表>
From <数据表名称 |视图名称>
[Where <条件表达式>]
[Group By <分组的字段名称 |表达式>]
[Having <筛选条件>]
[Order By <排序的字段名称 |表达式> Asc |Desc]
[Limit [<offset>,] <记录条数>]
```

Select 关键字后面的字段名称或表达式列表表示需要查询的字段名称或表达式，“*”是通配符，代表所有字段。

From 子句是 Select 语句所必需的子句，用于标识从中检索数据的一张或多张数据表或视图。

Where 子句用于设定查询条件，以返回需要的记录。如果有 Where 子句，就按照对应的“条件表达式”规定的条件进行查询；如果没有 Where 子句，就查询所有记录。

Group By 子句用于将查询结果按指定的一个字段或多个字段的值进行分组统计。分组字段或表达式的值相等的被分为同一组。通常 Group By 子句与 Count()、Sum() 等聚合函数配合使用。

Having 子句与 Group By 子句配合使用，用于进一步对由 Group By 子句分组的结果限定筛选条件，满足该筛选条件的数据才能被输出。

Order By 子句用于将查询结果按指定的字段进行排序。排序包括升序排列和降序排列。其中，Asc 表示记录按升序排列，Desc 表示记录按降序排列，默认状态下，记录按升序方式排列。

Limit 子句用于显示查询结果的条数。offset 是位置偏移量，表示从哪个位置提取数据，默认值为 0。

## 任务实施

### 一、查询所有字段

**实例 1：** 查询“Student”表中的全部信息。

**步骤：**

**执行语句：**

```
Select * from Student;
```

代码运行结果如图 2-2-1 所示。

### 二、查询指定字段

**实例 2：** 查询“Student”表中学生姓名、民族及政治面貌。

```
mysql> Select * from Student;
+------------+--------+-----+-------------+----------+------------+--------------------------+---------+
| Sno        | SName  | Sex | Nationality | Politics | Birth      | Address                  | ClassNo |
+------------+--------+-----+-------------+----------+------------+--------------------------+---------+
| 2020010001 | 刘佳佳 | w   | 汉          | 群众     | 2002-03-09 | 贵州省铜仁市碧江区       |       1 |
| 2020010002 | 田露   | w   | 苗          | 共青团员 | 2001-01-29 | 贵州省黔东南苗族侗族自治州 |       1 |
| 2020010003 | 汪汪   | m   | 汉          | 共青团员 | 2003-01-10 | 湖南省怀化市             |       1 |
| 2020010004 | 刘士加 | m   | 侗          | 党员     | 2001-07-05 | 四川省成都市             |       1 |
| 2020010005 | 杨旭   | m   | 汉          | 群众     | 2002-05-04 | 贵州省贵阳市             |       1 |
| 2020010006 | 黄云升 | m   | 汉          | 党员     | 2003-01-02 | 贵州省遵义市             |       4 |
| 2020010007 | 张强   | m   | 布依族      | 群众     | 2001-11-02 | 贵州省都匀市             |       4 |
| 2020010008 | 杨帅帅 | m   | 汉          | 共青团员 | 2002-12-01 | 北京市                   |       5 |
| 2020010009 | 何楚   | m   | 侗          | 共青团员 | 2002-08-04 | 重庆市                   |       7 |
| 2020010010 | 刘备   | m   | 汉          | 群众     | 2001-09-23 | 河北省涿州市             |       8 |
+------------+--------+-----+-------------+----------+------------+--------------------------+---------+
10 rows in set (0.08 sec)
```

图 2－2－1　查询 Student 表

**步骤：**

**执行语句：**

```
Select Sname,Nationality,Politics from Student;
```

代码运行结果如图 2－2－2 所示。

```
mysql> Select Sname,Nationality,Politics from Student;
+--------+-------------+----------+
| Sname  | Nationality | Politics |
+--------+-------------+----------+
| 刘佳佳 | 汉          | 群众     |
| 田露   | 苗          | 共青团员 |
| 汪汪   | 汉          | 共青团员 |
| 刘士加 | 侗          | 党员     |
| 杨旭   | 汉          | 群众     |
| 黄云升 | 汉          | 党员     |
| 张强   | 布依族      | 群众     |
| 杨帅帅 | 汉          | 共青团员 |
| 何楚   | 侗          | 共青团员 |
| 刘备   | 汉          | 群众     |
+--------+-------------+----------+
10 rows in set (0.08 sec)
```

图 2－2－2　查询 Student 表中指定字段

## 三、显示表达式结果

**实例 3：** 显示 1＋1 的结果。

**步骤：**

**执行语句：**

```
Select 1 +1;
```

代码运行结果如图 2－2－3 所示。

```
mysql> Select 1+1;
+-----+
| 1+1 |
+-----+
|   2 |
+-----+
1 row in set (0.11 sec)
```

图 2－2－3　查询表达式 1＋1 的结果

## 四、为字段命别名

字段或表命别名的语法格式为：<字段名 | 表名 > [AS] <字段别名 | 表别名>。

**实例 4**：查询“Student”表中学生姓名、民族及政治面貌，并用中文显示字段名。

**步骤**：

**执行语句**：

```
Select Sname 姓名,Nationality AS 民族,Politics AS 政治面貌 from Student;
```

代码运行结果如图 2-2-4 所示。

```
mysql> Select Sname 姓名,Nationality AS 民族,Politics AS 政治面貌 from Student;
+--------+--------+----------+
| 姓名   | 民族   | 政治面貌 |
+--------+--------+----------+
| 刘佳佳 | 汉     | 群众     |
| 田露   | 苗     | 共青团员 |
| 汪汪   | 汉     | 共青团员 |
| 刘士加 | 侗     | 党员     |
| 杨旭   | 汉     | 群众     |
| 黄云升 | 汉     | 党员     |
| 张强   | 布依族 | 群众     |
| 杨帅帅 | 汉     | 共青团员 |
| 何楚   | 侗     | 共青团员 |
| 刘备   | 汉     | 群众     |
+--------+--------+----------+
10 rows in set (0.08 sec)
```

图 2-2-4　为字段命别名

## 五、查询结果去重（Distinct）

Distinct 用于返回唯一不同的值，其语法格式：Select Distinct 字段名 from 表名。

**实例 5**：查询“Student”表中有哪几个民族的学生。

**步骤**：

**执行语句**：

```
Select Distinct Nationality 民族 from Student;
```

代码运行结果如图 2-2-5 所示。

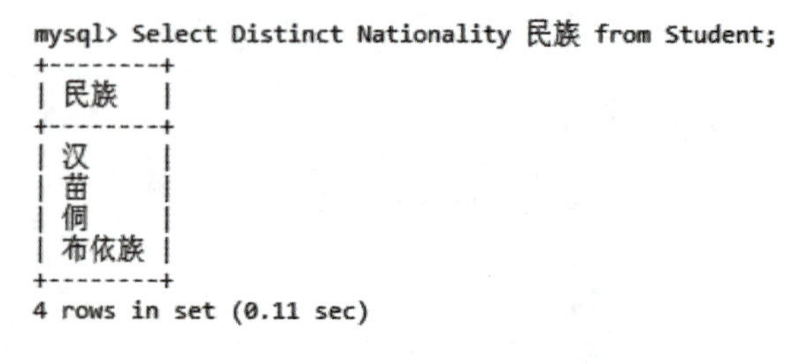

```
mysql> Select Distinct Nationality 民族 from Student;
+--------+
| 民族   |
+--------+
| 汉     |
| 苗     |
| 侗     |
| 布依族 |
+--------+
4 rows in set (0.11 sec)
```

图 2-2-5　使用 Distinct 去重

# 任务 2-2　Where 子句

## 任务描述

分析学生的个人信息时，很多情况下并不需要所有的数据，可将 Where 子句添加到 Select 语句中对数据进行过滤。

## 任务分析

Where 子句由属性或关键字、运算符和常量组成，用于提取那些满足指定条件的记录。

## 知识学习

**语法格式：**

```
Select <* |字段名称 |表达式列表>
From <数据表名称 |视图名称>
Where <条件表达式>
```

**Where 子句的语法格式及其功能**

Where 子句后面是一个用逻辑表达式表示的条件，用来限制 Select 语句检索的记录，即查询结果中的记录都应该是满足该条件的记录。

Where 子句会根据条件对 From 子句的中间结果中的行一行一行地进行判断，当条件为 TRUE 的时候，一行就被包含到 Where 子句的中间结果中。

## 任务实施

Where 子句判定条件的运算包括比较运算、逻辑运算、模式匹配、范围比较、空值比较和子查询。

### 一、比较运算

比较运算符是指可以使用表 2-2-1 所列运算符比较两个值。当用运算符比较两个值时，结果是一个逻辑值，不是 TRUE（成立）就是 FALSE（不成立）。

**表 2-2-1　比较运算符**

| 运算符 | 说明 | 运算符 | 说明 |
|---|---|---|---|
| = | 等于 | > | 大于 |
| < > | 不等于 | ! > | 不大于 |
| ! = | 不等于 | < = | 小于或等于 |
| < | 小于 | > = | 大于或等于 |
| ! < | 不小于 | | |

➢ 当两个表达式值均不为空值（NULL）时，除了“<=>”运算符外，其他比较运算返回逻辑值 TRUE（真）或 FALSE（假）。

➢ 当两个表达式值中有一个为空值或都为空值时，将返回 UnKnown。

### 1. 使用“=”符号查询

**实例 1**：查询“Student”数据表中是共青团员的学生信息。

**步骤**：

**执行语句**：

```
Select * From Student where Politics = '共青团员';
```

代码运行结果如图 2-2-6 所示。

```
mysql> Select * From Student where Politics = '共青团员';
+------------+--------+-----+-------------+----------+------------+------------------------+---------+
| Sno        | SName  | Sex | Nationality | Politics | Birth      | Address                | ClassNo |
+------------+--------+-----+-------------+----------+------------+------------------------+---------+
| 2020010002 | 田露   | w   | 苗          | 共青团员 | 2001-01-29 | 贵州省黔东南苗族侗族自治州 |       1 |
| 2020010003 | 汪汪   | m   | 汉          | 共青团员 | 2003-01-10 | 湖南省怀化市           |       1 |
| 2020010008 | 杨帅帅 | m   | 汉          | 共青团员 | 2002-12-01 | 北京市                 |       5 |
| 2020010009 | 何楚   | m   | 侗          | 共青团员 | 2002-08-04 | 重庆市                 |       7 |
+------------+--------+-----+-------------+----------+------------+------------------------+---------+
4 rows in set (0.07 sec)
```

图 2-2-6　Where 子句中的“=”

### 2. 使用“>=”符号查询

**实例 2**：查询“Student”数据表中 2002 年以后出生的学生姓名。

**步骤**：

**执行语句**：

```
Select SName From Student where Birth > ='2002 -1 -1';
```

代码运行结果如图 2-2-7 所示。

```
mysql> Select SName From Student where Birth>='2002-1-1';
+--------+
| SName  |
+--------+
| 刘佳佳 |
| 汪汪   |
| 杨旭   |
| 黄云升 |
| 杨帅帅 |
| 何楚   |
+--------+
6 rows in set (0.08 sec)
```

图 2-2-7　Where 子句中的“>=”

## 二、逻辑运算

逻辑运算又称布尔运算，通常用来测试真假值，见表 2-2-2。

表 2-2-2　逻辑运算符

| 符号 1 | 符号 2 | 说明 | 示例 | 备注 |
|---|---|---|---|---|
| not | ! | 非运算 | ! x | 如果 x 是"TRUE"，那么示例的结果是"FALSE"；<br>如果 x 是"FALSE"，那么示例的结果是"TRUE" |
| or | \|\| | 或运算 | x \|\| y | 如果 x 或 y 任一是"TRUE"，那么示例的结果是"TRUE"，否则，示例的结果是"FALSE" |
| and | && | 与运算 | x && y | 如果 x 和 y 都是"TRUE"，那么示例的结果是"TRUE"，否则，示例的结果是"FALSE" |
| xor | ^ | 异或运算 | x ^ y | 如果 x 和 y 不相同，那么示例的结果是"TRUE"，否则，示例的结果是"FALSE" |

➢ 通过逻辑运算符（AND、OR、XOR 和 NOT）组成更为复杂的查询条件。

➢ 逻辑运算操作的结果是"1"或"0"，分别表示"true"或"false"。

### 1. 简单的逻辑运算

简单的逻辑运算过程及结果如图 2-2-8 所示。

```
mysql> select '非运算', not 0, not 1, not null;
+--------+-------+-------+----------+
| 非运算 | not 0 | not 1 | not null |
+--------+-------+-------+----------+
| 非运算 |     1 |     0 | NULL     |
+--------+-------+-------+----------+
1 row in set (0.03 sec)

mysql> select '或运算',(1 or 0), (0 or 0), (1 or null), (1 or 1), (null or null);
+--------+----------+----------+-------------+----------+----------------+
| 或运算 | (1 or 0) | (0 or 0) | (1 or null) | (1 or 1) | (null or null) |
+--------+----------+----------+-------------+----------+----------------+
| 或运算 |        1 |        0 |           1 |        1 | NULL           |
+--------+----------+----------+-------------+----------+----------------+
1 row in set (0.04 sec)

mysql> select '与运算',(1 and 1), (0 and 1), (3 and 1), (1 and null);
+--------+-----------+-----------+-----------+--------------+
| 与运算 | (1 and 1) | (0 and 1) | (3 and 1) | (1 and null) |
+--------+-----------+-----------+-----------+--------------+
| 与运算 |         1 |         0 |         1 | NULL         |
+--------+-----------+-----------+-----------+--------------+
1 row in set (0.04 sec)

mysql> select '异或运算',(1 xor 1), (0 xor 0), (1 xor 0), (0 xor 1), (null xor 1);
+----------+-----------+-----------+-----------+-----------+--------------+
| 异或运算 | (1 xor 1) | (0 xor 0) | (1 xor 0) | (0 xor 1) | (null xor 1) |
+----------+-----------+-----------+-----------+-----------+--------------+
| 异或运算 |         0 |         0 |         1 |         1 | NULL         |
+----------+-----------+-----------+-----------+-----------+--------------+
1 row in set (0.08 sec)
```

图 2-2-8　简单的逻辑运算过程及结果

可以看见，在 SQL 中，真值除了真假之外，还有第三种——不确定（NULL）。NULL 用于表示缺失的值或遗漏的未知数据，不是某种具体类型的值。数据表中的 NULL 值表示该值所处的字段为空，值为 NULL 的字段没有值，尤其要明白的是：NULL 值与 0 或者空字符串是不同的。

### 2. 使用 AND 关键字查询

**实例 3**：查询"Student"数据表中男共青团员的学生信息。

**步骤**：

**执行语句**：

```
Select * From Student where Politics = '共青团员' and Sex = 'm';
```

代码运行结果如图 2-2-9 所示。

```
mysql> Select * From Student where Politics = '共青团员' and Sex = 'm';
+------------+--------+-----+-------------+----------+------------+--------------+---------+
| Sno        | SName  | Sex | Nationality | Politics | Birth      | Address      | ClassNo |
+------------+--------+-----+-------------+----------+------------+--------------+---------+
| 2020010003 | 汪汪   | m   | 汉          | 共青团员 | 2003-01-10 | 湖南省怀化市 |       1 |
| 2020010008 | 杨帅帅 | m   | 汉          | 共青团员 | 2002-12-01 | 北京市       |       5 |
| 2020010009 | 何楚   | m   | 侗          | 共青团员 | 2002-08-04 | 重庆市       |       7 |
+------------+--------+-----+-------------+----------+------------+--------------+---------+
3 rows in set (0.08 sec)
```

图 2-2-9　Where 子句中的"and"

### 3. 使用 OR 关键字查询

**实例 4**：查询"Student"数据表中是共青团员或性别为男的学生信息。

**步骤**：

**执行语句**：

```
Select * From Student where Politics = '共青团员' or Sex = 'm';
```

代码运行结果如图 2-2-10 所示。

```
mysql> Select * From Student where Politics = '共青团员' or Sex = 'm';
+------------+--------+-----+-------------+----------+------------+------------------------------+---------+
| Sno        | SName  | Sex | Nationality | Politics | Birth      | Address                      | ClassNo |
+------------+--------+-----+-------------+----------+------------+------------------------------+---------+
| 2020010002 | 田露   | w   | 苗          | 共青团员 | 2001-01-29 | 贵州省黔东南苗族侗族自治州   |       1 |
| 2020010003 | 汪汪   | m   | 汉          | 共青团员 | 2003-01-10 | 湖南省怀化市                 |       1 |
| 2020010004 | 刘士加 | m   | 侗          | 党员     | 2001-07-05 | 四川省成都市                 |       1 |
| 2020010005 | 杨旭   | m   | 汉          | 群众     | 2002-05-04 | 贵州省贵阳市                 |       1 |
| 2020010006 | 黄云升 | m   | 汉          | 党员     | 2003-01-02 | 贵州省遵义市                 |       4 |
| 2020010007 | 张强   | m   | 布依族      | 群众     | 2001-11-02 | 贵州省都匀市                 |       4 |
| 2020010008 | 杨帅帅 | m   | 汉          | 共青团员 | 2002-12-01 | 北京市                       |       5 |
| 2020010009 | 何楚   | m   | 侗          | 共青团员 | 2002-08-04 | 重庆市                       |       7 |
| 2020010010 | 刘备   | m   | 汉          | 群众     | 2001-09-23 | 河北省涿州市                 |       8 |
+------------+--------+-----+-------------+----------+------------+------------------------------+---------+
9 rows in set (0.09 sec)
```

图 2-2-10　Where 子句中的"or"

## 三、模式匹配（Like 运算符）

Like 运算符确定字符串是否与指定的模式匹配，见表 2-2-3。指定的模式可以完全包含要匹配的字符，也可以包含元字符。实际上，LIKE 运算符使用表 2-2-3 中的通配符匹配子字符串。

表 2－2－3　Like 运算符的通配符

| 通配符 | 含义 | 示例 |
|---|---|---|
| % | 表示 0～n 个任意字符 | 'XY%'：匹配以 XY 开始的任意字符串。'%X'：匹配以 X 结束的任意字符串。'X%Y'：匹配包含 XY 的任意字符串 |
| _ | 表示单个任意字符 | '_X'：匹配以 X 结束的两个字符的字符串。'X_Y'：匹配以字母 X 开头，字母 Y 结尾的 3 个字符组成的字符串 |

Like 运算符用于指出一个字符串是否与指定的字符串相匹配，其运算对象可以是 char、varchar、text、datetime 等类型的数据，返回逻辑值 TRUE 或 FALSE。

使用 Like 进行模式匹配时，常使用特殊符号_ 和%，可进行模糊查询。"%" 代表 0 个或多个字符，"_" 代表单个字符。由于 MySQL 默认不区分大小写，要区分大小写时，需要更换字符集的校对规则。

1. 通配符 "%"

**实例 5**：查询 "Student" 数据表中姓 "杨" 的学生信息。

**步骤：**

**执行语句：**

```
Select * From Student where SName like '杨%';
```

代码运行结果如图 2－2－11 所示。

```
mysql> Select * From Student where SName like '杨%';
+------------+--------+-----+-------------+----------+------------+--------------+---------+
| Sno        | SName  | Sex | Nationality | Politics | Birth      | Address      | ClassNo |
+------------+--------+-----+-------------+----------+------------+--------------+---------+
| 2020010005 | 杨旭   | m   | 汉          | 群众     | 2002-05-04 | 贵州省贵阳市 |       1 |
| 2020010008 | 杨帅帅 | m   | 汉          | 共青团员 | 2002-12-01 | 北京市       |       5 |
+------------+--------+-----+-------------+----------+------------+--------------+---------+
2 rows in set (0.09 sec)
```

图 2－2－11　Where 子句中的 like 的通配符 "%"

**实例 6**：查询 "Student" 数据表中家庭住址在铜仁的学生信息。

**步骤：**

**执行语句：**

```
Select * From Student where Address like '%铜仁%';
```

代码运行结果如图 2－2－12 所示。

```
mysql> Select * From Student where Address like '%铜仁%';
+------------+--------+-----+-------------+----------+------------+--------------------+---------+
| Sno        | SName  | Sex | Nationality | Politics | Birth      | Address            | ClassNo |
+------------+--------+-----+-------------+----------+------------+--------------------+---------+
| 2020010001 | 刘佳佳 | w   | 汉          | 群众     | 2002-03-09 | 贵州省铜仁市碧江区 |       1 |
+------------+--------+-----+-------------+----------+------------+--------------------+---------+
1 row in set (0.09 sec)
```

图 2－2－12　Where 子句中的 like 的通配符 "%"

### 2. 通配符 "_"

**实例 7**：查询 "Student" 数据表中姓 "杨"，名字只有两个字的学生信息。

**步骤**：

**执行语句**：

```
Select * From Student where SName like '杨_';
```

代码运行结果如图 2-2-13 所示。

```
mysql> Select * From Student where Address like '%铜仁%';
+------------+--------+-----+-------------+----------+------------+--------------------+---------+
| Sno        | SName  | Sex | Nationality | Politics | Birth      | Address            | ClassNo |
+------------+--------+-----+-------------+----------+------------+--------------------+---------+
| 2020010001 | 刘佳佳 | w   | 汉          | 群众     | 2002-03-09 | 贵州省铜仁市碧江区 |       1 |
+------------+--------+-----+-------------+----------+------------+--------------------+---------+
1 row in set (0.09 sec)
```

图 2-2-13　Where 子句中的 like 的通配符 "_"

## 四、范围比较（Between 和 In）

### 1. Between

**语法格式**：

```
表达式 [ Not ] Between 表达式1  AND 表达式2
```

查 Between 关键字指出查询范围，当要查询的条件是某个值的范围时，可以使用 Between 关键字。当不使用 NOT 时，若表达式的值在表达式 1 与表达式 2 之间（包括这两个值），则返回 TRUE，否则返回 FALSE；使用 NOT 时，返回值刚好相反。

➢ 表达式 1 的值不能大于表达式 2 的值。

**实例 8**：查询 "Student" 数据表中 2002 年出生学生的姓名、性别、出生日期、家庭住址。

**步骤**：

**执行语句**：

```
Select Sname,Sex,Birth,Address From Student where Birth Between '2002-1-1' and '2002-12-31';
```

代码运行结果如图 2-2-14 所示。

```
mysql> Select Sname,Sex,Birth,Address From Student where Birth Between '2002-1-1' and '2002-12-31';
+--------+-----+------------+--------------------+
| Sname  | Sex | Birth      | Address            |
+--------+-----+------------+--------------------+
| 刘佳佳 | w   | 2002-03-09 | 贵州省铜仁市碧江区 |
| 杨旭   | m   | 2002-05-04 | 贵州省贵阳市       |
| 杨帅帅 | m   | 2002-12-01 | 北京市             |
| 何楚   | m   | 2002-08-04 | 重庆市             |
+--------+-----+------------+--------------------+
4 rows in set (0.08 sec)
```

图 2-2-14　Where 子句中的 "Between …and"

### 2. In

In 关键字可以方便地限制检查数据的范围。使用 In 关键字可以指定一个值表，值表中列出所有可能的值，当与值表中的任一个匹配时，即返回 TRUE，否则返回 FALSE。使用 Not 时，返回值刚好相反。

**语法格式：**

```
表达式 [Not] In (表达式1 [,…n])
```

**实例 9：** 查询"Student"数据表中侗、苗、彝、藏四个民族的学生的姓名、民族、政治面貌、家庭地址，字段用中文表示。

**步骤：**

**执行语句：**

```
Select Sname as 姓名,Nationality as 民族,Politics as 政治面貌,Address as 家庭住址
From Student where Nationality in('侗','苗','彝','藏');
```

代码运行结果如图 2-2-15 所示。

```
mysql> Select Sname as 姓名,Nationality as 民族,Politics as政治面貌,Address as 家庭住址 From Student
    -> where Nationality in('侗','苗','彝','藏');
+--------+------+------------+--------------------------+
| 姓名   | 民族 | as政治面貌 | 家庭住址                 |
+--------+------+------------+--------------------------+
| 田露   | 苗   | 共青团员   | 贵州省黔东南苗族侗族自治州 |
| 刘士加 | 侗   | 党员       | 四川省成都市             |
| 何楚   | 侗   | 共青团员   | 重庆市                   |
+--------+------+------------+--------------------------+
3 rows in set (0.06 sec)
```

图 2-2-15 Where 子句中的"in"

## 五、空值比较

当需要判定一个表达式的值是否为空值时，使用 IS NULL 关键字。当不使用 NOT 时，若表达式 expression 的值为空值，返回 TRUE，否则返回 FALSE。

**语法格式：**

```
表达式 IS [NOT] NULL
```

➢ 当使用 NOT 时，结果刚好相反。

**实例 10：** 查询"Class"数据表中入学年份为空值的数据。

**步骤：**

**执行语句：**

```
select * from class where enteryear is null;
```

代码运行结果如图 2-2-16 所示。

```
mysql> select * from class;
+---------+--------------+------------+----------------+-----------+
| ClassNo | ClassName    | College    | Specialty      | EnterYear |
+---------+--------------+------------+----------------+-----------+
|       1 | 203大数据     | 信息工程学院 | 大数据技术与应用 |      2020 |
|       2 | 203人工智能   | 信息工程学院 | 人工智能        | NULL      |
|       3 | 203虚拟现实   | 信息工程学院 | 虚拟现实        |      2020 |
|       4 | 203高计网     | 信息工程学院 | 计算机网络      |      2020 |
|       5 | 203护理       | 护理学院    | 护理           |      2020 |
|       6 | 203临床       | 医学院      | 临床医学        |      2020 |
|       7 | 203会计       | 经济管理学院 | 会计           |      2020 |
|       8 | 203物联网     | 信息工程学院 | 物联网         |      2020 |
+---------+--------------+------------+----------------+-----------+
8 rows in set (0.03 sec)

mysql> select * from class where enteryear is null;
+---------+--------------+------------+-----------+-----------+
| ClassNo | ClassName    | College    | Specialty | EnterYear |
+---------+--------------+------------+-----------+-----------+
|       2 | 203人工智能   | 信息工程学院 | 人工智能   | NULL      |
+---------+--------------+------------+-----------+-----------+
1 row in set (0.03 sec)
```

图 2-2-16　Where 子句中的 NULL

# 任务 2-3　Group By 子句

## 任务描述

分析学生的个人信息时，很多时候需要对信息进行分组统计，可将 Group By 子句添加到 Select 语句中对数据进行分组查询。

## 任务分析

Group By 子句用来根据指定的字段对结果集（选取的数据）进行分组，如果某些记录的指定字段具有相同的值，那么它们将被合并为一条数据。Group By 通常与聚合函数一起用于统计数据。

## 知识学习

### 一、聚合函数

聚合函数又叫组函数，通常是对表中的数据进行统计和计算，一般结合分组（group by）来使用，用于统计和计算分组数据，见表 2-2-4。

表 2-2-4　常用的聚合函数

| 函数名 | 功能 |
| --- | --- |
| Count(*) | 统计数据表中的总记录数，包含字段值为空值的记录 |
| Avg（字段名称） | 计算指定字段值的平均值 |
| Max（字段名称） | 计算指定字段值的最大值 |
| Count（字段名称） | 统计指定字段的记录数，忽略字段值为空值的记录 |

续表

| 函数名 | 功能 |
| --- | --- |
| Sum（字段名称） | 计算指定字段值的总和 |
| Min（字段名称） | 计算指定字段的最小值 |

聚合函数对一组值执行计算并返回单一的值。除 COUNT 以外，聚合函数忽略空值，如果 COUNT 函数的应用对象是一个确定列名，并且该列存在空值，此时 COUNT 仍会忽略空值。聚合函数经常与 SELECT 语句的 GROUP BY 子句的 HAVING 一同使用。

- 聚合函数用于对一组数据值进行计算并返回单一值，所以也被称为组合函数。
- Select 子句中可以使用聚合函数进行计算，计算结果作为新列出现在查询结果集中。
- 聚合运算的表达式可以包括字段名称、常量以及由运算符连接起来的函数。

## 二、分组查询（Group By）

如果需要按某一列数据值进行分组，在分组的基础上再进行查询，就要使用 Group By 子句。Group By 可以根据一个或多个列进行分组，也可以根据表达式进行分组，经常和聚合函数一起使用。

**语法格式：**

```
Group By 字段名称 [Having <条件表达式>] [With Rollup]
```

如果要对分组或聚合指定查询条件，则可以使用 Having 子句，该子句用于限定于对统计组的查询。一般与 Group By 子句一起使用，对分组数据进行过滤。

With Rollup 是在 group 分组字段的基础上再进行统计数据。

# 任务实施

## 一、聚合函数

**实例1：** 将“Student”表中“Nationality”字段值“汉”设置为 Null 值，查询 Student 表和“Nationality”字段分别有多少条记录。

**步骤一：**

首先，将“Nationality”字段“汉”替换为 Null。

**执行语句：**

```
Update Student Set Nationality = Null where Nationality ='汉';
```

代码运行结果如图 2 – 2 – 17 所示。

**步骤二：**

查询“Student”表中有多少条记录。

```
mysql> Update Student Set Nationality=Null where Nationality='汉';
Query OK, 6 rows affected (0.04 sec)
Rows matched: 6  Changed: 6  Warnings: 0

mysql> select * from student;
+------------+--------+-----+-------------+----------+------------+------------------------------+---------+
| Sno        | SName  | Sex | Nationality | Politics | Birth      | Address                      | ClassNo |
+------------+--------+-----+-------------+----------+------------+------------------------------+---------+
| 2020010001 | 刘佳佳 | w   | NULL        | 群众     | 2002-03-09 | 贵州省铜仁市碧江区           |       1 |
| 2020010002 | 田露   | w   | 苗          | 共青团员 | 2001-01-29 | 贵州省黔东南苗族侗族自治州   |       1 |
| 2020010003 | 汪汪   | m   | NULL        | 共青团员 | 2003-01-10 | 湖南省怀化市                 |       1 |
| 2020010004 | 刘士加 | m   | 侗          | 党员     | 2001-07-05 | 四川省成都市                 |       1 |
| 2020010005 | 杨旭   | m   | NULL        | 群众     | 2002-05-04 | 贵州省贵阳市                 |       1 |
| 2020010006 | 黄云升 | m   | NULL        | 党员     | 2003-01-02 | 贵州省遵义市                 |       4 |
| 2020010007 | 张强   | m   | 布依族      | 群众     | 2001-11-02 | 贵州省都匀市                 |       4 |
| 2020010008 | 杨帅帅 | m   | NULL        | 共青团员 | 2002-12-01 | 北京市                       |       5 |
| 2020010009 | 何楚   | m   | 侗          | 共青团员 | 2002-08-04 | 重庆市                       |       7 |
| 2020010010 | 刘备   | m   | NULL        | 群众     | 2001-09-23 | 河北省涿州市                 |       8 |
+------------+--------+-----+-------------+----------+------------+------------------------------+---------+
10 rows in set (0.04 sec)
```

图 2－2－17　更新 Nationality 字段值

**执行语句：**

```
Select count(*) from Student;
```

代码运行结果如图 2－2－18 所示。

```
mysql> Select count(*) from Student;
+----------+
| count(*) |
+----------+
|       10 |
+----------+
1 row in set (0.02 sec)
```

图 2－2－18　查询 Student 表中的记录数

**步骤三：**

查询“Student”表中“Nationality”字段有多少条记录。

**执行语句：**

```
select count(Nationality) from student;
```

代码运行结果如图 2－2－19 所示。

```
mysql> select count(*) from student;
+----------+
| count(*) |
+----------+
|       10 |
+----------+
1 row in set (0.08 sec)

mysql> select count(Nationality) from student;
+--------------------+
| count(Nationality) |
+--------------------+
|                  4 |
+--------------------+
1 row in set (0.08 sec)
```

图 2－2－19　查询 Student 表中 Nationality 字段的记录数

## 二、分组查询（Group By）

**实例 2**：对学生的政治面貌情况进行分析

（1）查询“Student”数据表中政治面貌的类别。

（2）查询“Student”数据表中每组政治面貌的人数。

（3）在“Student”数据表中，结合 ClassNo 字段，查询各班学生政治面貌分布情况。

**步骤一**：

查询“Student”数据表中政治面貌的类别。

**执行语句**：

```
Select Politics From Student Group by Politics;
```

代码运行结果如图 2－2－20 所示。

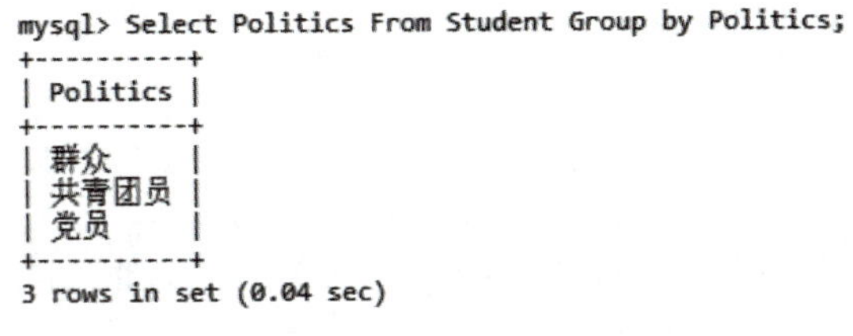

```
mysql> Select Politics From Student Group by Politics;
+----------+
| Politics |
+----------+
| 群众     |
| 共青团员 |
| 党员     |
+----------+
3 rows in set (0.04 sec)
```

图 2－2－20　查询 Student 表中政治面貌情况

**步骤二**：

查询“Student”数据表中每组政治面貌的人数。

**执行语句**：

```
Select Politics,count(Sno) as 人数 From Student Group by Politics;
```

代码运行结果如图 2－2－21 所示。

```
mysql> Select Politics,count(Sno) as 人数 From Student Group by Politics;
+----------+------+
| Politics | 人数 |
+----------+------+
| 群众     |    4 |
| 共青团员 |    4 |
| 党员     |    2 |
+----------+------+
3 rows in set (0.07 sec)
```

图 2－2－21　查询 Student 表中各政治面貌人数

**步骤三**：

在“Student”数据表中，结合 ClassNo 字段，查询各班学生政治面貌分布情况。

**执行语句**：

```
Select ClassNo, Politics, count ( Sno ) as 人数 From Student Group by ClassNo,
Politics;
```

代码运行结果如图 2－2－22 所示。

```
mysql> Select ClassNo,Politics,count(Sno) as 人数 From Student Group by ClassNo,Politics;
+---------+----------+------+
| ClassNo | Politics | 人数 |
+---------+----------+------+
|       1 | 群众     |    2 |
|       1 | 共青团员 |    2 |
|       1 | 党员     |    1 |
|       4 | 党员     |    1 |
|       4 | 群众     |    1 |
|       5 | 共青团员 |    1 |
|       7 | 共青团员 |    1 |
|       8 | 群众     |    1 |
+---------+----------+------+
8 rows in set (0.07 sec)
```

图 2－2－22　查询 Student 表中各班的政治面貌情况

**实例 3**：在“Student”数据表中，结合 ClassNo 字段，查询各班学生政治面貌超过一人的数据。

**分析**：使用 Having 对分组数据进行过滤。

**步骤**：

**执行语句**：

```
Select ClassNo, Politics, count ( Sno ) as 人数 From Student Group by ClassNo,
Politics Having 人数 >1;
```

代码运行结果如图 2－2－23 所示。

```
mysql> Select ClassNo,Politics,count(Sno) as 人数 From Student
    -> Group by ClassNo,Politics
    -> Having 人数>1;
+---------+----------+------+
| ClassNo | Politics | 人数 |
+---------+----------+------+
|       1 | 群众     |    2 |
|       1 | 共青团员 |    2 |
+---------+----------+------+
2 rows in set (0.09 sec)
```

图 2－2－23　查询 Student 表中各班各类政治面貌超过 1 人的情况

**实例 4**：在“Student”数据表中，查询各班学生政治面貌分布情况，并使用 With Rollup 统计汇总。

**分析**：使用 With Rollup 对分组数据进行再统计。

**步骤**：

**执行语句**：

```
Select ClassNo,Politics,count(Sno) as 人数 From StudentGroup by ClassNo,Politics
With Rollup;
```

代码运行结果如图 2－2－24 所示。

```
mysql> Select ClassNo,Politics,count(Sno) as 人数 From Student
    -> Group by ClassNo,Politics
    -> With Rollup;
+---------+----------+------+
| ClassNo | Politics | 人数 |
+---------+----------+------+
|       1 | 群众     |    2 |
|       1 | 党员     |    1 |
|       1 | 共青团员 |    2 |
|       1 | NULL     |    5 |
|       4 | 群众     |    1 |
|       4 | 党员     |    1 |
|       4 | NULL     |    2 |
|       5 | 共青团员 |    1 |
|       5 | NULL     |    1 |
|       7 | 共青团员 |    1 |
|       7 | NULL     |    1 |
|       8 | 群众     |    1 |
|       8 | NULL     |    1 |
| NULL    | NULL     |   10 |
+---------+----------+------+
14 rows in set (0.07 sec)
```

图 2 – 2 – 24　使用 With Rollup 统计汇总

# 任务 2 – 4　Order By 与 Limit 子句

## 任务描述

分析学生的个人信息时，很多时候需要对信息进行排序或者只需要部分数据，可将 Order By 和 Limit 子句添加到 Select 语句中对数据进行处理。

## 任务分析

Order By 语句用于根据指定的列对结果集进行排序，比如排名等情况。

Limit 子句用于限制查询结果返回的数量，常用于返回前几条数据、分页查询等情况。

## 知识学习

### 一、排序

从数据表中查询数据时，结果是按照数据被添加到数据表时的物理顺序显示的。在实际编程中，有时需要按照指定的字段进行排序显示，这就需要对查询结果进行排序。

使用 Order By 子句可以对查询结果集的相应列进行排序，排序方式分为升序或降序排列。Asc 关键字表示升序，Desc 关键字表示降序，默认情况下为 Asc，即按升序排列。

**语法格式：**

```
Order By 字段名称 1 ，字段名称 2 ，…，字段名称 n [ Asc | Desc ]
```

可以同时对多个列进行排序，每个排序列之间用半角逗号分隔，而且每个排序列后可以跟一个排序方式关键字。多列进行排序时，会先按第 1 列进行排序，然后使用第 2 列对前面排序结果中相同的值再进行排序。

### 二、Limit

Limit 接受一个或两个数字参数。参数必须是一个整数常量。如果给定两个参数，第一个参数指定第一个返回记录行的偏移量，第二个参数指定返回记录行的最大数目。

**语法格式：**

```
Limit [ <offset >,] <记录条数 >
```

Offset 参数是位置偏移量，指示 MySQL 从哪一行开始显示，是一个可选参数，如果不指定 Offset，将会从表中的第一条记录开始（默认值是 0）；参数“记录条数”指示返回的记录条数。With Rollup 是在 group 分组字段的基础上再进行统计数据。

## 任务实施

### 一、Order By 子句

**实例 1**：查询“Student”数据表中 2002 年出生的学生信息，并降序输出。

**步骤：**

**执行语句：**

```
Select * From Student where Birth Between'2002 -1 -1'and'2002 -12 -31'Order By
Birth;
```

代码运行结果如图 2 -2 -25 所示。

```
mysql> Select * From Student where Birth Between '2002-1-1' and '2002-12-31'
    -> Order By Birth Desc;
+------------+--------+-----+-------------+----------+------------+--------------------+---------+
| Sno        | SName  | Sex | Nationality | Politics | Birth      | Address            | ClassNo |
+------------+--------+-----+-------------+----------+------------+--------------------+---------+
| 2020010008 | 杨帅帅 | m   | 汉          | 共青团员 | 2002-12-01 | 北京市             |       5 |
| 2020010009 | 何楚   | m   | 侗          | 共青团员 | 2002-08-04 | 重庆市             |       7 |
| 2020010005 | 杨旭   | m   | 汉          | 群众     | 2002-05-04 | 贵州省贵阳市       |       1 |
| 2020010001 | 刘佳佳 | w   | 汉          | 群众     | 2002-03-09 | 贵州省铜仁市碧江区 |       1 |
+------------+--------+-----+-------------+----------+------------+--------------------+---------+
4 rows in set (0.04 sec)
```

图 2 -2 -25　排序查询

### 二、Limit 子句

**实例 2**：对学生年龄进行分析。

（1）查询“Student”表中年龄最小的 3 个学生信息。

（2）查询“Student”表中年龄第五小的学生信息。

**步骤一：**

**执行语句：**

```
Select * from Student Order by Birth desc limit 3;
```

代码运行结果如图 2 -2 -26 所示。

```
mysql> Select * from Student Order by Birth desc limit 3;
+------------+--------+-----+-------------+----------+------------+--------------+---------+
| Sno        | SName  | Sex | Nationality | Politics | Birth      | Address      | ClassNo |
+------------+--------+-----+-------------+----------+------------+--------------+---------+
| 2020010003 | 汪汪   | m   | NULL        | 共青团员 | 2003-01-10 | 湖南省怀化市 |       1 |
| 2020010006 | 黄云升 | m   | NULL        | 党员     | 2003-01-02 | 贵州省遵义市 |       4 |
| 2020010008 | 杨帅帅 | m   | NULL        | 共青团员 | 2002-12-01 | 北京市       |       5 |
+------------+--------+-----+-------------+----------+------------+--------------+---------+
3 rows in set (0.09 sec)
```

图 2-2-26 查询 Student 表中年龄最小的 3 个学生信息

**步骤二：**

**执行语句：**

```
Select * from Student Order by Birth desc limit 4,1;
```

代码运行结果如图 2-2-27 所示。

```
mysql> Select * from Student Order by Birth desc limit 4,1;
+------------+-------+-----+-------------+----------+------------+--------------+---------+
| Sno        | SName | Sex | Nationality | Politics | Birth      | Address      | ClassNo |
+------------+-------+-----+-------------+----------+------------+--------------+---------+
| 2020010005 | 杨旭  | m   | NULL        | 群众     | 2002-05-04 | 贵州省贵阳市 |       1 |
+------------+-------+-----+-------------+----------+------------+--------------+---------+
1 row in set (0.10 sec)
```

图 2-2-27 查询 Student 表中年龄第五小的学生信息

# 任务 3　多表查询

## 情境引入

通过项目组调研，学生信息系统的对象是学院、班级、课程、学生信息和成绩信息。其中，学生成绩管理是学生信息管理的重要部分，也是学校教学工作的重要组成部分。该系统的开发能大大减轻教务管理人员和教师的工作量，同时能使学生及时了解选修课程成绩。

## 学习目标

➢ **专业能力**

1. 掌握使用 SELECT 语句实现多表查询和子查询的方法。
2. 掌握嵌套查询的方法。

➢ **方法能力**

1. 通过多表查询，提升 SQL 命令操作能力。
2. 通过多表查询，提升解决复杂问题的能力。

➢ **社会能力**

1. 培养学生逻辑思维能力和分析问题、解决问题的能力。
2. 培养严谨的工作作风，增强信息安全意识和危机意识。
3. 培养学生运用数据库管理系统解决实际问题的能力。

## 任务 3－1　连接查询

### 任务描述

根据项目要求，小明需要对学生成绩进行分析处理，涉及对多张表进行连接查询。

### 任务分析

根据表的结构可以发现，学生的姓名、课程名称和成绩分别来自 Student、Course、Score 三张表。本任务对学生成绩进行分析，涉及三张表的连接。

### 知识学习

**连接查询**

实现从两张或两张以上的数据表中查询数据，并且结果集中出现的字段来自两张或两张以上数据表的检索操作，称为连接查询。

连接查询实际上是通过各张数据表之间的共同字段的相关性来查询数据的。首先，要在这些数据表中建立连接，然后从数据表中查询数据。连接的类型分为内连接、外连接和交叉连接。连接查询的格式有以下两种。

**语法格式一：**

```
Select <输出字段或表达式列表>
From <数据表1>, <数据表2>
[Where <数据表1.列名> <连接操作符> <数据表2.列名>]
```

**语法格式二：**

```
Select <输出字段或表达式列表>
From <数据表1> <连接类型> <数据表2> [On (<连接条件>)]
```

## 任务实施

### 一、内连接查询

内连接查询是使用比较运算符对多个表间的某些列数据进行比较，并列出这些表中与连接条件相匹配的数据行，组合成新的记录。表之间的连接条件由表中具有相同意义的字段组成。

#### 1. INNER JOIN

**语法格式：**

```
Select <输出字段或表达式列表>
From <数据表1> Inner Join <数据表2> [On (<连接条件>)]
```

**实例1：** 查询学生的学号、姓名、课程编号、平时成绩、期末成绩。

**分析：** 由 Score 表结构和 Student 表结构可知，Score. Sno 的数据来自 Student. Sno，可以通过该字段建立联系。为此，首先选择数据库 Stuinfo，然后执行内连接查询语句。

**步骤：**

**执行语句：**

```
Select Score.Sno,Cno,Sname,UScore,EndScore from Score inner join Student on
Score.Sno = Student.Sno;
```

代码运行结果如图 2-3-1 所示。

```
mysql> use Stuinfo;
Database changed
mysql> select Score.Sno,Sname,Cno,UScore,EndScore
    -> from Score inner join Student on Score.Sno = Student.Sno;
+------------+--------+-----+--------+----------+
| Sno        | Sname  | Cno | UScore | EndScore |
+------------+--------+-----+--------+----------+
| 2020010001 | 刘佳佳 |   2 | 87.0   | 90.0     |
| 2020010001 | 刘佳佳 |   4 | 80.0   | 69.0     |
| 2020010002 | 田露   |   4 | 73.0   | 86.0     |
| 2020010003 | 汪汪   |   4 | 69.0   | 70.0     |
| 2020010008 | 杨帅帅 |   1 | 80.0   | 77.0     |
| 2020010008 | 杨帅帅 |   7 | 50.0   | 66.0     |
| 2020010008 | 杨帅帅 |   8 | 78.0   | 50.0     |
| 2020010009 | 何楚   |   1 | 80.0   | 68.0     |
| 2020010009 | 何楚   |   7 | 66.0   | 75.0     |
| 2020010009 | 何楚   |   8 | 59.0   | 80.0     |
+------------+--------+-----+--------+----------+
10 rows in set (0.07 sec)
```

图 2-3-1 内连接查询学生成绩 1

**实例 2**：查询学生的学号、姓名、课程名称、平时成绩、期末成绩。

**分析**：通过上个实例可以看出，如果想要知道学生成绩的课程名称，两个表连接还不能满足要求。由 Score 表结构和 Course 表结构可知，Score. Cno 的数据来自 Course. Cno，可以通过该字段建立联系。由此，形成三表连接。结果如下：

**步骤**：

**执行语句**：

```
Select Score.Sno,Sname,Cname,UScore,EndScore
from Score inner join Student on Score.Sno = Student.Sno inner join Course on Score.Cno = Course.Cno;
```

代码运行结果如图 2-3-2 所示。

```
mysql> select Score.Sno,Sname,Cname,UScore,EndScore
    -> from Score inner join Student on Score.Sno = Student.Sno
    -> inner join Course on Score.Cno =  Course.Cno;
+------------+--------+--------------+--------+----------+
| Sno        | Sname  | Cname        | UScore | EndScore |
+------------+--------+--------------+--------+----------+
| 2020010001 | 刘佳佳 | 大数据导论   | 87.0   | 90.0     |
| 2020010001 | 刘佳佳 | MySQL数据库  | 80.0   | 69.0     |
| 2020010002 | 田露   | MySQL数据库  | 73.0   | 86.0     |
| 2020010003 | 汪汪   | MySQL数据库  | 69.0   | 70.0     |
| 2020010008 | 杨帅帅 | 计算机基础   | 80.0   | 77.0     |
| 2020010008 | 杨帅帅 | 高等数学     | 50.0   | 66.0     |
| 2020010008 | 杨帅帅 | 大学英语     | 78.0   | 50.0     |
| 2020010009 | 何楚   | 计算机基础   | 80.0   | 68.0     |
| 2020010009 | 何楚   | 高等数学     | 66.0   | 75.0     |
| 2020010009 | 何楚   | 大学英语     | 59.0   | 80.0     |
+------------+--------+--------------+--------+----------+
10 rows in set (0.07 sec)
```

图 2-3-2　内连接查询学生成绩 2

### 2. Where 子句实现内连接

使用 Where 子句也可以给出连接条件，以下语句将返回与 Inner Join 完全相同的结果。

**语法格式**：

```
Select <输出字段或表达式列表> From <数据表1>, <数据表2>
Where (<连接条件>)
```

**实例 3**：查询学生的学号、姓名、课程编号、平时成绩、期末成绩。

**步骤**：

**执行语句**：

```
Select Score.Sno,Cno,Sname,UScore,EndScore from Score,Student
Where Score.Sno = Student.Sno;
```

代码运行结果如图 2-3-3 所示。

```
mysql> select Score.Sno,Cno,Sname,UScore,EndScore
    -> from Score,Student
    -> where Score.Sno = Student.Sno;
+------------+-----+--------+--------+----------+
| Sno        | Cno | Sname  | UScore | EndScore |
+------------+-----+--------+--------+----------+
| 2020010001 |   2 | 刘佳佳 | 87.0   | 90.0     |
| 2020010001 |   4 | 刘佳佳 | 80.0   | 69.0     |
| 2020010002 |   4 | 田露   | 73.0   | 86.0     |
| 2020010003 |   4 | 汪汪   | 69.0   | 70.0     |
| 2020010008 |   1 | 杨帅帅 | 80.0   | 77.0     |
| 2020010008 |   7 | 杨帅帅 | 50.0   | 66.0     |
| 2020010008 |   8 | 杨帅帅 | 78.0   | 50.0     |
| 2020010009 |   1 | 何楚   | 80.0   | 68.0     |
| 2020010009 |   7 | 何楚   | 66.0   | 75.0     |
| 2020010009 |   8 | 何楚   | 59.0   | 80.0     |
+------------+-----+--------+--------+----------+
10 rows in set (0.07 sec)
```

图 2-3-3　Where 子句内连接查询学生成绩 1

**实例 4：** 查询学生的学号、姓名、课程名称、平时成绩、期末成绩。

**步骤：**

**执行语句：**

```
Select Score.Sno,Sname,Cname,UScore,EndScore
From Score,Student,Course
Where Score.Sno = Student.Sno and Score.Cno = Course.Cno;
```

代码运行结果如图 2-3-4 所示。

```
mysql> select Score.Sno,Sname,Cname,UScore,EndScore
    -> from Score,Student,Course
    -> where Score.Sno = Student.Sno and Score.Cno =  Course.Cno;
+------------+--------+-------------+--------+----------+
| Sno        | Sname  | Cname       | UScore | EndScore |
+------------+--------+-------------+--------+----------+
| 2020010001 | 刘佳佳 | 大数据导论  | 87.0   | 90.0     |
| 2020010001 | 刘佳佳 | MySQL数据库 | 80.0   | 69.0     |
| 2020010002 | 田露   | MySQL数据库 | 73.0   | 86.0     |
| 2020010003 | 汪汪   | MySQL数据库 | 69.0   | 70.0     |
| 2020010008 | 杨帅帅 | 计算机基础  | 80.0   | 77.0     |
| 2020010008 | 杨帅帅 | 高等数学    | 50.0   | 66.0     |
| 2020010008 | 杨帅帅 | 大学英语    | 78.0   | 50.0     |
| 2020010009 | 何楚   | 计算机基础  | 80.0   | 68.0     |
| 2020010009 | 何楚   | 高等数学    | 66.0   | 75.0     |
| 2020010009 | 何楚   | 大学英语    | 59.0   | 80.0     |
+------------+--------+-------------+--------+----------+
10 rows in set (0.09 sec)
```

图 2-3-4　Where 子句内连接查询学生成绩 2

### 3. 自连接查询

**实例 5：** 用自连接的方法查询党员的学生信息。

**分析：** 由于自连接是同一个表，所以，连接时要分别命别名来让 MySQL 识别。

**步骤：**

**执行语句：**

```
Select a1.* From Student as a1 inner join Student as a2 on a1.Sno = a2.Sno and a1.
Politics = '党员';
```

代码运行结果如图 2-3-5 所示。

```
mysql> select a1.*
    -> from Student as a1 inner join Student as a2
    -> on a1.Sno=a2.Sno and a1.Politics='党员';
+------------+--------+-----+-------------+----------+------------+--------------+---------+
| Sno        | SName  | Sex | Nationality | Politics | Birth      | Address      | ClassNo |
+------------+--------+-----+-------------+----------+------------+--------------+---------+
| 2020010004 | 刘士加 | m   | 侗          | 党员     | 2001-07-05 | 四川省成都市 |       1 |
| 2020010006 | 黄云升 | m   | NULL        | 党员     | 2003-01-02 | 贵州省遵义市 |       4 |
+------------+--------+-----+-------------+----------+------------+--------------+---------+
2 rows in set (0.15 sec)
```

图 2-3-5　自连接查询学生党员信息

## 二、外连接

在内连接中，只有在两张数据表中匹配的记录才能在结果集中出现；而在外连接中，可以只限制一张数据表，而对另一张数据表不加限制（即所有的记录都出现在结果集中）。

➢ **左外连接（LEFT OUTER JOIN）**

结果表中除了匹配行外，还包括左表有的但右表中不匹配的行，对于这样的行，从右表被选择的列设置为 NULL。

➢ **右外连接（RIGHT OUTER JOIN）**

结果表中除了匹配行外，还包括右表有的但左表中不匹配的行，对于这样的行，从左表被选择的列设置为 NULL。

### 1. 左外连接（LEFT OUTER JOIN）

**语法格式：**

```
Select <输出字段或表达式列表>
From <数据表1> Left [Outer] Join <数据表2> [ On (<连接条件>) ]
```

**实例6：**查询所有学生“MySQL 数据库”的成绩，若没有该门课程的成绩，也要包括其情况。

**分析：**由 Score 表结构、Course 表结构、Student 表结构可知，课程名称来自 Course 表，可以通过 Course. Cno 和 Score. Cno 字段建立与 Score 表的联系，将得到的数据集命别名为“T”。同时，所有学生的数据来自 Student 表，为此，选择 Student 表为左表，左连接 T 表。

**步骤：**

**执行语句：**

```
Select Sname,Student.Sno,T.CName,UScore,EndScore
From Student left join (Select Sno,Uscore,EndScore,cname from Score inner join
Course on Score.Cno = Course.Cno where Cname ='MySQL 数据库') T on Student.Sno = T.Sno;
```

代码运行结果如图 2-3-6 所示。

```
mysql> select Sname,Student.Sno,T.CName,UScore,EndScore from Student left join
(select Sno,Uscore,EndScore,cname from Score inner join Course on Score.Cno =
Course.Cno  where Cname='MySQL数据库') T on Student.Sno = T.Sno;
+--------+------------+-------------+--------+----------+
| Sname  | Sno        | cname       | Uscore | EndScore |
+--------+------------+-------------+--------+----------+
| 刘佳佳 | 2020010001 | MySQL数据库 | 80.0   | 69.0     |
| 田露   | 2020010002 | MySQL数据库 | 73.0   | 86.0     |
| 汪汪   | 2020010003 | MySQL数据库 | 69.0   | 70.0     |
| 刘士加 | 2020010004 | NULL        | NULL   | NULL     |
| 杨旭   | 2020010005 | NULL        | NULL   | NULL     |
| 黄云升 | 2020010006 | NULL        | NULL   | NULL     |
| 张强   | 2020010007 | NULL        | NULL   | NULL     |
| 杨帅帅 | 2020010008 | NULL        | NULL   | NULL     |
| 何楚   | 2020010009 | NULL        | NULL   | NULL     |
| 刘备   | 2020010010 | NULL        | NULL   | NULL     |
+--------+------------+-------------+--------+----------+
10 rows in set (0.09 sec)
```

图 2-3-6　左外连接查询

### 2. 右外连接（RIGHT OUTER JOIN）

**语法格式：**

```
Select <输出字段或表达式列表>
From <数据表1> Right [Outer] Join <数据表2> [ On (<连接条件>) ]
```

**实例7：**查询学生成绩，以及其学号、姓名。

**步骤：**

**执行语句：**

```
select Score.Sno,Cno,Sname,UScore,EndScore from Student right outer join Score
on Score.Sno = Student.Sno;
```

代码运行结果如图2-3-7所示。

```
mysql> select Score.Sno,Cno,Sname,UScore,EndScore from Student right outer join Score
on Score.Sno = Student.Sno;
+------------+-----+--------+--------+----------+
| Sno        | Cno | Sname  | UScore | EndScore |
+------------+-----+--------+--------+----------+
| 2020010001 |   2 | 刘佳佳 | 87.0   | 90.0     |
| 2020010001 |   4 | 刘佳佳 | 80.0   | 69.0     |
| 2020010002 |   4 | 田露   | 73.0   | 86.0     |
| 2020010003 |   4 | 汪汪   | 69.0   | 70.0     |
| 2020010008 |   1 | 杨帅帅 | 80.0   | 77.0     |
| 2020010008 |   7 | 杨帅帅 | 50.0   | 66.0     |
| 2020010008 |   8 | 杨帅帅 | 78.0   | 50.0     |
| 2020010009 |   1 | 何楚   | 80.0   | 68.0     |
| 2020010009 |   7 | 何楚   | 66.0   | 75.0     |
| 2020010009 |   8 | 何楚   | 59.0   | 80.0     |
+------------+-----+--------+--------+----------+
10 rows in set (0.04 sec)
```

图 2-3-7　右外连接查询

## 任务3-2　其他查询

### 任务描述

根据项目要求，小明需要对学生成绩进行分析处理，涉及对多张表进行连接查询。

## 任务分析

由表的结构可以发现，学生的姓名、课程名称和成绩分别来自 Student、Course、Score 三张表。本任务对学生成绩进行分析，涉及三张表的连接。

## 知识学习

### 一、联合查询

联合查询是指将多个不同的查询结果连接在一起组成一组新数据的查询方式。联合查询使用 Union 关键字连接各个 Select 子句。联合查询不是对两张数据表中的字段进行连接查询，而是组合两张数据表中的记录。在自动转换数据类型时，对于数值类型，系统会将低精度的数据类型转换为高精度的数据类型。

**语法格式：**

```
SELECT 语句1 UNION [UNION 选项] SELECT 语句2;
```

➢ UNION 选项：分为 ALL 和 DISTINCT，联合查询时，默认为 DISTINCT，去掉结果集中的重复行。要保留结果集中所有行，必须指定 ALL。

### 二、子查询

在查询条件中，可以使用另一个查询的结果作为条件的一部分，例如，判定列值是否与某个查询的结果集中的值相等，作为查询条件一部分的查询称为子查询。SQL 标准允许 SELECT 多层嵌套使用，用来表示复杂的查询。子查询除了可以用在 SELECT 语句中，还可以用在 INSERT、UPDATE 及 DELETE 语句中。

子查询通常与 IN、EXIST 谓词及比较运算符结合使用。

## 任务实施

### 一、联合查询

**实例1**：将 Student 表中汉族的学生和贵州省的学生合并。

**步骤：**

**执行语句：**

```
select * from Student where Nationality = '汉' union select * from Student where
Address like '%贵州省%';
```

代码运行结果如图 2-3-8 所示。

```
mysql> select * from Student where Nationality = '汉' union select * from Student where Address like '%贵州省%';
+------------+--------+-----+-------------+----------+------------+----------------------------+---------+
| Sno        | SName  | Sex | Nationality | Politics | Birth      | Address                    | ClassNo |
+------------+--------+-----+-------------+----------+------------+----------------------------+---------+
| 2020010001 | 刘佳佳 | w   | 汉          | 群众     | 2002-03-09 | 贵州省铜仁市碧江区         |       1 |
| 2020010003 | 汪汪   | m   | 汉          | 共青团员 | 2003-01-10 | 湖南省怀化市               |       1 |
| 2020010005 | 杨旭   | m   | 汉          | 群众     | 2002-05-04 | 贵州省贵阳市               |       1 |
| 2020010006 | 黄云升 | m   | 汉          | 党员     | 2003-01-02 | 贵州省遵义市               |       4 |
| 2020010008 | 杨帅帅 | m   | 汉          | 共青团员 | 2002-12-01 | 北京市                     |       5 |
| 2020010010 | 刘备   | m   | 汉          | 群众     | 2001-09-23 | 河北省涿州市               |       8 |
| 2020010002 | 田露   | w   | 苗          | 共青团员 | 2001-01-29 | 贵州省黔东南苗族侗族自治州 |       1 |
| 2020010007 | 张强   | m   | 布依族      | 群众     | 2001-11-02 | 贵州省都匀市               |       4 |
+------------+--------+-----+-------------+----------+------------+----------------------------+---------+
8 rows in set (0.06 sec)
```

图 2-3-8　合并查询

## 二、子查询

### 1. IN 子查询

IN 子查询用于进行一个给定值是否在子查询结果集中的判断。当表达式与子查询的结果表中的某个值相等时，IN 谓词返回 TRUE，否则，返回 FALSE；若使用了 NOT，则返回的值刚好相反。

**语法格式：**

```
表达式[NOT] IN (子查询)
```

**实例 2：** 查询所有期末挂科的学生信息。

**步骤：**

**执行语句：**

```
select * from Student where Sno in (select Sno from Score where EndScore < 60);
```

代码运行结果如图 2-3-9 所示。

```
mysql> select * from Student where Sno in (select Sno from Score where EndScore < 60);
+------------+--------+-----+-------------+----------+------------+---------+---------+
| Sno        | SName  | Sex | Nationality | Politics | Birth      | Address | ClassNo |
+------------+--------+-----+-------------+----------+------------+---------+---------+
| 2020010008 | 杨帅帅 | m   | 汉          | 共青团员 | 2002-12-01 | 北京市  |       5 |
+------------+--------+-----+-------------+----------+------------+---------+---------+
1 row in set (0.19 sec)
```

图 2-3-9　子查询结合 IN

### 2. Exists 子查询

使用 Exists 关键字创建子查询时，内层查询语句不返回查询的记录，而返回一个逻辑值。当内层查询返回的值为 True 时，外层查询语句将进行查询，返回符合条件的记录；当内层查询返回的值为 False 时，外层查询语句将不进行查询或查询不出任何记录。

**语法格式：**

```
表达式 Exists (子查询)
```

Exists 关键字还可以与 Not 结合使用，即 Not Exists，其返回值情况与 Exists 正好相反。

子查询如果至少返回了一行记录，那么 Not Exists 的结果为 False，此时外层查询语句将不再进行查询。如果子查询没有返回任何记录，那么 Not Exists 返回的结果为 True，此时外层查询语句将进行查询。

**实例 3**：查询是否有期末考试满分的学生，如有，则返回所有学生信息。

**步骤**：

**执行语句**：

```
select * from Student where Exists (select * from Score where EndScore =100);
```

### 3. 比较子查询

这种子查询可以认为是 IN 子查询的扩展，它使表达式的值与子查询的结果进行比较运算。

**语法格式**：

```
表达式 { < | <= | = | > | >= | != | <> } { ALL | SOME | ANY } (子查询)
```

**实例 4**：查询在 Score 表中所有期末成绩大于任意科目平均成绩的信息。

**步骤**：

**执行语句**：

```
select * from Score where EndScore >= any (select avg(EndScore) from Score group by Cno);
```

代码运行结果如图 2-3-10 所示。

```
mysql> select * from Score where  EndScore >= any (select avg(EndScore) from Score group by Cno);
+------------+-----+--------+----------+
| Sno        | Cno | Uscore | EndScore |
+------------+-----+--------+----------+
| 2020010001 |   2 | 87.0   | 90.0     |
| 2020010001 |   4 | 80.0   | 69.0     |
| 2020010002 |   4 | 73.0   | 86.0     |
| 2020010003 |   4 | 69.0   | 70.0     |
| 2020010008 |   1 | 80.0   | 77.0     |
| 2020010008 |   7 | 50.0   | 66.0     |
| 2020010009 |   1 | 80.0   | 68.0     |
| 2020010009 |   7 | 66.0   | 75.0     |
| 2020010009 |   8 | 59.0   | 80.0     |
+------------+-----+--------+----------+
9 rows in set (0.03 sec)
```

图 2-3-10 子查询结合 any

**实例 5**：查询在 Score 表中所有期末成绩大于所有科目平均成绩的信息。

**步骤**：

**执行语句**：

```
select * from Score where EndScore >= all (select avg(EndScore) from Score group by Cno);
```

代码运行结果如图 2-3-11 所示。

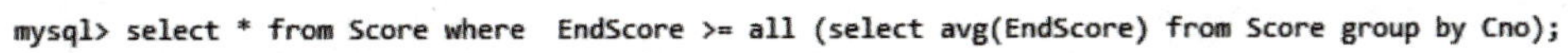

```
mysql> select * from Score where  EndScore >= all (select avg(EndScore) from Score group by Cno);
+------------+-----+--------+----------+
| Sno        | Cno | Uscore | EndScore |
+------------+-----+--------+----------+
| 2020010001 |   2 | 87.0   | 90.0     |
+------------+-----+--------+----------+
1 row in set (0.03 sec)
```

图 2－3－11　子查询结合 all

## 任务工单 6

学生情况分析

| 任务序号 | 6 | 任务名称 | 学生情况分析 | 学时 | 4 |
|---|---|---|---|---|---|
| 学生姓名 | | 学生学号 | | 班　级 | |
| 实训场地 | | 日　期 | | 任务成绩 | |
| 实训设备 | 安装 Windows 操作系统的计算机、互联网环境、MySQL 数据库管理系统 | | | | |
| 客户任务描述 | 对学生情况进行分析，涉及单表及多表查询 | | | | |
| 任务目的 | 通过完成任务，具有 SELECT 查询语句的运用能力、提升解决问题的能力 | | | | |

**一、习题**

1. 查询数据时，添加________关键字可去除重复记录。

2. “LIMIT 3 5”表示从第________条记录开始，最多获取________条记录。

3. MySQL 中数据的默认排序关键字是________。

4. ________关键字用于判断子查询语句是否有返回的结果。

5. 实现联合查询的关键字是________。

6. 右外连接从表与主表不匹配的字段值会被设置为________。

7. 在 MySQL 中，子查询中可以使用运算符 ANY，它表示的意思是（　　）。[单选题]

A. 所有的值都满足条件　　B. 至少一个值满足条件

C. 一个值都不用满足　　D. 至多一个值满足条件

8. 在 SQL 语句中，与表达式 sno NOT IN("s1","s2")功能相同的表达式是（　　）。[单选题]

A. sno = "s1" AND sno = "s2"　　B. sno! = "s1" OR sno! = "s2"

C. sno = "s1" OR sno = "s2"　　D. sno! = "s1" AND sno! = "s2"

9. 把查询语句的各个子句按执行的先后顺序排列，正确的是（　　）。[单选题]

A. FROM→WHERE→GROUP BY→SELECT→ORDER BY

B. SELECT→FROM→WHERE→GROUP BY→ORDER BY

C. WHERE→FROM→SELECT→GROUP BY→ORDER BY

D. FROM→WHERE→SELECT→ORDER BY→GROUP BY

10. 以下 SQL 语句编写正确的是（　　）。[单选题]

A. SELECT * FROM sh_goods WHERE 0;

B. SELECT * FROM sh_goods GROUP BY category_id WHERE price >5;

C. SELECT * FROM sh_goods LIMIT 3 ORDER BY price;

D. 以上选项都不正确

11. 有订单表 order，包含用户信息 uid、商品信息 gid，以下（　　）语句能够返回至少被购买两次的商品 id。[单选题]

A. SELECT gid FROM order WHERE COUNT(gid) >1;

B. SELECT gid FROM order WHERE MAX(gid) >1;

C. SELECT gid FROM order GROUP BY gid HAVING COUNT(gid) >1;

D. SELECT gid FROM order WHERE HAVING COUNT(gid) >1 GROUP BY gid;

续表

12. 以下是子查询语句特点的是（　　）。[单选题]

A. 必须书写在圆括号内

B. 只能作为 SQL 的条件，不能独立运行

C. 一条语句中只能有一个子查询语句

D. 以上说法都不正确

**二、实施**

根据学生信息数据库中的数据，完成以下分析。

1. 有多少学生期末考试不及格？每门课程期末考试不及格的人数分别是多少？
2. 该校有哪些民族的学生？每个民族的团员和党员人数共计多少？
3. 参加“MySQL 数据库”课程期末考试的姓刘的学生成绩是多少？
4. 请提取参加“MySQL 数据库”课程期末考试排名第三的学生的学号、姓名、班级。
5. 请将该校的班级人数从多到少排序。
6. 有哪些同学没有参加“MySQL 数据库”课程的考试？请提取他们的学号、姓名、班级。
7. 有哪些同学至少参加了两门专业核心课程的考试？

**三、评估**

1. 请根据自己任务完成的情况，对自己的工作进行评估，并提出改进意见。

（1）______________________________

______________________________

（2）______________________________

______________________________

（3）______________________________

______________________________

2. 工单成绩（总分为自我评价、组长评价和教师评价得分值的平均值）。

| 自我评价 | 组长评价 | 教师评价 | 总分 |
| --- | --- | --- | --- |
| | | | |

# 任务 4 索引与视图

## 情境引入

项目组将数据导入 MySQL 以后，发现数据检索速度较慢，而且为了同样的工作要重复进行操作。为此，项目组决定优化数据库，创建索引和视图。

## 学习目标

➢ **专业能力**

1. 掌握索引和视图的概念及用途。
2. 掌握索引的建立、管理、分析和维护的方法。
3. 掌握视图创建和管理的方法。

➢ **方法能力**

1. 通过索引的学习，灵活运用索引来提高检索的效率。
2. 通过视图的学习，运用视图从特定的角度来查看数据库中的数据。
3. 通过完成学习任务，提高解决实际问题的能力。

➢ **社会能力**

1. 树立数据安全管理意识。
2. 培养学生逻辑思维能力和分析问题、解决问题的能力。
3. 培养学生运用数据库管理系统解决实际问题的能力。

## 任务 4-1 索引

### 任务描述

与书的目录类似，利用索引可以快速访问数据库表中的特定信息。索引是对数据库表中一列或多列的值进行排序的一种结构，有效地设计索引可以提高检索的效率。本任务先介绍索引的含义、作用、分类和设计索引的原则，然后介绍索引的创建和维护方法。

### 知识学习

索引是一种提高查找速度的机制，用来快速地寻找那些具有特定值的记录，如果没有索引，执行查询时，MySQL 必须从第一个记录开始扫描整个表的所有记录，直至找到符合要求的记录。表里面的记录数量越多，这个操作的代价就越高。

索引提供指针，以指向存储在表中指定列的数据值，然后根据指定的排序次序排列这些指针。数据库使用索引的方式与使用书的目录很相似：通过搜索索引找到特定的值，然后跟随指针到达包含该值的行。

如果作为搜索条件的列上已经创建了索引，MySQL 无须扫描任何记录即可迅速得到目标记录所在的位置。如果表有 1 000 个记录，通过索引查找记录至少要比顺序扫描记录快 100 倍。

## 一、索引文件如何影响原表

以学生表 Student 为例，在表中建立“学号”索引（升序），如图 2-4-1 所示。

索引文件

| 学号 | 记录号 |
|---|---|
| 2020010001 | 1 |
| 2020010002 | 3 |
| 2020010003 | 2 |
| … | … |
| 2020010010 | 10 |
| … | … |
| 2020010999 | 999 |

学生表Student

| 学号 | 姓名 | 性别 | 年龄 |
|---|---|---|---|
| 2020010001 | 刘佳佳 | 女 | 18 |
| 2020010002 | 田露 | 女 | 19 |
| 2020010003 | 汪汪 | 男 | 17 |
| … | … | | |
| 2020010010 | 刘备 | 男 | 19 |
| … | … | | |
| 2020010999 | 关羽 | 男 | 17 |

图 2-4-1　Student 表

➢ **没有索引文件时**

如果要找位于第 999 条的学号“2020010999”的记录，计算机要在表中查找 999 次，如图 2-4-2 所示。

指针在原表中顺序移动

| 学号 | 姓名 | 性别 | 出生日期 | 班级 |
|---|---|---|---|---|
| 2020010001 | 刘佳佳 | 女 | 2002-03-09 | 1 |
| 2020010002 | 田露 | 女 | 2001-01-29 | 1 |
| 2020010003 | 汪汪 | 男 | 2003-01-10 | 1 |
| … | … | | | |
| 2020010010 | 刘备 | 男 | 2001-09-23 | 8 |
| … | … | | | |
| 2020010999 | 关羽 | 男 | 2002-11-02 | 8 |

图 2-4-2　Student 表没有索引文件时查找数据情况

➢ **有索引文件时（二分法查找实例）**

计算机先在索引文件中查找学号为“2020010010”的记录，找到相应的记录号，再到学生表中直接读取相关记录，如图 2-4-3 所示。

索引文件

| 学号 | 记录号 |
|---|---|
| 2020010001 | 1 |
| 2020010002 | 3 |
| 2020010003 | 2 |
| … | … |
| 2020010010 | 10 |
| … | … |
| 2020010999 | 999 |

学生表Student

| 学号 | 姓名 | 性别 | 出生日期 | 班级 |
|---|---|---|---|---|
| 2020010001 | 刘佳佳 | 女 | 2002-03-09 | 1 |
| 2020010002 | 田露 | 女 | 2001-01-29 | 1 |
| 2020010003 | 汪汪 | 男 | 2003-01-10 | 1 |
| … | … | | | |
| 2020010010 | 刘备 | 男 | 2001-09-23 | 8 |
| … | … | | | |
| 2020010999 | 关羽 | 男 | 2002-11-02 | 8 |

图 2-4-3　表 Student 有索引文件时查找数据情况

## 二、索引的分类

➢ **普通索引（INDEX）**

这是最基本的索引类型，它没有唯一性之类的限制。创建普通索引的关键字是 INDEX。

➢ **唯一性索引（UNIQUE）**

这种索引和前面的普通索引基本相同，但有一个区别：索引列的所有值都只能出现一次，即必须是唯一的。创建唯一性索引的关键字是 UNIQUE。

➢ **主键（PRIMARY KEY）**

主键是一种唯一性索引，它必须指定为“PRIMARY KEY”。主键一般在创建表的时候指定，也可以通过修改表的方式加入主键。但是每个表只能有一个主键。

➢ **全文索引（FULLTEXT）**

MySQL 支持全文检索和全文索引。全文索引的类型为 FULLTEXT。全文索引只能在 VARCHAR 或 TEXT 类型的列上创建，并且只能在 MyISAM 表中创建。

## 任务实施

## 一、创建索引

使用 CREATE INDEX 语句可以在一个已有表上创建索引，一个表可以创建多个索引。

**语法格式：**

```
CREATE [UNIQUE | FULLTEXT] INDEX 索引名
ON 表名(列名[(长度)] [ASC | DESC],…)
```

➢ 索引名：索引的名称，索引名在一个表中必须是唯一的。

➢ 列名：创建索引的列名。

➢ 长度：使用列的前多少个字符创建索引。使用列的一部分创建索引可以使索引文件大大减小，从而节省磁盘空间。BLOB 或 TEXT 列必须用前缀索引。

➢ UNIQUE：创建的是唯一性索引

➢ FULLTEXT：创建的是全文索引。

➢ CREATE INDEX 语句并不能创建主键。

**实例 1**：使用学生信息表中的地址列上的前 6 个字符创建一个升序索引 student_addr。

**分析**：student 表中 address 字段的数据类型是字符型 varchar，为此，执行 create index 语句。

**步骤：**

**执行语句：**

```
Create index stuinfo_addr on student(address(6) asc);
```

代码运行结果如图 2-4-4 所示。

```
mysql> create index stuinfo_addr on student(address(6) asc);
Query OK, 0 rows affected (0.53 sec)
Records: 0  Duplicates: 0  Warnings: 0
```

图 2-4-4　在表中创建索引

**实例 2**：在成绩表的学号和课程编号字段上创建一个复合索引 score_sno_cno。

**分析**：可以在一个索引的定义中包含多个列，中间用逗号隔开，但是它们要属于同一个表。这样的索引叫作复合索引。

**步骤**：

**执行语句**：

```
Create index score_sno_cno on score(sno,cno);
```

代码运行结果如图 2-4-5 所示。

```
mysql> create index score_sno_cno on score(sno,cno);
Query OK, 0 rows affected (0.38 sec)
Records: 0  Duplicates: 0  Warnings: 0
```

图 2-4-5　在表中创建复合索引

## 二、ALTER TABLE 语句创建索引

使用 ALTER TABLE 语句修改表，其中也包括向表中添加索引。

**语法格式**：

```
ALTER TABLE 表名
    ADD INDEX [索引名] (列名,…)                 /*添加索引*/
    | ADD PRIMARY KEY [索引方式] (列名,…)       /*添加主键*/
    | ADD UNIQUE [索引名] (列名,…)              /*添加唯一性索引*/
    | ADD FULLTEXT [索引名] (列名,…)            /*添加全文索引*/
```

➢ 索引名：索引的名称，索引名在一个表中必须是唯一的。

➢ 列名：创建索引的列名。

➢ UNIQUE：创建的是唯一性索引。

➢ FULLTEXT：创建的是全文索引。

**实例 3**：在学生信息表中的姓名列上创建一个普通索引，并使用 SHOW INDEX 语句查看表中创建的索引情况。

**分析**：student 表中 address 字段的数据类型是字符型 varchar，为此，执行 create index 语句。

**步骤一**：

**执行语句**：

```
Create index stuinfo_addr on student(address(6) asc);
```

**步骤二：**

**执行语句：**

```
Show index from student;
```

代码运行结果如图 2-4-6 所示。

mysql> show index from student;

| Table | Non_unique | Key_name | Seq_in_index | Column_name | Collation | Cardinality | Sub_part | Packed | Null | Index_type | Comment | Index_comment | Visible | Expression |
|---|---|---|---|---|---|---|---|---|---|---|---|---|---|---|
| student | 0 | PRIMARY | 1 | Sno | A | 10 | NULL | NULL |  | BTREE |  |  | YES | NULL |
| student | 1 | FK_class_stu | 1 | ClassNo | A | 5 | NULL | NULL |  | BTREE |  |  | YES | NULL |
| student | 1 | SName | 1 | SName | A | 10 | NULL | NULL |  | BTREE |  |  | YES | NULL |
| student | 1 | stuinfo_addr | 1 | Address | A | 10 | 6 | NULL | YES | BTREE |  |  | YES | NULL |

4 rows in set (0.03 sec)

图 2-4-6　查看 student 表中的索引

## 三、创建表时创建索引

前面两种情况下，索引都是在表创建之后创建的。索引也可以在创建表时一起创建。在创建表的 CREATE TABLE 语句中可以包含索引的定义。

**语法格式：**

```
CREATE TABLE 表名 ( 列名,… | [索引项])
```

其中，索引项语法格式如下：

```
PRIMARY KEY (列名,…)                              /* 主键 */
  | {INDEX | KEY} [索引名] (列名,…)                /* 索引 */
  | UNIQUE [INDEX] [索引名] (列名,…)               /* 唯一性索引 */
  | [FULLTEXT] [INDEX] [索引名] (列名,…)           /* 全文索引 */
```

KEY 通常是 INDEX 的同义词。在定义列选项的时候，也可以将某列定义为 PRIMARY KEY，但是当主键是由多个列组成的多列索引时，定义列时无法定义此主键，必须在语句最后加上一个 PRIMARY KEY（列名 1，列名 2，…）子句。

**实例 4**：创建 Student_copy，设置 sno 为主键，并在 Sname 列上创建索引。最后，使用 SHOW INDEX 语句查看表中创建的索引情况。

**步骤一：**

**执行语句：**

```
CREATE TABLE Student_copy
(Sno char(10) primary key COMMENT '学号',
Sname char(10) not null COMMENT '姓名',
Sex enum('w','m') not null COMMENT '性别',
Nationality char(10) COMMENT '民族',
Politics Set('群众','党员','共青团员','其他') COMMENT '政治面貌',
Birth date COMMENT '出生日期',
ClassNo int(11) not null COMMENT '班级编号',
Index(Sname));
```

**步骤二：**

**执行语句：**

```
Show index from Student_copy
```

代码运行结果如图 2-4-7 所示。

```
mysql> show index from Student_copy;
+--------------+------------+----------+--------------+-------------+-----------+-------------+----------+--------+------+------------+---------+---------------+---------+------------+
| Table        | Non_unique | Key_name | Seq_in_index | Column_name | Collation | Cardinality | Sub_part | Packed | Null | Index_type | Comment | Index_comment | Visible | Expression |
+--------------+------------+----------+--------------+-------------+-----------+-------------+----------+--------+------+------------+---------+---------------+---------+------------+
| student_copy |          0 | PRIMARY  |            1 | Sno         | A         |           0 | NULL     | NULL   |      | BTREE      |         |               | YES     | NULL       |
| student_copy |          1 | SName    |            1 | SName       | A         |           0 | NULL     | NULL   |      | BTREE      |         |               | YES     | NULL       |
+--------------+------------+----------+--------------+-------------+-----------+-------------+----------+--------+------+------------+---------+---------------+---------+------------+
2 rows in set (0.14 sec)
```

图 2-4-7　查看 Student_copy 表中的索引 1

## 四、删除索引

删除索引有两种方法，分别是使用 DROP INDEX 语句删除索引、使用 ALTER TABLE 语句删除索引。

### 1. 使用 DROP INDEX 语句删除索引

**语法格式：**

```
DROP INDEX 索引名 ON 表名
```

**实例 5**：删除 Student_copy 表上索引名为“Sname”的索引。

**步骤一：**

**执行语句：**

```
Drop index Sname on Student_copy;
```

**步骤二：**

**执行语句：**

```
Show index from Student_copy;
```

代码运行结果如图 2-4-8 所示。

```
mysql> show index from Student_copy;
+--------------+------------+----------+--------------+-------------+-----------+-------------+----------+--------+------+------------+---------+---------------+---------+------------+
| Table        | Non_unique | Key_name | Seq_in_index | Column_name | Collation | Cardinality | Sub_part | Packed | Null | Index_type | Comment | Index_comment | Visible | Expression |
+--------------+------------+----------+--------------+-------------+-----------+-------------+----------+--------+------+------------+---------+---------------+---------+------------+
| student_copy |          0 | PRIMARY  |            1 | Sno         | A         |           0 | NULL     | NULL   |      | BTREE      |         |               | YES     | NULL       |
+--------------+------------+----------+--------------+-------------+-----------+-------------+----------+--------+------+------------+---------+---------------+---------+------------+
1 row in set (0.07 sec)
```

图 2-4-8　查看 Student_copy 表中的索引 2

➤ 使用 SHOW INDEX 语句查看“Student_copy”表中名为“Sname”的索引已经被删除。

**语法格式：**

```
ALTER [IGNORE] TABLE 表名
        | DROP PRIMARY KEY          /* 删除主键 */
        | DROP INDEX 索引名          /* 删除索引 */
```

2. 使用 ALTER TABLE 语句删除索引

如果从表中删除了列，则索引可能会受到影响。如果所删除的列为索引的组成部分，则该列也会从索引中删除。如果组成索引的所有列都被删除，则整个索引将被删除。

**实例 6**：删除 Student_copy 表上的主键。

**步骤一：**

**执行语句：**

```
ALTER TABLE Student_copy DROP PRIMARY KEY;
```

代码运行结果如图 2-4-9 所示。

```
mysql> ALTER TABLE Student_copy  DROP PRIMARY KEY;
Query OK, 0 rows affected (0.60 sec)
Records: 0  Duplicates: 0  Warnings: 0

mysql> show index from Student_copy;
Empty set
```

图 2-4-9　查看 Student_copy 表中的索引 3

➢ 使用 SHOW INDEX 语句查看“Student_copy”表中的索引，发现主键已经被删除。

# 任务 4-2　视图

## 任务描述

不同的用户操纵的数据是不一样的，为了简化数据操作和保证数据的安全性，使用视图可以为不同用户定制不同的数据。本任务先介绍视图的概念、作用，然后介绍视图的创建和维护方法。

## 知识学习

视图是数据库的用户使用数据库的观点。

➢ **系统角度**

视图是一个虚表，即视图所对应的数据不进行实际存储，数据库中只存储视图的定义，对视图的数据进行操作时，系统根据视图的定义去操作与视图相关联的基本表。

➢ **用户角度**

视图是从一个或多个表（或视图）导出的表。可以像表一样被查询、修改、删除和更新。

### 一、视图和表的区别

表占用物理存储空间，也包含真正的数据；视图既不需要物理存储空间（除非为视图添加索引），也不包含真正的数据，它只是从表中引用数据。

## 二、视图的优点

（1）简化数据查询和处理。

（2）屏蔽数据库的复杂性。

（3）简化用户权限的管理。

（4）便于数据共享。

## 三、视图的更新

通过视图更新基本表数据，也就是在视图中使用 INSERT、UPDATE 或 DELETE 等语句操作基本表。操作视图必须保证视图是可更新视图，即视图中的行和基本表中的行之间必须具有一对一的关系。

如果视图包含下述结构中的任何一种，那么它就是不可更新的：

（1）聚合函数。

（2）DISTINCT 关键字。

（3）GROUP BY 子句。

（4）ORDER BY 子句。

（5）HAVING 子句。

（6）UNION 运算符。

（7）位于选择列表中的子查询。

（8）FROM 子句中包含多个表。

（9）SELECT 语句中引用了不可更新视图。

# 任务实施

## 一、创建视图

视图（View）是一个由 SELECT 查询所定义的虚拟表。在 SQL 中，可以基于一个表、多个表或者另外一个视图来创建新的视图，被视图引用的表通常称为“基础表”。

**语法格式：**

```
CREATE VIEW 视图名 [(列名列表)]
AS Select 语句 [WITH CHECK OPTION]
```

当创建视图时使用了 WITH CHECK OPTION，插入的记录必须满足 WHERE 子句指定的条件。

**实例 1：**创建视图，视图名为“学生信息”，包括所有学生的学号、姓名、班级、专业及所在学院。

**分析：**由表的结构可知，该视图所需的信息分别属于 Student 表和 Class 表，可以通过 ClassNo 字段建立联系。为此，执行 CREATE VIEW 语句。

**步骤：**

**执行语句：**

```
Create View 学生信息
As Select Sno,Sname,ClassName,Specialty,College from student A join class B on A.
ClassNo = B.ClassNo;
```

代码运行结果如图 2-4-10 所示。

```
mysql> create view 学生信息 as select Sno,Sname,ClassName,Specialty,College from student A join class B on A.ClassNo=B.ClassNo;
Query OK, 0 rows affected (0.07 sec)
```

图 2-4-10　创建视图“学生信息”

**实例 2：**创建视图，视图名为“学生成绩”，包括所有学生的学号、姓名、课程名称、平时成绩及期末成绩。

**分析：**由表的结构可知，该视图所需的信息分别属于 Student、Course、Score 三张表，分别通过 Sno 和 Cno 字段两两建立联系。为此，执行 CREATE VIEW 语句，并将创建的视图的字段设置为中文名。

**步骤：**

**执行语句：**

```
Create View 学生成绩(学号,姓名,课程名称,平时成绩,期末成绩)
As Select A.sno,sname,cname,uscore,endscore from student A join score B on A.sno =
B.sno join course C on B.cno = C.cno;
```

代码运行结果如图 2-4-11 所示。

```
mysql> create view 学生成绩(学号,姓名,课程名称,平时成绩,期末成绩)
as select A.sno,sname,cname,uscore,endscore from student A join score B on A.sno=B.sno join course C on B.cno=C.cno;
Query OK, 0 rows affected (0.07 sec)
```

图 2-4-11　创建视图“学生成绩”

## 二、通过视图插入数据

使用 INSERT 语句通过视图向基本表中插入数据。

**语法格式：**

```
INSERT [INTO] <视图名> [(列名列表)]
VALUES (<值列表>)
```

当视图所依赖的基本表有多个时，不能向该视图插入数据，因为这将会影响多个基本表。插入的数据项应该包含基本表中所有不能为空的列。

**实例 3：**通过视图“学生信息”插入一条记录，具体信息为学号（2020010011）、姓名（小新）、班级（223 大数据）、专业（大数据技术与应用）及所在学院（信息工程学院）。

**分析：**对 INSERT 语句有一个限制：SELECT 语句中必须包含 FROM 子句中指定表的所有不能为空的列。因此，通过“学生信息”视图插入数据不能成功。

**步骤：**

**执行语句：**

```
Insert into 学生信息
Values('2020010011','小新','223 大数据','大数据技术与应用','信息工程学院');
```

代码运行结果如图 2－4－12 所示。

```
mysql> insert into 学生信息 values('2020010011','小新','223大数据','大数据技术与应用','信息工程学院');
1394 - Can not insert into join view 'stuinfo.学生信息' without fields list
```

图 2－4－12　向视图“学生信息”插入数据失败

## 三、通过视图修改数据

使用 UPDATE 语句通过视图修改基本表中的数据。

若一个视图依赖于多个基本表，则修改一次该视图，只能变动一个基本表的数据。

**语法格式：**

```
UPDATE <视图名> Set <字段名1> = <字段值1> [⋯, <字段名n> = <字段值n>]
[Where <条件表达式>];
```

**实例 4：** 通过视图“学生信息”修改学号为 2020010010 的数据，Sname 字段改为“小新”，ClassName 字段改为“223 大数据”，Specialty 字段改为“大数据技术与应用”。

**分析：** 通过“学生信息”视图修改的数据依赖于 Student、Class 两个基本表。因此，分别对基本表中的数据进行修改。

**步骤：**

**执行语句：**

```
Update 学生信息 Set Sname = '小新' where Sno = '2020010010';
Update 学生信息 Set ClassName = '223 大数据',Specialty = '大数据技术与应用' where Sno =
'2020010010';
```

代码运行结果如图 2－4－13 和图 2－4－14 所示。

```
mysql> update 学生信息
    -> set Sname='小新',ClassName='223大数据',Specialty='大数据技术与应用'
    -> where Sno='2020010010';
1393 - Can not modify more than one base table through a join view 'stuinfo.学生信息'
mysql> update 学生信息
    -> set Sname='小新'
    -> where Sno='2020010010';
Query OK, 1 row affected (0.10 sec)
Rows matched: 1  Changed: 1  Warnings: 0

mysql> update 学生信息
    -> set ClassName='223大数据',Specialty='大数据技术与应用'
    -> where Sno='2020010010';
Query OK, 1 row affected (0.08 sec)
Rows matched: 1  Changed: 1  Warnings: 0
```

图 2－4－13　向构成视图“学生信息”的基本表中插入数据

```
mysql> select * from 学生信息;
+------------+--------+-----------+------------------+--------------+
| Sno        | Sname  | ClassName | Specialty        | College      |
+------------+--------+-----------+------------------+--------------+
| 2020010001 | 刘佳佳 | 203大数据 | 大数据技术与应用 | 信息工程学院 |
| 2020010002 | 田露   | 203大数据 | 大数据技术与应用 | 信息工程学院 |
| 2020010003 | 汪汪   | 203大数据 | 大数据技术与应用 | 信息工程学院 |
| 2020010004 | 刘士加 | 203大数据 | 大数据技术与应用 | 信息工程学院 |
| 2020010005 | 杨旭   | 203大数据 | 大数据技术与应用 | 信息工程学院 |
| 2020010006 | 黄云升 | 203高计网 | 计算机网络       | 信息工程学院 |
| 2020010007 | 张强   | 203高计网 | 计算机网络       | 信息工程学院 |
| 2020010008 | 杨帅帅 | 203护理   | 护理             | 护理学院     |
| 2020010009 | 何楚   | 203会计   | 会计             | 经济管理学院 |
| 2020010010 | 小新   | 223大数据 | 大数据技术与应用 | 信息工程学院 |
+------------+--------+-----------+------------------+--------------+
10 rows in set (0.17 sec)
```

图 2－4－14　视图“学生信息”的数据已更改

➢ 通过 SELECT 查询视图，可见数据已更改。

## 四、修改视图定义

使用 ALERT 语句可以对已有视图的定义进行修改。

**语法格式：**

```
ALTER VIEW 视图名 [(列名列表)] AS select 语句
      [WITH [CASCADED | LOCAL] CHECK OPTION]
```

**实例 5**：修改“学生信息”，在原有基础上增加性别字段。

**分析**：在原有定义中增加 Sex 字段，为此，执 ALTER VIEW 语句。

**步骤：**

**执行语句：**

```
Alter View 学生信息
As select Sno,Sname,Sex,ClassName,Specialty,College from student A join class B on A.ClassNo = B.ClassNo;
```

代码运行结果如图 2－4－15 所示。

```
mysql> alter view 学生信息
as select Sno,Sname,Sex,ClassName,Specialty,College from student A join class B on A.ClassNo=B.ClassNo;
Query OK, 0 rows affected (0.08 sec)

mysql> select * from 学生信息;
+------------+--------+-----+-----------+------------------+--------------+
| Sno        | Sname  | Sex | ClassName | Specialty        | College      |
+------------+--------+-----+-----------+------------------+--------------+
| 2020010001 | 刘佳佳 | w   | 203大数据 | 大数据技术与应用 | 信息工程学院 |
| 2020010002 | 田露   | w   | 203大数据 | 大数据技术与应用 | 信息工程学院 |
| 2020010003 | 汪汪   | m   | 203大数据 | 大数据技术与应用 | 信息工程学院 |
| 2020010004 | 刘士加 | m   | 203大数据 | 大数据技术与应用 | 信息工程学院 |
| 2020010005 | 杨旭   | m   | 203大数据 | 大数据技术与应用 | 信息工程学院 |
| 2020010006 | 黄云升 | m   | 203高计网 | 计算机网络       | 信息工程学院 |
| 2020010007 | 张强   | m   | 203高计网 | 计算机网络       | 信息工程学院 |
| 2020010008 | 杨帅帅 | m   | 203护理   | 护理             | 护理学院     |
| 2020010009 | 何楚   | m   | 203会计   | 会计             | 经济管理学院 |
| 2020010010 | 小新   | m   | 223大数据 | 大数据技术与应用 | 信息工程学院 |
+------------+--------+-----+-----------+------------------+--------------+
10 rows in set (0.05 sec)
```

图 2－4－15　修改视图

## 任务工单 7

分析学生学习情况

| 任务序号 | 5 | 任务名称 | 分析学生学习情况 | 学时 | 4 |
|---|---|---|---|---|---|
| 学生姓名 | | 学生学号 | | 班　级 | |
| 实训场地 | | 日　期 | | 任务成绩 | |
| 实训设备 | 安装 Windows 操作系统的计算机、互联网环境、MySQL 数据库管理系统 | | | | |
| 客户任务描述 | 对学生信息数据库中学生的成绩信息进行分析 | | | | |
| 任务目的 | 通过完成任务，学习索引和视图的使用方法，提升解决复杂问题的能力 | | | | |

**一、习题**

1. 唯一索引的关键字是________，全文索引的关键字是________。

2. 在 MySQL 中，创建视图的 SQL 语句为________。

3. 在 MySQL 中，删除视图的 SQL 语句为________。

4. 请将创建图书视图的代码补充完整：________v_book（barcode，bookname，author，price，booktype）________ barcode，bookname，author，price，typename FROM tb_bookinfo AS b，tb_booktype = t. id;。

5. 对于索引，正确的描述是（　　）。[单选题]

A. 索引的数据无须存储，仅保存在内存中

B. 一个表上可以有多个聚集索引

C. 索引通常可减少表扫描，从而提高检索的效率

D. 所有索引都是唯一性索引

6. 下列不能用于删除索引的命令是（　　）。[单选题]

A. ALTER INDEX

B. ALTER TABLE

C. DROP INDEX

D. DROP TABLE

7. 下列关于视图和表的说法，正确的是（　　）。[单选题]

A. 每个视图对应一个表

B. 视图是表的一个镜像备份

C. 对所有视图都可以像表一样执行 UPDATE 操作

D. 视图中的数据全部在表中

8. 以下（　　）表的操作可用于创建视图。[单选题]

A. UPDATE

B. DELETE

C. INSERT

D. SELECT

续表

9. 给定 SQL 语句：CREATE VIEW test. V_test AS SELECT * FROM test. students WHERE age < 19;，该语句的功能是（　　）。[单选题]

A. 在 test 表上建立一个名为 V_test 的视图

B. 在 students 表上建立一个查询，存储在名为 test 的表中

C. 在 test 数据库的 students 表上建立一个名为 V_test 的视图

D. 在 test 表上建立一个名为 students 的视图

**二、实施**

为了提高检索速度，提高工作效率，要完成以下工作：

1. 在经常查询的学生姓名字段添加索引。

2. 为了保证学生成绩的唯一性，在成绩表中的学号和课程编号字段上添加唯一索引。

3. 该校专业课的成绩规定，平时成绩占 30%，期末成绩占 70%。创建一个名为“学生专业课成绩”的视图，并显示学号、姓名、班级、课程名称、课程成绩的信息。

4. 为了分析每门课程的教学情况，创建一个名为“课程情况统计”的视图，内容以每门课的考试人数、平均成绩、挂科人数为主，并按平均成绩降序排列。

**三、评估**

请根据自己任务完成的情况，对自己的工作进行评估，并提出改进意见。

（1）________________________________________

________________________________________

（2）________________________________________

________________________________________

（3）________________________________________

________________________________________

2. 工单成绩（总分为自我评价、组长评价和教师评价得分值的平均值）。

| 自我评价 | 组长评价 | 教师评价 | 总分 |
| --- | --- | --- | --- |
| | | | |

# 数据库开发与维护

——图书管理系统开发

为了使学校图书馆的管理更加规范，需要建立图书管理系统。图书管理系统是针对在校学生借阅图书的需求设计和实现的。图书管理系统前台设计主要完成的是学生自助借阅预约图书的功能。首先对图书管理模块进行了需求分析，得到学生图书管理模块主要完成如下功能：登录、个人借阅信息查询、图书浏览、借阅图书、归还图书等。为了避免重复建设，提高生产效率，可以直接利用学生信息系统的数据，实现有学籍的学生自动获取图书管理系统注册资格。

# 任务 1 图书管理系统数据库设计

## 情境引入

通过项目组调研，图书管理系统的对象是学生、图书、借书、归还信息和罚单信息，现要求通过 MySQL 数据库实现借阅部分功能。其中，学生信息应该和学生信息管理系统数据一致，确保数据准确性。该系统的开发使图书管理流程合理化，提高了图书馆管理人员的工作效率。

## 学习目标

➢ **专业能力**

1. 进一步加强数据库设计及创建、管理能力。
2. 通过约束的设计，提升数据库完整性维护能力。
3. 通过对数据的增、删、改，提高对数据的操作能力。

➢ **方法能力**

1. 通过数据库设计，提高对关系数据库的理解能力。
2. 通过约束的设计，提升数据库完整性的维护能力。
3. 通过对数据的增、删、改，提高对数据的操作能力。
4. 通过完成学习任务，提高解决实际问题的能力。

➢ **社会能力**

1. 培养学生逻辑思维能力和分析问题、解决问题的能力。
2. 培养团队协作精神和良好的职业道德。
3. 培养学生运用数据库管理系统解决实际问题的能力。

## 任务 1－1 图书管理系统数据库设计

### 任务描述

开发图书管理系统，首先要进行需求分析。分析系统面对的对象是学生及书籍，实现的功能是借阅功能。其中，学生信息应该和学生信息管理系统数据一致，确保数据准确性。

### 知识学习

#### 一、需求分析

图书管理系统的借阅部分需求定义为：

（1）学生可以直接通过借阅终端来查阅书籍信息，同时，也可以查阅自己的借阅信息。

（2）当学生需要借阅书籍时，借阅系统处理学生的借阅信息，同时，修改图书馆保存的图书信息，修改被借阅的书籍是否还有剩余，并更新学生个人的借阅信息。

(3) 学生借阅图书之前，需要将自己的个人信息注册，登录时对照学生信息。

(4) 学生直接归还图书，根据图书编码修改借阅信息。

(5) 每天定时生成逾期未还罚单。

## 二、功能设计

根据需求分析，学生借书－归还流程如图 3－1－1 所示。

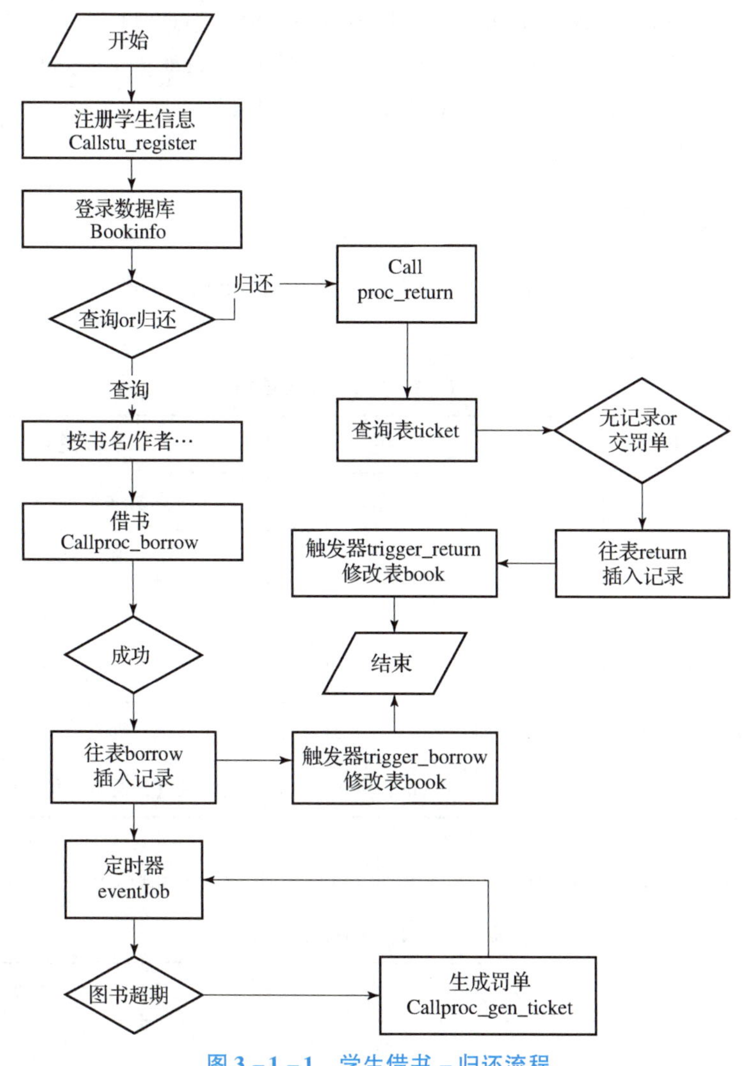


图 3－1－1　学生借书－归还流程

## 任务实施

## 一、图书管理系统的数据库详细设计

### 1. E－R 图转换为关系模式

学生（学号，姓名，班级，专业，所在学院，诚信级别）

图书（书籍编号，书名，是否在书架上，书籍分类，书籍登记日期）
借书（借书流水号，学号，书籍编号，借书时间，预期归还时间，是否归还）
还书（还书流水号，学号，书籍编号，借书时间，实际归还时间）
罚单（借书流水号，超期天数，处罚金额，是否缴费）

2. 根据命名规范确定表名和属性名

Student(stu_id, stu_name, stu _class, stu_ specialty, stu_ college, stu_integrity)
Book(book_id, book_name, book_num, book_sort, book_record)
Borrow(borrow_id, student_id, book_id, borrow_date, expect_return_date, status)
Returns(return_id, borrow_id, borrow_date, return_date)
Ticket(borrow_id, over_date, ticket_fee)

## 二、关系模式详细设计

➢ Student ( stu _ id, stu _ name, stu _ class, stu _ specialty, stu _ college, stu _ integrity ) (表 3－1－1)

**表 3－1－1　Student 表结构**

| 字段名 | 数据类型 | 是否为空 | 约束 | 字段说明 |
|---|---|---|---|---|
| stu_id | char(15) | 否 | 主键 | 标明学生唯一学号 |
| stu_name | char(10) | 否 | | 学生姓名 |
| stu_class | Varchar(30) | 否 | | 学生班级 |
| stu_specialty | Varchar(30) | 否 | | 学生专业 |
| stu_college | Varchar(30) | 否 | | 所在学院 |
| stu_integrity | int | 否 | default = 1 | 学生诚信级（1 表示诚信，0 表示不诚信） |

➢ Book(book_id, book_name, book_num, book_sort, book_record)（表 3－1－2）

**表 3－1－2　Book 表结构**

| 字段名 | 数据类型 | 是否为空 | 约束 | 字段说明 |
|---|---|---|---|---|
| book_id | int | 否 | 主键、自增 | 唯一书籍序号 |
| book_name | Varchar(30) | 否 | | 书籍名称 |
| book_num | int | 否 | | 0 表示不在书架上，1 表示在书架上 |
| book_sort | Varchar(20) | 否 | | 书籍分类 |
| book_record | datetime | 否 | default = now( ) | 书籍登记日期 |

➤ Borrow(borrow_id, student_id, book_id, borrow_date, expect_return_date)（表3-1-3）

**表 3-1-3　Borrow 表结构**

| 字段名 | 数据类型 | 是否为空 | 约束 | 字段说明 |
|---|---|---|---|---|
| borrow_id | int | 否 | 主键、自增 | 借书流水号 |
| student_id | char(15) | 否 | 外键 | 学生编号 |
| book_id | int | 否 | 外键 | 书籍编号 |
| borrow_date | datetime | 否 | | 借书时间 |
| expect_return_date | datetime | 否 | | 预期归还时间 |
| status | int | 否 | default = 1 | 0 表示已归还，1 表示未归还 |

➤ Returns(return_id, borrow_id, borrow_date, return_date)（表3-1-4）

**表 3-1-4　Returns 表结构**

| 字段名 | 数据类型 | 是否为空 | 约束 | 字段说明 |
|---|---|---|---|---|
| return_id | int | 否 | 主键、自增 | 还书流水号 |
| borrow_id | int | 否 | 外键 | 借书流水号 |
| borrow_date | datetime | 否 | | 借书时间 |
| return_date | datetime | 是 | | 实际还书时间 |

➤ Ticket(borrow_id, over_date, ticket_fee)（表3-1-5）

**表 3-1-5　Ticket 表结构**

| 字段名 | 数据类型 | 是否为空 | 约束 | 字段说明 |
|---|---|---|---|---|
| borrow_id | int | 否 | 主键、外键 | 借书流水号 |
| over_date | int | 否 | | 超期天数 |
| ticket_fee | float | 否 | | 处罚金额 |

## 任务 1-2　创建图书管理系统数据库

### 任务描述

小何所在项目组在服务器上配置并安装 MySQL 数据库管理系统后，为了后续能够高效地开发和维护数据库，选择合适的图形化管理工具。

## 任务分析

MySQL 具有开源、体积小、速度快、成本低、安全性高的特点，许多中小型网站为了降低网站成本及企业开销而选择了 MySQL 作为数据库进行存储数据，因此 MySQL 也就成了编程初学者必备的职业技能。但 MySQL 本身没有提供非常方便的图形管理工具，日常的开发和维护均在类似 DOS 窗口中进行，所以，对于编程初学者来说，上手就略微有点困难，因此增加了学习成本。

目前，Navicat 是开发者用得最多的一款 MySQL 图形用户管理工具，其界面简洁，功能也非常强大，与微软的 SQL Server 管理器很像，简单易学，支持中文，提供免费版本。

## 知识学习

使用 Update 语句更新数据表中的数据时，可以更新特定的数据，也可以同时更新所有记录的数据。

如果数据表中只有一个字段的值需要修改，则只需要在 Update 语句的 Set 子句后跟一个表达式“<字段名1> = <字段值1>”即可；如果需要修改多个字段的值，则需要在 Set 子句后跟多个表达式“<字段名> = <字段值>”，各个表达式之间使用半角逗号“,”分隔。

如果所有记录的某个字段的值都需要修改，则不必加 Where 子句，即为无条件修改，代表修改所有记录的字段值。

**更新数据的语法格式：**

```
Update <数据表名称>
    Set <字段名1> = <字段值1> [, …, <字段名n> = <字段值n>]
    [Where <条件表达式>];
```

## 任务实施

### 一、创建图书管理系统数据库

**实例1**：设计图书管理数据库 bookinfo。

**步骤：**

**执行语句：**

```
Create database bookinfo;
```

代码运行结果如图 3-1-2 所示。

➢ 可以看到“bookinfo”数据库已生成。

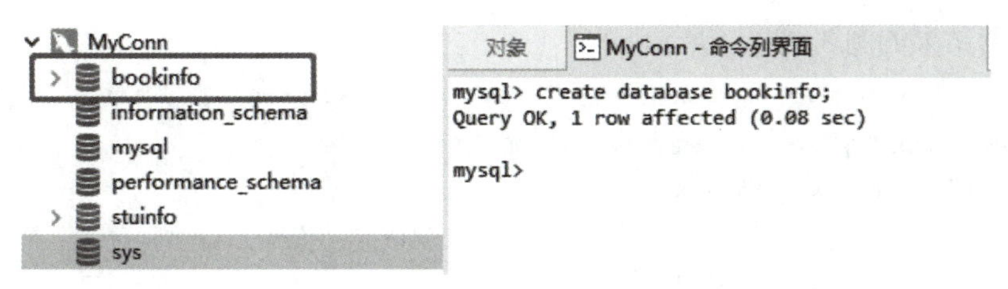


图 3－1－2 创建数据库 bookinfo

## 二、创建表

**实例 2**：创建学生信息表 student。

**步骤**：

**执行语句**：

```
Create table student
(stu_id char(15) not null PRIMARY KEY,
stu_name char(10) not null,
stu_class varchar(30) not null,
stu_specialty varchar(30) not null,
stu_college varchar(30) not null,
stu_integrity int not null default 1);
```

代码运行结果如图 3－1－3 所示。

对象 | MyConn - 命令列界面 | student @bookinfo (MyConn) - 表

保存 添加字段 插入字段 删除字段 主键 上移 下移

字段 索引 外键 触发器 选项 注释 SQL 预览

| 名 | 类型 | 长度 | 小数点 | 不是 null | 虚拟 | 键 |
|---|---|---|---|---|---|---|
| stu_id | char | 15 | 0 | ☑ | ☐ | 1 |
| stu_name | char | 10 | 0 | ☑ | ☐ | |
| stu_class | varchar | 30 | 0 | ☑ | ☐ | |
| stu_specialty | varchar | 30 | 0 | ☑ | ☐ | |
| stu_college | varchar | 30 | 0 | ☑ | ☐ | |
| stu_integrity | int | 0 | 0 | ☑ | ☐ | |

图 3－1－3 创建表 student

**实例 3**：创建图书信息表 book。

**步骤**：

**执行语句**：

```
Create table book
(book_id int not null primary key auto_increment,
book_name varchar(30) not null,
book_num int not null ,
book_sort varchar(20) not null,
book_record datetime not null default now());
```

代码运行结果如图 3－1－4 所示。

| 名 | 类型 | 长度 | 小数点 | 不是 null | 虚拟 | 键 |
|---|---|---|---|---|---|---|
| book_id | int | 0 | 0 | ☑ | ☐ | 1 |
| book_name | varchar | 30 | 0 | ☑ | ☐ | |
| book_num | int | 0 | 0 | ☑ | ☐ | |
| book_sort | varchar | 20 | 0 | ☑ | ☐ | |
| book_record | datetime | 0 | 0 | ☐ | ☐ | |

图 3－1－4　创建表 book

**实例 4：** 创建借书信息表 borrow。

**步骤：**

**执行语句：**

```
Create table borrow
(borrow_id  int not null primary key auto_increment,
student_id char(15) not null,
book_id int not null,
borrow_date datetime not null,
expect_return_date datetime not null,
status int not null default 1,
constraint stu_bor foreign key(student_id) references student(stu_id),
constraint book_bor foreign key(book_id) references book(book_id));
```

代码运行结果如图 3－1－5 所示。

| 名 | 类型 | 长度 | 小数点 | 不是 null | 虚拟 | 键 |
|---|---|---|---|---|---|---|
| borrow_id | int | 0 | 0 | ☑ | ☐ | 1 |
| student_id | char | 15 | 0 | ☑ | ☐ | |
| book_id | int | 0 | 0 | ☑ | ☐ | |
| borrow_date | datetime | 0 | 0 | ☑ | ☐ | |
| expect_return_date | datetime | 0 | 0 | ☑ | ☐ | |
| status | int | 0 | 0 | ☑ | ☐ | |

图 3－1－5　创建表 borrow

➢ “borrow”表中创建外键的情况如图 3－1－6 所示。

| 名 | 字段 | 被引用的模式 | 被引用的表（父） | 被引用的字段 | 删除时 | 更新时 |
|---|---|---|---|---|---|---|
| book_bor | book_id | bookinfo | book | book_id | RESTRICT | RESTRICT |
| stu_bor | student_id | bookinfo | student | stu_id | RESTRICT | ESTRICT |

图 3－1－6　查看 borrow 表的外键

**实例 5**：创建归还信息表 returns。

**步骤**：

**执行语句**：

```
Create table returns
(return_id    int not null primary key auto_increment,
borrow_id    int not null,
borrow_date datetime not null,
return_date datetime not null,
constraint bor_ret foreign key(borrow_id) references borrow(borrow_id));
```

代码运行结果如图 3－1－7 所示。

对象 | MyConn - 命令列界面 | * returns @bookinfo (MyConn) - 表

保存　添加字段　插入字段　删除字段　主键　上移　下移

字段　索引　外键　触发器　选项　注释　SQL 预览

| 名 | 类型 | 长度 | 小数点 | 不是 null | 虚拟 | 键 |
|---|---|---|---|---|---|---|
| return_id | int | 0 | 0 | ☑ | ☐ | 1 |
| borrow_id | int | 0 | 0 | ☑ | ☐ | |
| borrow_date | datetime | 0 | 0 | ☑ | ☐ | |
| return_date | datetime | 0 | 0 | ☑ | ☐ | |

图 3－1－7　创建表 returns

➢ “returns”表中创建外键的情况如图 3－1－8 所示。

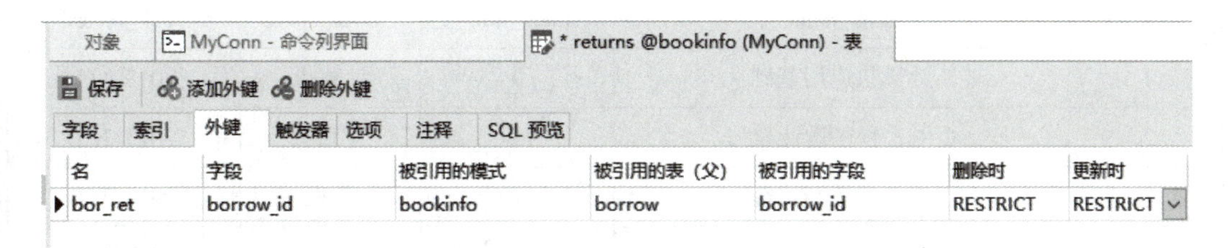

对象 | MyConn - 命令列界面 | * returns @bookinfo (MyConn) - 表

保存　添加外键　删除外键

字段　索引　外键　触发器　选项　注释　SQL 预览

| 名 | 字段 | 被引用的模式 | 被引用的表（父） | 被引用的字段 | 删除时 | 更新时 |
|---|---|---|---|---|---|---|
| bor_ret | borrow_id | bookinfo | borrow | borrow_id | RESTRICT | RESTRICT |

图 3－1－8　查看 returns 表的外键

**实例 6**：创建归还信息表 ticket。

**步骤**：

**执行语句**：

```
Create table ticket
(borrow_id int not null primary key,
over_date int not null,
ticket_fee float not null,
constraint bor_tic foreign key(borrow_id) references borrow(borrow_id));
```

代码运行结果如图 3－1－9 所示。

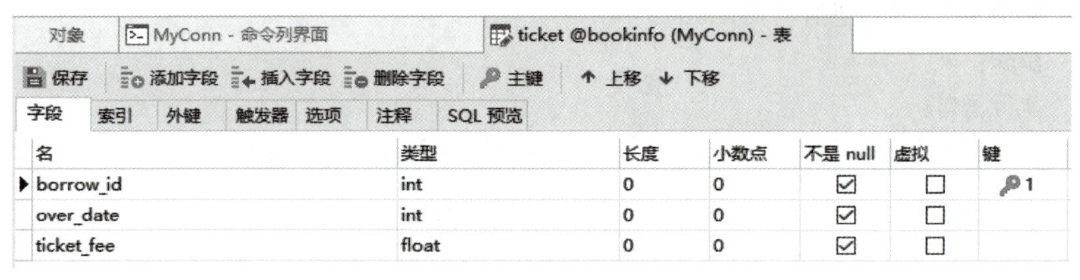


图 3－1－9　创建表 ticket

➢ “ticket”表中创建外键的情况如图 3－1－10 所示。

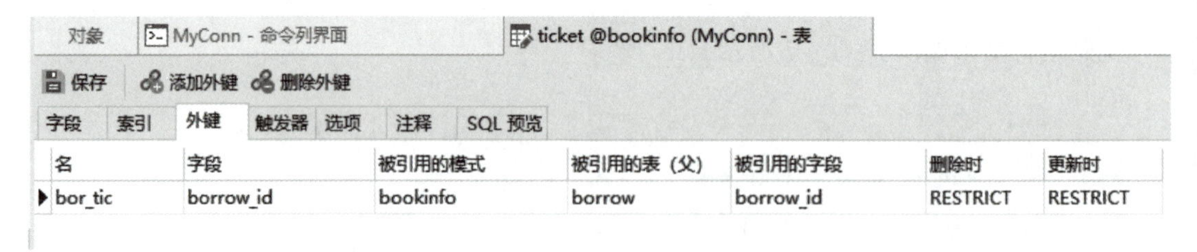


图 3－1－10　查看 ticket 表的外键

## 三、添加书籍数据

**实例 7**：本系统中，书籍在入库时需要登记，即在 Book 表中添加入库书籍信息。在图书信息表 Book 中输入数据，表数据见表 3－1－6。

**表 3－1－6　Book 表数据**

| book_id | book_name | book_num | book_sort | book_record |
|---|---|---|---|---|
| 1 | 计算机应用基础 | 0 | 计算机 | 2018/1/1 |
| 2 | C 语言程序设计教程 | 1 | 计算机 | 2015/1/1 |
| 3 | 建筑识图与构造 | 1 | 工程 | 2017/1/1 |
| 4 | 商业银行会计学 | 1 | 经管 | 2018/1/1 |
| 5 | 内科护理学实训与学习指导 | 1 | 医学 | 2015/1/1 |
| 6 | 测量技术基础 | 1 | 工程 | 2017/1/1 |
| 7 | 中医诊断学 | 0 | 医学 | 2018/1/1 |
| 8 | 电子商务网站运营与管理 | 1 | 经管 | 2015/1/1 |
| 9 | MySQL 数据库技术 | 0 | 计算机 | 2018/1/1 |
| 10 | Linux 操作系统 | 1 | 计算机 | 2015/1/1 |
| 11 | Python 编程基础 | 1 | 计算机 | 2017/1/1 |
| 12 | 大数据分析 | 1 | 计算机 | 2018/1/1 |

**步骤：**

**执行语句：**

```
Insert into book(book_name,book_num,book_sort,book_record)
Values('计算机应用基础',0,'计算机','2018/7/13'),
  ('C语言程序设计教程',1,'计算机','2021/5/5'),
  ('建筑识图与构造',1,'工程','2019/3/4'),
  ('商业银行会计学',1,'经管','2018/12/1'),
  ('内科护理学实训与学习指导',1,'医学','2019/1/1'),
  ('测量技术基础',1,'工程','2017/5/30'),
  ('中医诊断学',0,'医学','2018/1/1'),
  ('电子商务网站运营与管理',1,'经管','2022/7/15'),
  ('MySQL数据库技术',0,'计算机','2018/4/1'),
  ('Linux操作系统',1,'计算机','2021/6/25'),
  ('Python编程基础',1,'计算机','2017/5/1'),
  ('大数据分析',1,'计算机','2022/7/1');
```

代码运行结果如图3-1-11所示。

| book_id | book_name | book_num | book_sort | book_record |
|---|---|---|---|---|
| 1 | 计算机应用基础 | 0 | 计算机 | 2018-07-13 00:00:00 |
| 2 | C语言程序设计教程 | 1 | 计算机 | 2021-05-05 00:00:00 |
| 3 | 建筑识图与构造 | 1 | 工程 | 2019-03-04 00:00:00 |
| 4 | 商业银行会计学 | 1 | 经管 | 2018-12-01 00:00:00 |
| 5 | 内科护理学实训与学习指导 | 1 | 医学 | 2019-01-01 00:00:00 |
| 6 | 测量技术基础 | 1 | 工程 | 2017-05-30 00:00:00 |
| 7 | 中医诊断学 | 0 | 医学 | 2018-01-01 00:00:00 |
| 8 | 电子商务网站运营与管理 | 1 | 经管 | 2022-07-15 00:00:00 |
| 9 | MySQL数据库技术 | 0 | 计算机 | 2018-04-01 00:00:00 |
| 10 | Linux操作系统 | 1 | 计算机 | 2021-06-25 00:00:00 |
| 11 | Python编程基础 | 1 | 计算机 | 2017-05-01 00:00:00 |
| 12 | 大数据分析 | 1 | 计算机 | 2022-07-01 00:00:00 |

图3-1-11　Book表的数据

## 任务工单 8

**创建图书管理系统数据库**

| 任务序号 | 2 | 任务名称 | 创建图书管理系统数据库 | 学时 | 2 |
|---|---|---|---|---|---|
| 学生姓名 | | 学生学号 | | 班　级 | |
| 实训场地 | | 日　期 | | 任务成绩 | |
| 实训设备 | 安装 Windows 操作系统的计算机、互联网环境、MySQL 数据库管理系统 | | | | |
| 客户任务描述 | 创建图书管理系统数据库与表，并填入书籍数据 | | | | |
| 任务目的 | 通过完成任务，巩固数据库设计相关知识，并提升实战能力 | | | | |

**一、实施**

1. 创建数据 “Bookinfo”。
2. 创建本任务涉及的五张表，分别是 Student、Book、Borrow、Returns、Ticket。
3. 在 Book 表中填入：

| book_id | book_name | book_num | book_sort | book_record |
|---|---|---|---|---|
| 1 | 计算机应用基础 | 0 | 计算机 | 2018/1/1 |
| 2 | C 语言程序设计教程 | 1 | 计算机 | 2015/1/1 |
| 3 | 建筑识图与构造 | 1 | 工程 | 2017/1/1 |
| 4 | 商业银行会计学 | 1 | 经管 | 2018/1/1 |
| 5 | 内科护理学实训与学习指导 | 1 | 医学 | 2015/1/1 |
| 6 | 测量技术基础 | 1 | 工程 | 2017/1/1 |
| 7 | 中医诊断学 | 0 | 医学 | 2018/1/1 |
| 8 | 电子商务网站运营与管理 | 1 | 经管 | 2015/1/1 |
| 9 | MySQL 数据库技术 | 0 | 计算机 | 2018/1/1 |
| 10 | Linux 操作系统 | 1 | 计算机 | 2015/1/1 |
| 11 | Python 编程基础 | 1 | 计算机 | 2017/1/1 |
| 12 | 大数据分析 | 1 | 计算机 | 2018/1/1 |

**二、评估**

1. 请根据自己任务完成的情况，对自己的工作进行评估，并提出改进意见。

(1) ____________________

____________________

(2) ____________________

____________________

(3) ____________________

____________________

2. 工单成绩（总分为自我评价、组长评价和教师评价得分值的平均值）。

| 自我评价 | 组长评价 | 教师评价 | 总分 |
|---|---|---|---|
| | | | |

# 任务2　数据库编程——用户借阅图书查询

## 情境引入

使用和管理 MySQL 数据库时，可以借助各种便捷的图形化用户界面工具（如 Navicat），但各种功能的实现是基于结构化查询语言（Structured Query Language，SQL）。SQL 是目前主流的关系型数据库上执行数据操作、数据检索以及数据库维护所需要的标准语言，本任务围绕 SQL 中的常量与变量、表达式、运算符、常用函数，深入学习和运用 MySQL 数据库编程基础知识。

## 学习目标

### ➢ 专业能力

1. 掌握 MySQL 的常量与变量、运算符、函数等知识方法。
2. 掌握 SQL 语句和常量与变量、运算符、函数结合使用的方法。

### ➢ 方法能力

1. 通过学习，提升 SQL 命令操作能力。
2. 通过学习，增强数据库应用与开发的能力。
3. 通过完成学习任务，提高解决实际问题的能力。

### ➢ 社会能力

1. 培养学生逻辑思维能力和分析问题、解决问题的能力。
2. 加强使用工具的能力。
3. 培养学生运用数据库管理系统解决实际问题的能力。

## 任务2－1　常量和变量

## 知识学习

### 一、常量

常量也称为文字值或标量值，是表示一个特定数据值的符号，常量在程序运行过程中是指不变的量，常量的格式取决于它所表示的值的数据类型。

根据常量的不同类型，SQL 的常量分为字符型常量、数值常量、日期和时间常量以及符号常量等。

#### 1. 字符型常量

字符型常量是用半角的单引号、双引号或方括号等定界符括起来的一串字符。字符型常量又称为字符串，可由文字或符号构成，包括大小写的英文字母、数字、空格以及汉字等。某个字符串所含字符的个数称为该字符串的长度。符串最长为 254 字节。例如：“中国我爱你”、‘12345’、[liziwx] 等。

### 2. 数值常量

用整数、小数、科学计数法表示的常量称为数值型常量（常数），例如：1234、555.33、4.5E 等。

### 3. 十六进制常量

一个十六进制值通常指定为一个字符串常量，每对十六进制数字被转换为一个字符，其最前面有一个大写字母“X”或小写字“x”。

### 4. 日期和时间常量

日期和时间常量：用单引号将表示日期、时间的字符串括起来构成。

日期型常量包括年、月、日，数据类型为 DATE，表示为“1999 - 06 - 17”这样的值。

时间型常量包括小时数、分钟数、秒数及微秒数，数据类型为 TIME，如“12:30:43.00013”。

日期/时间的组合，数据类型为 DATETIME 或 TIMESTAMP，如“1999 - 06 - 17 12:30:43”。

### 5. 布尔值

布尔值只包含两个可能的值：TRUE 和 FALSE。FALSE 的数字值为“0”，TRUE 的数字值为“1”。

### 6. NULL 值

NULL 值可适用于各种列类型，它通常用来表示“没有值”“无数据”等意义，并且不同于数字类型的“0”或字符串类型的空字符串。

## 二、变量

变量用于临时存放数据。变量有名字及其数据类型两个属性，变量名用于标识该变量，变量的数据类型确定了该变量存放值的格式及允许的运算。MySQL 中根据变量的定义方式，将其分为用户变量和系统变量。

### 1. 用户变量

用户可以在表达式中使用自己定义的变量，这样的变量叫作用户变量。在使用用户变量前，必须定义和初始化。如果使用没有初始化的变量，它的值为 NULL。

定义和初始化一个变量可以使用 SET 语句。

**语法格式：**

```
SET @用户变量 1 = 表达式 1 [, 用户变量 2 = 表达式 2, …]
```

用户变量 1、用户变量 2 为用户变量名，变量名可以由当前字符集的文字、数字字符以及“.”“_”和“$”组成。

### 2. 系统变量

MySQL 有一些特定的设置，当 MySQL 数据库服务器启动的时候，这些设置被读取来决定下一步骤。例如，有些设置定义了数据如何被存储，有些设置则影响到处理速度，还有些与日期有关，这些设置就是系统变量。和用户变量一样，系统变量也是一个值和一个数据类型，但不同的是，系统变量在 MySQL 服务器启动时就被引入并初始化为默认值。

大多数的系统变量应用于其他 SQL 语句中时，必须在名称前加@@符号，而为了与其他 SQL 产品保持一致，某些特定的系统变量要省略@@符号，如 CURRENT_DATE（系统日期）。

## 任务实施

**实例 1**：使用@@version 获得现在使用的 MySQL 版本。

**步骤**：

**执行语句**：

```
Select @@ version;
```

代码运行结果如图 3-2-1 所示。

```
mysql> select @@version;
+-----------+
| @@version |
+-----------+
| 8.0.27    |
+-----------+
1 row in set (0.06 sec)
```

图 3-2-1　系统变量@@version

➢ 可见当前 MySQL 版本是 8.0.27。

**实例 2**：使用 CURRENT_DATE 获得系统当前时间。

**步骤**：

**执行语句**：

```
Select CURRENT_DATE;
```

代码运行结果如图 3-2-2 所示。

```
mysql> select CURRENT_DATE;
+--------------+
| CURRENT_DATE |
+--------------+
| 2022-08-11   |
+--------------+
1 row in set (0.10 sec)
```

图 3-2-2　系统变量 CURRENT_DATE

**实例 3**：显示所有可用的变量及其值。

**步骤**：

**执行语句**：

```
Show VARIABLES;
```

代码运行结果如图 3-2-3 所示。

```
643 rows in set (0.72 sec)
```

图 3-2-3 当前 MySQL 可用的变量数

➢ 可见 MySQL 8.0.27 版本有 643 个系统变量。

## 任务 2-2 运算符

### 知识学习

### 一、基本运算符及其分类

运算符是保留字或主要用于 SQL 语句的 WHERE 子句中的字符，用于执行操作，例如比较运算符和算术运算符。这些运算符用于指定 SQL 语句中的条件，并用作语句中多个条件的连词。

常见运算符有以下几种。

#### 1. 算术运算符

算术运算符（表 3-2-1）是 MySQL 中最基本的运算符，主要用于执行数值运算。

**表 3-2-1 算术运算符**

| 运算符 | 作用 |
| --- | --- |
| + | 执行加法运算，用于获得一个或多个值的和 |
| - | 执行减法运算，用于从一个值中减去另一个值 |
| * | 执行乘法运算，得到两个或多个值的乘积 |
| /(DIV) | 执行除法运算，用一个值除以另一个值得到商 |
| %(MOD) | 执行求余运算，用一个值除以另一个值得到余数 |

#### 2. 比较运算符

比较运算符（表 3-2-2）的作用是将表达式中的两个操作数进行比较，比较结果为真，则返回 1，为假，则返回 0，结果不确定，则返回 NULL。

**表 3-2-2 比较运算符**

| 运算符 | 作用 | 运算符 | 作用 |
| --- | --- | --- | --- |
| =(<=>) | 等于 | BETWEEN AND | 判断一个值是否在两个值之间 |
| < | 小于 | IN | 判断一个值是否在某个集合中 |
| > | 大于 | IS NULL | 判断一个值是否为 NULL |
| <= | 小于等于 | LIKE | 通配符匹配，判断一个值是否包含某个字符 |
| >= | 大于等于 | REGEXP | 正则表达式匹配 |
| <>(!=) | 不等于 | | |

### 3. 逻辑运算符

逻辑运算符又称为布尔运算符，用于确定表达式的真和假。表 3－2－3 列出了 MySQL 中可以使用的逻辑运算符。

**表 3－2－3　逻辑运算符**

| 运算符 | 作用 |
| --- | --- |
| &&(AND) | 逻辑与 |
| \|\|(OR) | 逻辑或 |
| ！(NOT) | 逻辑非 |
| XOR | 逻辑异或 |

### 4. 位运算符

位运算符（表 3－2－4）是将给定的操作数转换为二进制数，然后对各个操作数的每一位进行指定的逻辑运算，最后将二进制结果转换为十进制数，得到位运算的结果。

**表 3－2－4　位运算符**

| 运算符 | 作用 |
| --- | --- |
| & | 位与 |
| \| | 位或 |
| ^ | 位异或 |
| << | 位左移 |
| >> | 位右移 |
| ~ | 位取反 |

## 二、运算符优先级

在实际应用中，经常会使用多个运算符进行混合运算，那么应该先执行哪些运算符的操作呢？MySQL 制定的运算符优先级决定了运算符在表达式中执行的先后顺序。表 3－2－5 按照优先级由低到高的顺序，列出了所有的运算符，同一级别中的运算符优先级相同。

**表 3－2－5　运算符优先级**

| 优先级 | 运算符 | 优先级 | 运算符 |
| --- | --- | --- | --- |
| 1 | :=（赋值运算） | 9 | & |
| 2 | ‖，OR | 10 | <<，>> |
| 3 | XOR | 11 | -（减法运算），+ |

续表

<table>
<tr><th>优先级</th><th>运算符</th><th>优先级</th><th>运算符</th></tr>
<tr><td>4</td><td>&&, AND</td><td>12</td><td>*, /,%</td></tr>
<tr><td>5</td><td>NOT</td><td>13</td><td>^</td></tr>
<tr><td>6</td><td>BETWEEN AND, CASE, WHEN, THEN, ELSE</td><td>14</td><td>-（负号），~</td></tr>
<tr><td>7</td><td>=（比较运算），<=>，<，>，<=，>=，<>，!=，IN，IS NULL，LIKE，REGEXP</td><td>15</td><td>!</td></tr>
<tr><td>8</td><td>|</td><td></td><td></td></tr>
</table>

## 任务实施

Where 子句判定条件的运算包括比较运算、逻辑运算、模式匹配、范围比较、空值比较和子查询。

### 一、算术运算符

**实例 1**：执行 SQL 语句，获取各种算术运算结果。

**步骤**：

**执行语句**：

```
Select 5/4 +3,5 +9,6/0,6%0;
```

代码运行结果如图 3－2－4 所示。

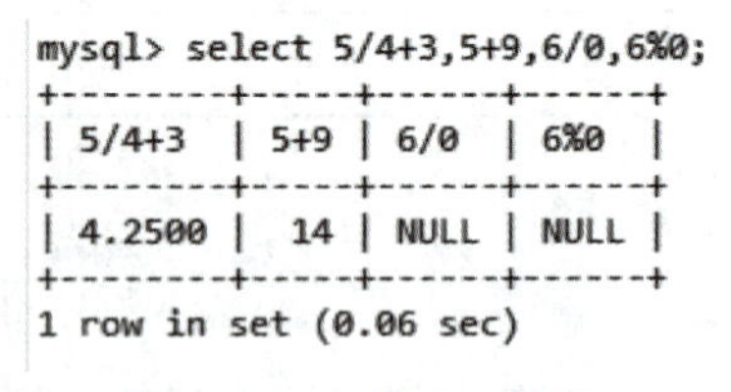


图 3－2－4　算术运算符 1

在除法运算和求余运算中，如果除数为 0，将是非法运算，返回结果为 NULL。

**实例 2**：根据教学计划，学生每门课总成绩由平时成绩的 30%、期末成绩的 70% 构成。执行 SQL 语句，获取视图“学生成绩”中的总成绩。

**分析**：运算符不仅可以直接操作数值，还可以操作表中的字段。

**步骤**：

**执行语句**：

```
Select 学号,姓名,课程名称,平时成绩 * 0.3 + 期末成绩 * 0.7 as 总成绩 from 学生成绩;
```

代码运行结果如图 3－2－5 所示。

```
mysql> select 学号,姓名,课程名称,平时成绩*0.3+期末成绩*0.7 as 总成绩 from 学生成绩;
+------------+--------+--------------+--------+
| 学号       | 姓名   | 课程名称     | 总成绩 |
+------------+--------+--------------+--------+
| 2020010001 | 刘佳佳 | 大数据导论   | 89.10  |
| 2020010001 | 刘佳佳 | MySQL数据库  | 72.30  |
| 2020010002 | 田露   | MySQL数据库  | 82.10  |
| 2020010003 | 汪汪   | MySQL数据库  | 69.70  |
| 2020010008 | 杨帅帅 | 计算机基础   | 77.90  |
| 2020010008 | 杨帅帅 | 高等数学     | 61.20  |
| 2020010008 | 杨帅帅 | 大学英语     | 58.40  |
| 2020010009 | 何楚   | 计算机基础   | 71.60  |
| 2020010009 | 何楚   | 高等数学     | 72.30  |
| 2020010009 | 何楚   | 大学英语     | 73.70  |
+------------+--------+--------------+--------+
10 rows in set (0.10 sec)
```

图 3-2-5　算术运算符 2

## 二、比较运算符

**实例 3**：执行使用“=”和“<=>”比较运算符的 SQL 语句，了解这些运算符的作用。

**步骤**：

**执行语句**：

```
SELECT 0=1,1=1,0.1=1,1='1','a'='a',(1+2)=(2+1),NULL=NULL,NULL<=>NULL;
```

代码运行结果如图 3-2-6 所示。

```
mysql> SELECT 0=1,1=1,0.1=1,1='1','a'='a',(1+2)=(2+1),NULL=NULL,NULL<=>NULL;
+-----+-----+-------+-------+---------+-------------+-----------+-------------+
| 0=1 | 1=1 | 0.1=1 | 1='1' | 'a'='a' | (1+2)=(2+1) | NULL=NULL | NULL<=>NULL |
+-----+-----+-------+-------+---------+-------------+-----------+-------------+
|   0 |   1 |     0 |     1 |       1 |           1 | NULL      |           1 |
+-----+-----+-------+-------+---------+-------------+-----------+-------------+
1 row in set (0.10 sec)
```

图 3-2-6　比较运算符 1

如果两个操作数中有一个或两个值为 NULL（空值），结果为空；如果两个操作数分别为字符串和数值，系统会首先将字符串转换成数值，然后进行比较。

**实例 4**：执行使用“<>”和“!=”比较运算符的 SQL 语句，了解这些运算符的作用。

**步骤**：

**执行语句**：

```
SELECT 1<>2,2!=2,1.5<>1,'abc'<>'ab',(1+2)!=(1+1);
```

代码运行结果如图 3-2-7 所示。

```
mysql> SELECT 1<>2,2!=2,1.5<>1,'abc'<>'ab',(1+2)!=(1+1);
+------+------+--------+-------------+--------------+
| 1<>2 | 2!=2 | 1.5<>1 | 'abc'<>'ab' | (1+2)!=(1+1) |
+------+------+--------+-------------+--------------+
|    1 |    0 |      1 |           1 |            1 |
+------+------+--------+-------------+--------------+
1 row in set (0.08 sec)
```

图 3-2-7　比较运算符 2

**实例 5**：执行使用“<”“>”“<=”和“>=”比较运算符的 SQL 语句，了解这些运算符的作用。

**步骤：**

**执行语句：**

```
SELECT 1<1,2>1,1.5<2,'a'<'aaa',(1+2)<=(1+2);
```

代码运行结果如图 3-2-8 所示。

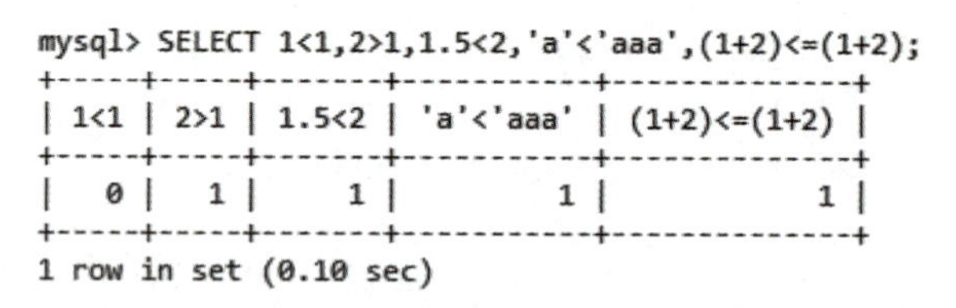

```
mysql> SELECT 1<1,2>1,1.5<2,'a'<'aaa',(1+2)<=(1+2);
+-----+-----+-------+-----------+--------------+
| 1<1 | 2>1 | 1.5<2 | 'a'<'aaa' | (1+2)<=(1+2) |
+-----+-----+-------+-----------+--------------+
|   0 |   1 |     1 |         1 |            1 |
+-----+-----+-------+-----------+--------------+
1 row in set (0.10 sec)
```

图 3-2-8　比较运算符 3

如果使用上述 4 种运算符进行比较的两个操作数为字符串，系统会比较两个字符串的长度，但两个操作数不能一个为数值，一个为字符串。

## 三、逻辑运算符

**实例 6**：使用“&&”或“AND”运算符进行逻辑判断，了解这些运算符的作用。

**分析**：“&&”和“AND”表示逻辑与运算，当所有操作数均为非零值，并且不为 NULL 时，返回值为 1；当一个或多个操作数为 0 时，返回值为 0；当任何一个操作数为 NULL，其他操作数为非零值时，返回值为 NULL。

**步骤：**

**执行语句：**

```
SELECT 1 && 1,1 AND 0,1 AND NULL,0 AND NULL;
```

代码运行结果如图 3-2-9 所示。

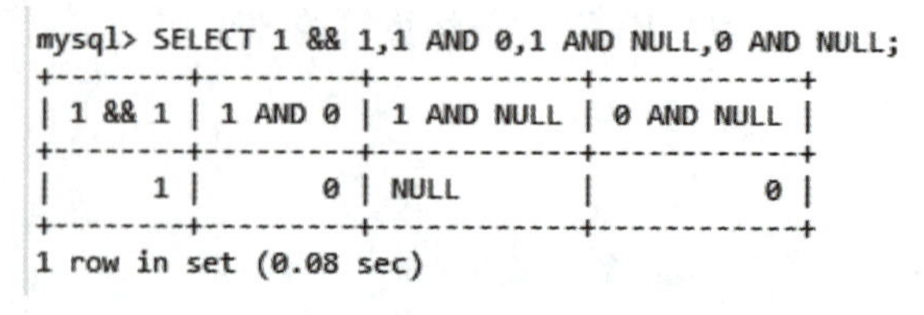

```
mysql> SELECT 1 && 1,1 AND 0,1 AND NULL,0 AND NULL;
+--------+---------+------------+------------+
| 1 && 1 | 1 AND 0 | 1 AND NULL | 0 AND NULL |
+--------+---------+------------+------------+
|      1 |       0 | NULL       |          0 |
+--------+---------+------------+------------+
1 row in set (0.08 sec)
```

图 3-2-9　逻辑运算符 1

➢ 使用“&&”和“AND”运算符可以有多个操作数同时进行与运算。例如，1 && 2 && 3。

**实例 7**：使用“‖”或“OR”运算符进行逻辑判断，了解这些运算符的作用。

**分析**：“‖”和“OR”表示逻辑或运算，当所有操作数均为非 NULL 值时，如有任意一个操作数为非零值，返回值为 1；当一个操作数为非零值，另外的操作数为 NULL 时，返回值为 1；当所有操作数都为 NULL 时，返回值为 NULL；当所有操作数均为 0 时，返回值为 0。

**步骤：**

**执行语句：**

```
SELECT 1 ||1,1 OR 0,0 OR 0,1 OR NULL,0 OR NULL,NULL OR NULL;
```

代码运行结果如图 3－2－10 所示。

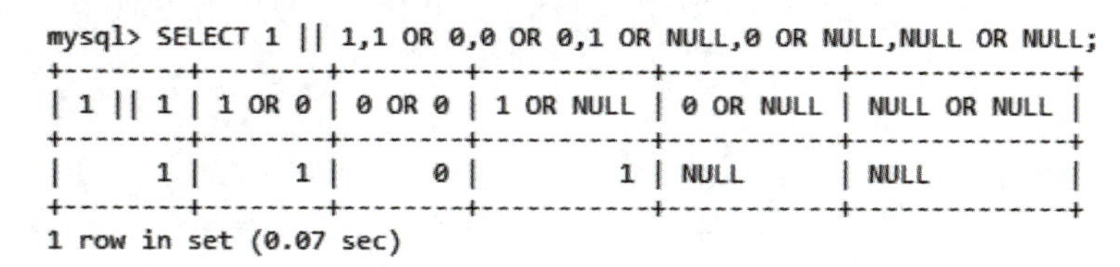

```
mysql> SELECT 1 || 1,1 OR 0,0 OR 0,1 OR NULL,0 OR NULL,NULL OR NULL;
+--------+--------+--------+-----------+-----------+--------------+
| 1 || 1 | 1 OR 0 | 0 OR 0 | 1 OR NULL | 0 OR NULL | NULL OR NULL |
+--------+--------+--------+-----------+-----------+--------------+
|      1 |      1 |      0 |         1 | NULL      | NULL         |
+--------+--------+--------+-----------+-----------+--------------+
1 row in set (0.07 sec)
```

图 3－2－10　逻辑运算符 2

**实例 8**：使用“！”或“NOT”运算符进行逻辑判断，了解这些运算符的作用。

**分析**：“！”和“NOT”表示逻辑非运算，返回和操作数相反的结果。当操作数为 0 时，返回值为 1；当操作数为非零值时，返回值为 0；当操作数为 NULL 时，返回值为 NULL。

**步骤：**

**执行语句：**

```
SELECT ! 0,NOT 1,NOT NULL;
```

代码运行结果如图 3－2－11 所示。

```
mysql> SELECT !0,NOT 1,NOT NULL;
+----+-------+----------+
| !0 | NOT 1 | NOT NULL |
+----+-------+----------+
|  1 |     0 | NULL     |
+----+-------+----------+
1 row in set (0.06 sec)
```

图 3－2－11　逻辑运算符 3

**实例 9**：使用“XOR”运算符进行逻辑判断，了解这些运算符的作用。

**分析**：“XOR”表示逻辑异或运算，当两个操作数同为 0 或者同为非零值时，返回值为 0；当两个操作数一个为非零值，一个为 0 时，返回值为 1；当任意一个操作数为 NULL 时，返回值为 NULL。

**步骤：**

**执行语句：**

```
SELECT 1 XOR 1,0 XOR 0,1 XOR 0,1 XOR NULL;
```

代码运行结果如图 3－2－12 所示。

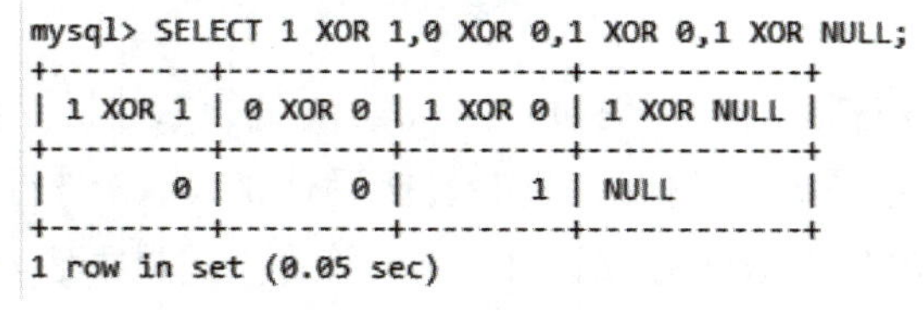

```
mysql> SELECT 1 XOR 1,0 XOR 0,1 XOR 0,1 XOR NULL;
+---------+---------+---------+------------+
| 1 XOR 1 | 0 XOR 0 | 1 XOR 0 | 1 XOR NULL |
+---------+---------+---------+------------+
|       0 |       0 |       1 | NULL       |
+---------+---------+---------+------------+
1 row in set (0.05 sec)
```

图 3－2－12　逻辑运算符 4

## 四、位运算符

**实例 10**：使用“&”运算符进行逻辑运算，了解这些运算符的作用。

**分析**：位与运算是将操作数转换为二进制数后进行按位与运算。在这种运算中，如果对应的二进制位全部为 1，则该位的运算结果为 1，其他情况运算结果为 0。

**步骤**：

**执行语句**：

```
SELECT 5&6,2&3&6;
```

代码运行结果如图 3－2－13 所示。

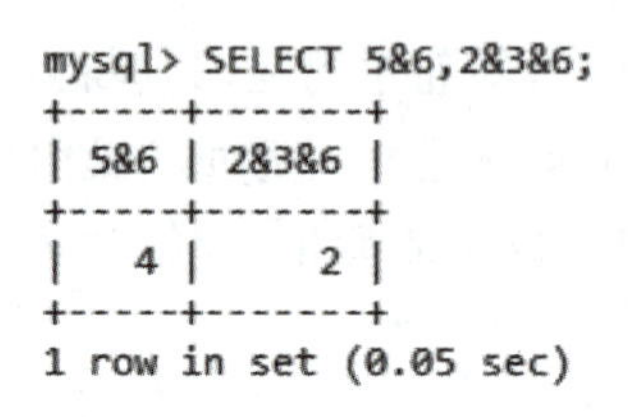
```
mysql> SELECT 5&6,2&3&6;
+-----+-------+
| 5&6 | 2&3&6 |
+-----+-------+
|   4 |     2 |
+-----+-------+
1 row in set (0.05 sec)
```

图 3－2－13　位运算符 1

由执行结果可知，5 进行二进制转换后是 0101，6 进行二进制转换后是 0110，运算结果是 0100，转换为十进制数是 4。2 进行二进制转换后是 0010，3 进行二进制转换后是 0011，6 进行二进制转换后是 0110，运算结果是 0010，转换为十进制数是 2。

**实例 11**：使用“|”运算符进行逻辑运算，了解这些运算符的作用。

**分析**：位或运算是将操作数转换为二进制数后进行按位或运算。在这种运算中，如果对应的二进制位有一个或多个为 1，则该位的运算结果为 1，其他情况运算结果为 0。

**步骤**：

**执行语句**：

```
SELECT 5|6,2|3|6;
```

代码运行结果如图 3－2－14 所示。

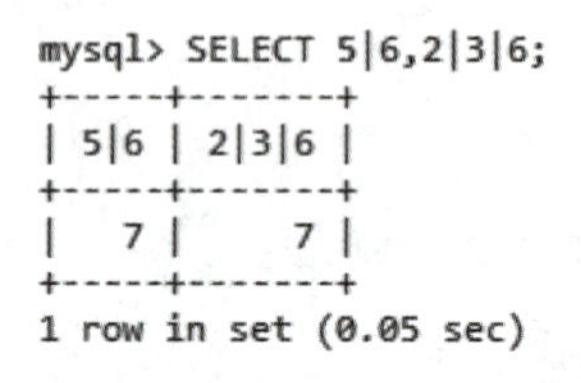
```
mysql> SELECT 5|6,2|3|6;
+-----+-------+
| 5|6 | 2|3|6 |
+-----+-------+
|   7 |     7 |
+-----+-------+
1 row in set (0.05 sec)
```

图 3－2－14　位运算符 2

由执行结果可知，5 进行二进制转换后是 0101，6 进行二进制转换后是 0110，运算结果是 0111，转换为十进制数是 7。2 进行二进制转换后是 0010，3 进行二进制转换后是 0011，6 进行二进制转换后是 0110，运算结果是 0111，转换为十进制数是 7。

**实例 12**：使用“^”运算符进行逻辑运算，了解这些运算符的作用。

**分析：** 位异或运算是将操作数转换为二进制数后进行按位异或运算。在这种运算中，如果对应的二进制位不相同，则该位的运算结果为1，否则为0。

**步骤：**

**执行语句：**

```
SELECT 10^15,2^2;
```

代码运行结果如图3-2-15所示。

```
mysql> SELECT 10^15,2^2;
+-------+-----+
| 10^15 | 2^2 |
+-------+-----+
|     5 |   0 |
+-------+-----+
1 row in set (0.05 sec)
```

图3-2-15　位运算符3

由执行结果可知，10进行二进制转换后是1010，15进行二进制转换后是1111，运算结果是0101，转换为十进制数是5。2进行二进制转换后是0010，运算结果是0000，转换为十进制数是0。

**实例13：** 使用“<<”和“>>”运算符进行逻辑运算，了解这些运算符的作用。

**分析：** 位左移运算和位右移运算是将操作数转换为二进制数后，使二进制位全部左移或右移指定的位数，如果向左移，则右边补0，如果向右移，则左边补0，移出的位数将被抛弃，最后将移动后的结果转换成十进制数即可。

**步骤：**

**执行语句：**

```
SELECT 1<<2,5<<1,2>>1,5>>1;
```

代码运行结果如图3-2-16所示。

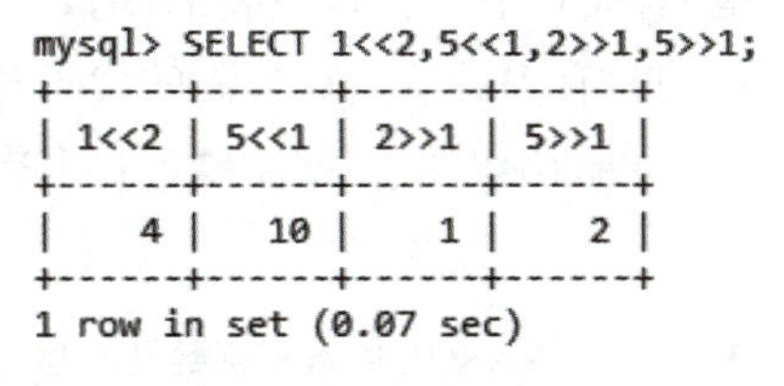

```
mysql> SELECT 1<<2,5<<1,2>>1,5>>1;
+------+------+------+------+
| 1<<2 | 5<<1 | 2>>1 | 5>>1 |
+------+------+------+------+
|    4 |   10 |    1 |    2 |
+------+------+------+------+
1 row in set (0.07 sec)
```

图3-2-16　位运算符4

由结果可知，1进行二进制转换后是0001，左移两位后是0100，转换为十进制数是4；5进行二进制转换后是0101，左移一位后是1010，转换为十进制数是10；2进行二进制转换后是0010，右移一位后是0001，转换为十进制数是1；5进行二进制转换后是0101，右移一位后是0010，转换为十进制数是2。

**实例14：** 使用“~”运算符进行逻辑运算，了解这些运算符的作用。

**分析：** 位取反运算是将操作数转换为二进制数后，对二进制数进行逐位反转，即1取反后变0，0取反后变1。

**步骤：**

**执行语句：**

```
SELECT ~1,BIN( ~1);
```

代码运行结果如图 3-2-17 所示。

```
mysql> SELECT ~1,BIN(~1);
+----------------------+------------------------------------------------------------------+
| ~1                   | BIN(~1)                                                          |
+----------------------+------------------------------------------------------------------+
| 18446744073709551614 | 1111111111111111111111111111111111111111111111111111111111111110 |
+----------------------+------------------------------------------------------------------+
1 row in set (0.05 sec)
```

图 3-2-17　位运算符 5

在 MySQL 中，常量数字默认会用 8 字节来表示，8 字节就是 64 位。也就是说，常量 1 的二进制数是由 63 个“0”加 1 个“1”组成的，可以简写成 0001，但在计算中，64 位会全部取反，所以运算结果由 63 个“1”加 1 个“0”组成，转换为十进制数后，就是 18446744073709551614。

BIN(n)函数返回 n 的二进制值的字符串表示，其中 n 是一个长整型（BIGINT）数。

## 任务 2-3　函数

### 知识学习

MySQL 提供的内置函数，也可称为系统函数，这些函数无须定义，仅需根据实际需要传递参数直接调用即可。从功能划分，大致可分为数学函数、数据类型转换函数、字符串函数、日期和时间函数、加密函数、系统信息函数、JSON 函数以及其他常用函数。

#### 1. 数值函数

数值函数（表 3-2-6）是 MySQL 中一种很重要的函数，主要用于处理数值方面的运算。如果没有这些函数，用户在编写有关数值运算方面的代码时将会复杂很多。例如，如果没有求绝对值函数 ABS，要取一个数的绝对值，就需要进行多次判断，直接使用该函数可以大大提高用户的工作效率。

**表 3-2-6　MySQL 中数值函数及其功能**

| 函数 | 功能 |
| --- | --- |
| ABS(x) | 返回数值 x 的绝对值 |
| MOD(x,y) | 返回数值 x 除以数值 y 后的余数 |
| CEIL(x) | 返回大于数值 x 的最小整数值 |
| FLOOR(x) | 返回小于数值 x 的最大整数值 |
| RAND() | 返回 0~1 内的随机数 |

续表

| 函数 | 功能 |
| --- | --- |
| ROUND(x) | 返回对参数 x 进行四舍五入后的值，ROUND(x)返回整数值，ROUND(x,y)返回参数 x 四舍五入后保留 y 位小数的值 |
| TRUNCATE(x,y) | 对数值 x 进行截取，保留小数点后 y 位数字 |

## 2. 字符串函数

字符串函数是 MySQL 中使用最频繁的函数，主要用于处理数据库中字符串类型的数据。MySQL 中常用的字符串函数及其功能见表 3-2-7。

**表 3-2-7　MySQL 中常用的字符串函数及其功能**

| 函数 | 功能 |
| --- | --- |
| LENGTH(str)，CHAR_LENGTH(str) | 返回字符串长度或字符个数 |
| CONCAT(str1,str2,…,strn)，CONCAT_WS(x,str1,str2,…,strn) | 合并字符串 |
| INSERT(str,x,y,instr)，REPLACE(str,a,b) | 替换字符串 |
| LOWER(str)，UPPER(str) | 字符大小写转换 |
| LEFT(str,x)，RIGHT(str,x)，SUBSTRING(str,x,y) | 获取字符串的一部分 |
| LPAD(str1,n,str2)，RPAD(str1,n,str2) | 填充字符串 |
| LTRIM(str)，RTRIM(str)，TRIM(str) | 删除字符串左侧、右侧或两侧空格 |
| REPEAT(str,n) | 返回字符串 str 重复 n 次的结果 |
| LOCATE(str1,str) | 返回子字符串的开始位置 |
| REVERSE(str) | 反转字符串 |

## 3. 日期和时间函数

在实际应用中，有时可能会遇到这样的需求：获取当前时间，或者下个月的今天是星期几等类似的问题。这些需求就需要使用日期和时间函数来实现，见表 3-2-8。

**表 3-2-8　MySQL 中常用的日期和时间函数及其功能**

| 函数 | 功能 |
| --- | --- |
| CURDATE() | 获取当前日期 |
| CURTIME() | 获取当前时间 |
| NOW() | 获取当前的日期和时间 |
| UNIX_TIMESTAMP(date) | 获取日期 date 的 UNIX 时间戳 |

续表

| 函数 | 功能 |
| --- | --- |
| YEAR(d), MONTH(d), WEEK(d), DAY(d), HOUR(d), MINUTE(d), SECOND(d) | 返回指定日期的年份、月份、星期、日、时、分和秒 |
| DATE_FORMAT(d,format) | 按 format 指定的格式显示日期 d 的值 |
| ADDDATE(date,INTERVAL expr unit), SUBDATE(date,INTERVAL expr unit) | 获取一个日期或时间值加上一个时间间隔的时间值 |
| TIME_TO_SEC(d),SEC_TO_TIME(d) | 获取将“HH:MM:SS”格式的时间换算为秒，或将秒数换算为“HH:MM:SS”格式的值 |

### 4. 条件判断函数

条件判断函数又称为流程控制函数，也是 MySQL 中使用较多的一种函数。用户可以使用这类函数在 SQL 语句中实现条件选择。表 3-2-9 列出了 MySQL 中的条件判断函数及其功能。

**表 3-2-9　MySQL 中的条件判断函数及其功能**

| 函数 | 功能 |
| --- | --- |
| IF(expr,v1,v2) | 如果 expr 为真，返回 v1，否则，返回 v2 |
| IFNULL(v1,v2) | 如果 v1 不为 NULL，返回 v1，否则，返回 v2 |
| CASE WHEN expr1 THEN r1 [WHEN expr2 THEN r2] [ELSE rn] END | 根据条件将数据分为几个档次 |
| CASE expr WHEN v1 THEN r1 [WHEN v2 THEN r2] [ELSE rn] END | 根据条件将数据分为几个档次 |

### 5. JSON 函数

从 MySQL 5.7.8 起，开始支持 JSON 数据类型。JSON 函数用于处理 JSON 类型的数据。表 3-2-10 列出了 MySQL 中的 JSON 函数及其功能。

**表 3-2-10　MySQL 中的 JSON 函数及其功能**

| 函数 | 功能 |
| --- | --- |
| JSON_ARRAY() | 创建 JSON 数组 |
| JSON_OBJECT() | 创建 JSON 对象 |
| JSON_ARRAY_APPEND() | 向 JSON 数组中追加数据 |
| JSON_SET() | 修改 JSON 对象中的数据 |

续表

| 函数 | 功能 |
|---|---|
| JSON_REMOVE() | 删除 JSON 数组和 JSON 对象中的数据 |
| JSON_EXTRACT() | 返回 JSON 数组中 KEY 所对应的数据 |
| JSON_SEARCH() | 返回 JSON 数组中给定数据的路径 |

### 6. 其他函数

MySQL 提供的函数非常丰富，除了前面介绍的数值函数、字符串函数、日期与时间函数、条件判断函数外，还有很多其他功能函数。表 3－2－11 列出了其他常用函数及其功能。

**表 3－2－11　MySQL 中的其他常用函数及其功能**

| 函数 | 功能 |
|---|---|
| DATABASE() | 返回当前数据库名 |
| VERSION() | 返回当前数据库版本 |
| USER() | 返回当前登录用户名和主机名的组合 |
| MD5(str) | 返回字符串 str 的 MD5 值 |
| PASSWORD(str) | 返回字符串 str 的加密版本 |
| CONV(val,from_base,to_base) | 不同进制之间相互转换 |
| INET_ATON(IP),INET_NTOA(val) | IP 和数字之间相互转换 |

## 任务实施

## 一、数值函数

**实例 1：** 执行 SQL 语句，分别求大于数值 －2.45 的最小整数，小于 －2.45 的最大整数及其绝对值。

**分析：** 函数 ABS(x)的返回值是数值 x 的绝对值。正数的绝对值是其本身，负数的绝对值是其相反数。函数 CEIL(x)的返回值是大于数值 x 的最小整数值，函数 FLOOR(x)的返回值是小于数值 x 的最大整数值。

**步骤：**

**执行语句：**

```
Select CEIL( -2.45),FLOOR( -2.45), ABS( -2.45);
```

代码运行结果如图 3－2－18 所示。

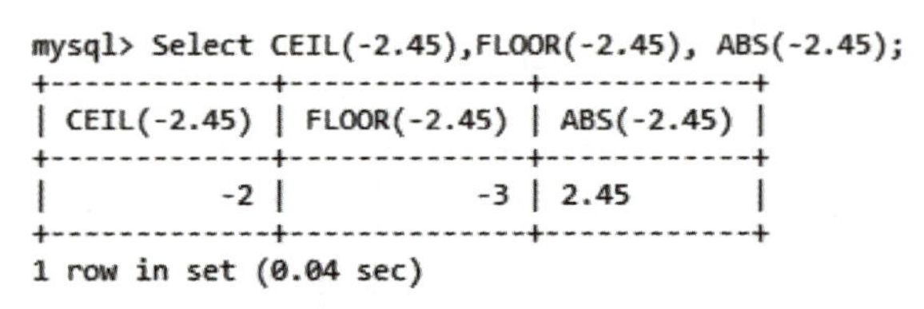

```
mysql> Select CEIL(-2.45),FLOOR(-2.45), ABS(-2.45);
+-------------+--------------+------------+
| CEIL(-2.45) | FLOOR(-2.45) | ABS(-2.45) |
+-------------+--------------+------------+
|          -2 |           -3 | 2.45       |
+-------------+--------------+------------+
1 row in set (0.04 sec)
```

图 3-2-18　数值函数 1

**实例 2**：执行 SQL 语句，使用函数 RAND( )获取随机数。

**分析**：函数 RAND( )的返回值是 0～1 内的小数，并且每次的运行结果都不同。

**步骤**：

**执行语句**：

```
SELECT RAND(),RAND(),RAND();
```

代码运行结果如图 3-2-19 所示。

```
mysql> SELECT RAND(),RAND(),RAND();
+---------------------+---------------------+-------------------+
| RAND()              | RAND()              | RAND()            |
+---------------------+---------------------+-------------------+
| 0.33042838641482253 | 0.18471552635050895 | 0.932292503241722 |
+---------------------+---------------------+-------------------+
1 row in set (0.03 sec)
```

图 3-2-19　数值函数 2

**实例 3**：执行 SQL 语句，使用函数 ROUND(x)和 ROUND(x,y)对数值进行四舍五入操作。

**分析**：函数 ROUND( )的作用是对数值执行四舍五入操作，当函数格式为 ROUND(x)时，返回值为整数；当函数格式为 ROUND(x,y)时，对数值 x 进行四舍五入并保留小数点后 y 位。

**步骤**：

**执行语句**：

```
SELECT ROUND(100.222),ROUND(100.777),ROUND(100.222,2),ROUND(100.777,2);
```

代码运行结果如图 3-2-20 所示。

```
mysql> SELECT ROUND(100.222),ROUND(100.777),ROUND(100.222,2),ROUND(100.777,2);
+----------------+----------------+------------------+------------------+
| ROUND(100.222) | ROUND(100.777) | ROUND(100.222,2) | ROUND(100.777,2) |
+----------------+----------------+------------------+------------------+
| 100            | 101            | 100.22           | 100.78           |
+----------------+----------------+------------------+------------------+
1 row in set (0.03 sec)
```

图 3-2-20　数值函数 3

**实例 4**：执行 SQL 语句，使用函数 TRUNCATE(x,y)和 ROUND(x,y)分别截取数值。

**分析**：函数 TRUNCATE(x,y)的作用是对数值 x 进行截取，保留小数点后 y 位。其与 ROUND( )函数的区别是，ROUND( )函数在截取值时会四舍五入；而 TRUNCATE(x,y)函数直接截取值，并不进行四舍五入。

**步骤：**

**执行语句：**

```
SELECT TRUNCATE(100.222,1),TRUNCATE(100.777,1),ROUND(100.777,1);
```

代码运行结果如图 3－2－21 所示。

```
mysql> SELECT TRUNCATE(100.222,1),TRUNCATE(100.777,1),ROUND(100.777,1);
+---------------------+---------------------+------------------+
| TRUNCATE(100.222,1) | TRUNCATE(100.777,1) | ROUND(100.777,1) |
+---------------------+---------------------+------------------+
| 100.2               | 100.7               | 100.8            |
+---------------------+---------------------+------------------+
1 row in set (0.05 sec)
```

图 3－2－21　数值函数 4

## 二、字符串函数

**实例 5：**执行 SQL 语句，使用函数 LENGTH(str)返回字符串长度。

**分析：**函数 LENGTH(str)用于返回字符串的长度，数据库字符集为 utf8，则一个汉字占用 3 字节，一个英文字符和数字占用 1 字节。

**步骤：**

**执行语句：**

```
SELECT LENGTH('abcdef'),LENGTH('字符长度');
```

代码运行结果如图 3－2－22 所示。

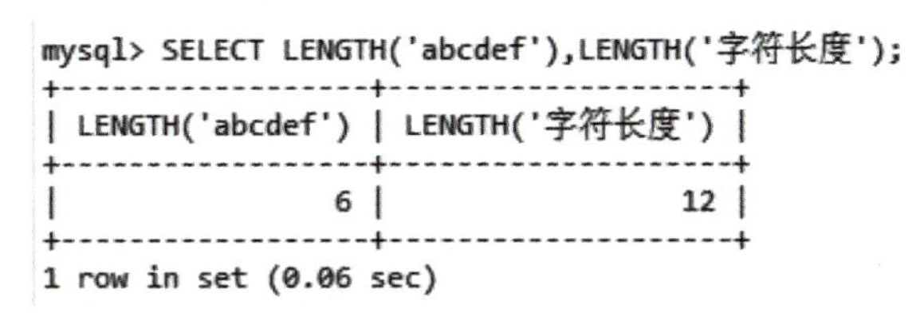

```
mysql> SELECT LENGTH('abcdef'),LENGTH('字符长度');
+------------------+--------------------+
| LENGTH('abcdef') | LENGTH('字符长度') |
+------------------+--------------------+
|                6 |                 12 |
+------------------+--------------------+
1 row in set (0.06 sec)
```

图 3－2－22　字符串函数 1

**实例 6：**执行 SQL 语句，使用函数 CHAR_LENGTH(str)返回字符串中的字符个数。

**分析：**函数 CHAR_LENGTH(str)用于返回字符串中的字符个数。

**步骤：**

**执行语句：**

```
SELECT CHAR_LENGTH('abcdef'),CHAR_LENGTH('字符个数');
```

代码运行结果如图 3－2－23 所示。

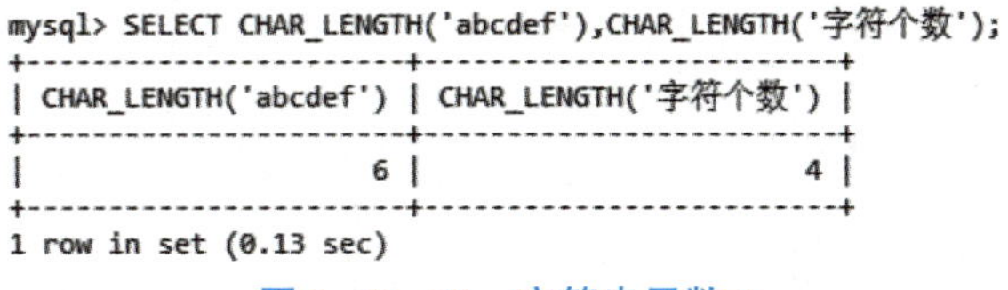

```
mysql> SELECT CHAR_LENGTH('abcdef'),CHAR_LENGTH('字符个数');
+-----------------------+-------------------------+
| CHAR_LENGTH('abcdef') | CHAR_LENGTH('字符个数') |
+-----------------------+-------------------------+
|                     6 |                       4 |
+-----------------------+-------------------------+
1 row in set (0.13 sec)
```

图 3－2－23　字符串函数 2

**实例 7**：执行 SQL 语句，使用函数 CONCAT(str1,str2…strn)拼接字符串。

**分析**：函数 CONCAT(str1,str2…strn)可以将多个字符串拼接成一个字符串，但如果参数中有一个 NULL 值，则返回结果都将为 NULL。

**步骤**：

**执行语句**：

```
SELECT CONCAT('MySQL','数据库'),CONCAT('MySQL', NULL ,'数据库');
```

代码运行结果如图 3-2-24 所示。

```
mysql> SELECT CONCAT('MySQL','数据库'),CONCAT('MySQL', NULL ,'数据库');
+--------------------------+--------------------------------+
| CONCAT('MySQL','数据库') | CONCAT('MySQL', NULL ,'数据库') |
+--------------------------+--------------------------------+
| MySQL数据库              | NULL                           |
+--------------------------+--------------------------------+
1 row in set (0.13 sec)
```

图 3-2-24　字符串函数 3

**实例 8**：执行 SQL 语句，使用函数 CONCAT_WS(x,str1,str2…strn)拼接字符串。

**分析**：函数 CONCAT_WS(x,str1,str2…strn)是函数 CONCAT(str1,str2…strn)的特殊形式，作用是以第一个参数为分隔符，连接后面的多个字符串。

**步骤**：

**执行语句**：

```
SELECT CONCAT_WS('_', 'MySQL','数据库', '考试'),CONCAT_WS('_', 'MySQL', NULL ,'数据库', NULL ,
'考试');
```

代码运行结果如图 3-2-25 所示。

```
mysql> SELECT CONCAT_WS('_', 'MySQL','数据库', '考试'),CONCAT_WS('_', 'MySQL', NULL ,'数据库', NULL ,'考试');
+------------------------------------------+-----------------------------------------------------+
| CONCAT_WS('_', 'MySQL','数据库', '考试') | CONCAT_WS('_', 'MySQL', NULL ,'数据库', NULL ,'考试') |
+------------------------------------------+-----------------------------------------------------+
| MySQL_数据库_考试                        | MySQL_数据库_考试                                   |
+------------------------------------------+-----------------------------------------------------+
1 row in set (0.12 sec)
```

图 3-2-25　字符串函数 4

**实例 9**：执行 SQL 语句，使用函数 INSERT(str,x,y,instr)把字符串“MySQL 数据库考试取消”从第 9 个字符开始后面的 2 个字符替换为字符串“成绩”。

**步骤**：

**执行语句**：

```
SELECT INSERT('MySQL 数据库考试取消',9,2,'成绩');
```

代码运行结果如图 3-2-26 所示。

```
mysql> SELECT INSERT('MySQL数据库考试取消',9,2,'成绩');
+-------------------------------------------+
| INSERT('MySQL数据库考试取消',9,2,'成绩')  |
+-------------------------------------------+
| MySQL数据库成绩取消                        |
+-------------------------------------------+
1 row in set (0.06 sec)
```

图 3－2－26　字符串函数 5

**实例 10**：执行 SQL 语句，使用函数 REPLACE(str,a,b)把字符串“MySQL 数据库学 MySQL”中的子串“MySQL”替换为字符串“Java”。

**分析**：函数 REPLACE(str,a,b)也可以替换字符串，作用是使用字符串 b 替换字符串 str 中的子串 a。

**步骤**：

**执行语句**：

```
SELECT REPLACE('MySQL 数据库学 MySQL','MySQL','Java');
```

代码运行结果如图 3－2－27 所示。

```
mysql> SELECT REPLACE('MySQL数据库学MySQL','MySQL','Java');
+----------------------------------------------+
| REPLACE('MySQL数据库学MySQL','MySQL','Java')  |
+----------------------------------------------+
| Java数据库学Java                              |
+----------------------------------------------+
1 row in set (0.10 sec)
```

图 3－2－27　字符串函数 6

**实例 11**：执行 SQL 语句，分别使用函数 LOWER(str)和 UPPER(str)把字符串转换为小写字母和大写字母。

**分析**：函数 LOWER(str)用于将字符串 str 中的字母全部转换为小写字母，函数 UPPER(str)用于将字符串 str 中的字母全部转换为大写字母。

**步骤**：

**执行语句**：

```
SELECT LOWER('MySQL 数据库'),UPPER('MySQL 数据库');
```

代码运行结果如图 3－2－28 所示。

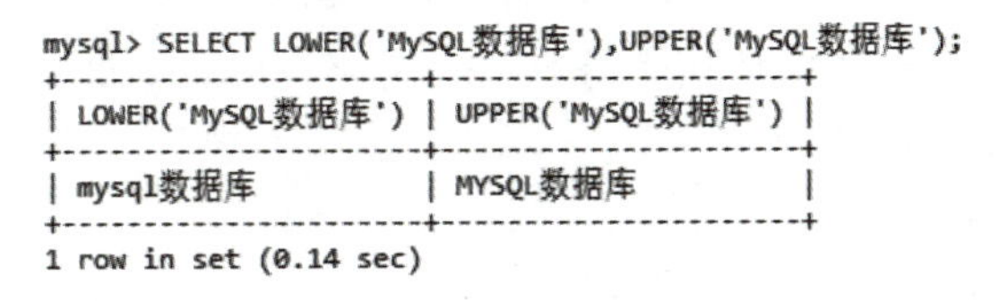

```
mysql> SELECT LOWER('MySQL数据库'),UPPER('MySQL数据库');
+----------------------+----------------------+
| LOWER('MySQL数据库')  | UPPER('MySQL数据库')  |
+----------------------+----------------------+
| mysql数据库           | MYSQL数据库           |
+----------------------+----------------------+
1 row in set (0.14 sec)
```

图 3－2－28　字符串函数 7

**实例 12**：执行 SQL 语句，分别使用函数 LEFT(str,x)和 RIGHT(str,x)获取字符串左边和右边的 5 个字符。

**分析**：函数 LEFT(str,x)用于获取字符串 str 中最左边的 x 个字符，函数 RIGHT(str,x)

用于获取字符串 str 中最右边的 x 个字符。

**步骤：**

**执行语句：**

```
SELECT LEFT('MySQL 数据库',3),RIGHT('MySQL 数据库',3);
```

代码运行结果如图 3-2-29 所示。

```
mysql> SELECT LEFT('MySQL数据库',3),RIGHT('MySQL数据库',3);
+----------------------+-----------------------+
| LEFT('MySQL数据库',3) | RIGHT('MySQL数据库',3) |
+----------------------+-----------------------+
| MyS                  | 数据库                 |
+----------------------+-----------------------+
1 row in set (0.10 sec)
```

图 3-2-29　字符串函数 8

**实例 13：** 执行 SQL 语句，使用函数 SUBSTRING(str,x,y) 获取字符串从第 6 个字符开始，后面的 3 个字符。

**分析：** 函数 SUBSTRING(str,x,y) 用于获取字符串 str 中从 x 位置开始，后面 y 个字符长度的子串。该函数常用于在给定字符串中提取子串。

**步骤：**

**执行语句：**

```
SELECT SUBSTRING('MySQL 数据库',6,3);
```

代码运行结果如图 3-2-30 所示。

```
mysql> SELECT SUBSTRING('MySQL数据库',6,3);
+----------------------------+
| SUBSTRING('MySQL数据库',6,3) |
+----------------------------+
| 数据库                      |
+----------------------------+
1 row in set (0.09 sec)
```

图 3-2-30　字符串函数 9

**实例 14：** 执行 SQL 语句，使用字符 * 分别对字符串左右两边进行填充，直到字符串达到 5 个或 10 个字符长度。

**分析：** 函数 LPAD(str1,n,str2) 的作用是使用字符串 str2 对字符串 str1 最左边进行填充，直到字符串 str1 总长度达到 n 个字符长度。如果 str1 的字符长度大于或等于 n，则不填充。函数 RPAD(str1,n,str2) 的作用是使用字符串 str2 对字符串 str1 最右边进行填充，直到字符串 str1 总长度达到 n 个字符长度。

**步骤：**

**执行语句：**

```
SELECT LPAD('MySQL 数据库',5,'*'),LPAD('MySQL 数据库',10,'*'),RPAD('MySQL 数据库',5,'*'),
RPAD('MySQL 数据库',10,'*');
```

代码运行结果如图 3-2-31 所示。

```
mysql> SELECT LPAD('MySQL数据库',5,'*'),LPAD('MySQL数据库',10,'*'),RPAD('MySQL数据库',5,'*'),RPAD('MySQL数据库',10,'*');
+---------------------------+----------------------------+---------------------------+----------------------------+
| LPAD('MySQL数据库',5,'*') | LPAD('MySQL数据库',10,'*') | RPAD('MySQL数据库',5,'*') | RPAD('MySQL数据库',10,'*') |
+---------------------------+----------------------------+---------------------------+----------------------------+
| MySQL                     | **MySQL数据库              | MySQL                     | MySQL数据库**              |
+---------------------------+----------------------------+---------------------------+----------------------------+
1 row in set (0.12 sec)
```

图 3－2－31　字符串函数 10

**实例 15：** 执行 SQL 语句，验证函数 LTRIM(str)和 RTRIM(str)的应用。

**分析：** 函数 LTRIM(str)用于删除字符串左侧的空格字符，函数 RTRIM(str)用于删除字符串右侧的空格字符。

**步骤：**

**执行语句：**

```
SELECT CONCAT('ab',' cd ','ef') AS str1, CONCAT('ab',LTRIM(' cd '),'ef') AS str2, CONCAT('ab',' cd ','ef') AS str3, CONCAT('ab',RTRIM(' cd '),'ef') AS str4;
```

代码运行结果如图 3－2－32 所示。

```
mysql> SELECT CONCAT('ab',' cd ','ef') AS str1, CONCAT('ab',LTRIM(' cd '),'ef') AS str2,
    -> CONCAT('ab',' cd ','ef') AS str3, CONCAT('ab',RTRIM(' cd '),'ef') AS str4;
+----------+---------+----------+---------+
| str1     | str2    | str3     | str4    |
+----------+---------+----------+---------+
| ab cd ef | abcd ef | ab cd ef | ab cdef |
+----------+---------+----------+---------+
1 row in set (0.08 sec)
```

图 3－2－32　字符串函数 11

上述语句中，字符串“cd”两侧各有一个空格。在语句 CONCAT('ab',LTRIM(' cd '),'ef') AS str2 中，函数 LTRIM(' cd ')将 cd 左侧的空格删除了，所以语句执行结果为 abcd ef；在语句 CONCAT('ab',RTRIM(' cd '),'ef') AS str4 中，函数 RTRIM(' cd ')将 cd 右侧的空格删除了，所以语句执行结果为 ab cdef。

**实例 16：** 执行 SQL 语句，验证函数 TRIM(str)的应用。

**分析：** 函数 TRIM(str)用于删除字符串开头和结尾的空格，另外，它还可以删除字符串两侧的指定字符。

**步骤：**

**执行语句：**

```
SELECT CONCAT('ab',' cd ','ef') AS str1,
CONCAT('ab',TRIM(' cd '),'ef') AS str2,
TRIM('a' from 'aabacaa') AS str3;
```

代码运行结果如图 3－2－33 所示。

```
mysql> SELECT CONCAT('ab',' cd ','ef') AS str1, CONCAT('ab',TRIM(' cd '),'ef') AS str2, TRIM('a' from 'aabacaa') AS str3;
+----------+--------+------+
| str1     | str2   | str3 |
+----------+--------+------+
| ab cd ef | abcdef | bac  |
+----------+--------+------+
1 row in set (0.08 sec)
```

图 3－2－33　字符串函数 12

在语句 CONCAT('ab',TRIM(' cd '),'ef') AS str2 中，函数 TRIM(' cd ')将 cd 两侧的空格全部删除了，所以合并字符串的结果为 abcdef；在语句 TRIM('a' from 'aabacaa') AS str3 中，函数 TRIM('a' from 'aabacaa')将字符串 aabacaa 两侧的指定字符 a 全部删除了。

**实例 17**：执行 SQL 语句，验证函数 REPEAT(str,n)的应用。

**分析**：函数 REPEAT(str,n)返回字符串 str 重复 n 次的结果。

**步骤**：

**执行语句**：

```
SELECT REPEAT('*.',10);
```

代码运行结果如图 3-2-34 所示。

```
mysql> SELECT REPEAT('*.',10);
+----------------------+
| REPEAT('*.',10)      |
+----------------------+
| *.*.*.*.*.*.*.*.*.*. |
+----------------------+
1 row in set (0.09 sec)
```

图 3-2-34　字符串函数 13

**实例 18**：执行 SQL 语句，验证函数 LOCATE(str1,str)的应用。

**分析**：函数 LOCATE(str1,str)返回子串 str1 在字符串 str 中的开始位置，返回值的最小值为 1，如果字符串 str 中不包含字符串 str1，则返回 0。

**步骤**：

**执行语句**：

```
SELECT LOCATE('abc','ababcabd'),LOCATE('efg','ababcabd');
```

代码运行结果如图 3-2-35 所示。

```
mysql> SELECT LOCATE('abc','ababcabd'),LOCATE('efg','ababcabd');
+--------------------------+--------------------------+
| LOCATE('abc','ababcabd') | LOCATE('efg','ababcabd') |
+--------------------------+--------------------------+
|                        3 |                        0 |
+--------------------------+--------------------------+
1 row in set (0.07 sec)
```

图 3-2-35　字符串函数 14

**实例 19**：执行 SQL 语句，验证函数 REVERSE(str)的应用。

**分析**：函数 REVERSE(str)返回将字符串 str 中字符倒序排列后的结果。

**步骤**：

**执行语句**：

```
SELECT REVERSE('abcdefg');
```

代码运行结果如图 3-2-36 所示。

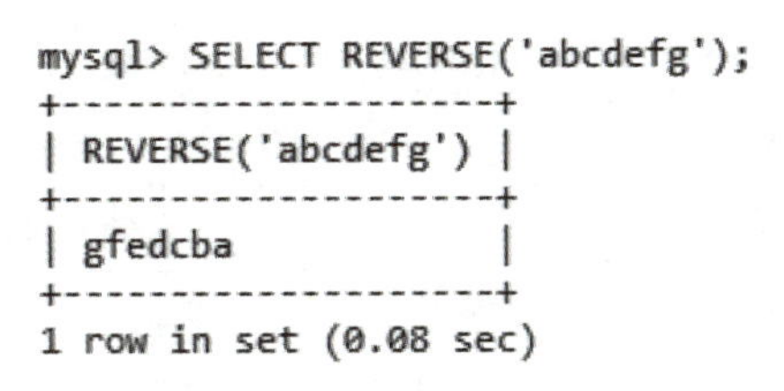

```
mysql> SELECT REVERSE('abcdefg');
+--------------------+
| REVERSE('abcdefg') |
+--------------------+
| gfedcba            |
+--------------------+
1 row in set (0.08 sec)
```

图 3 - 2 - 36　字符串函数 15

## 三、日期和时间函数

### 1. 获取当前日期、时间及时间戳

**实例 20：** 执行 SQL 语句，使用函数 CURDATE( ) 获取当前日期，CURTIME( ) 获取当前时间，NOW( ) 获取当前日期和时间。

**分析：** 函数 CURDATE( ) 返回包含年月日的当前日期，函数 CURTIME( ) 返回 “HH:MM:SS” 格式的当前时间，函数 NOW( ) 返回当前日期和时间（同时包含年月日和时分秒）。

**步骤：**

**执行语句：**

```
SELECT CURDATE(),CURTIME(),NOW();
```

代码运行结果如图 3 - 2 - 37 所示。

```
mysql> SELECT CURDATE(),CURTIME(),NOW();
+------------+-----------+---------------------+
| CURDATE()  | CURTIME() | NOW()               |
+------------+-----------+---------------------+
| 2022-08-12 | 22:02:32  | 2022-08-12 22:02:32 |
+------------+-----------+---------------------+
1 row in set (0.10 sec)
```

图 3 - 2 - 37　日期和时间函数 1

**实例 21：** 执行 SQL 语句，使用函数 UNIX_TIMESTAMP(date) 获取 UNIX 格式的当前日期和时间。

**分析：** UNIX 时间戳是从 1970 年 1 月 1 日（UTC/GMT 的午夜）开始到当前时间所经过的秒数（不考虑闰秒）。一分钟表示为 UNIX 时间戳为 60 秒，一小时表示为 UNIX 时间戳为 3 600 秒，一天表示为 UNIX 时间戳为 86 400 秒。函数 UNIX_TIMESTAMP(date) 返回日期 date 的 UNIX 时间戳。

**步骤：**

**执行语句：**

```
SELECT NOW(),UNIX_TIMESTAMP(NOW());
```

代码运行结果如图 3 - 2 - 38 所示。

```
mysql> SELECT NOW(),UNIX_TIMESTAMP(NOW());
+---------------------+-----------------------+
| NOW()               | UNIX_TIMESTAMP(NOW()) |
+---------------------+-----------------------+
| 2022-08-12 22:04:11 |            1660313051 |
+---------------------+-----------------------+
1 row in set (0.07 sec)
```

图 3-2-38 日期和时间函数 2

**实例 22**：执行 SQL 语句，获取年份、月份、星期、日、时、分和秒。

**分析**：MySQL 提供多个函数分别用于获取参数的年份、月份、星期、日、时、分和秒，这几个函数分别是 YEAR(d)、MONTH(d)、WEEK(d)、DAY(d)、HOUR(d)、MINUTE(d)和 SECOND(d)。

**步骤**：

**执行语句**：

```
SELECT NOW(),YEAR(NOW()),MONTH(NOW()),WEEK(NOW()),DAY(NOW()), HOUR(NOW()),
MINUTE(NOW()),SECOND(NOW());
```

代码运行结果如图 3-2-39 所示。

```
mysql> SELECT NOW(),YEAR(NOW()),MONTH(NOW()),WEEK(NOW()),DAY(NOW()), HOUR(NOW()),MINUTE(NOW()),SECOND(NOW());
+---------------------+-------------+--------------+-------------+------------+-------------+---------------+---------------+
| NOW()               | YEAR(NOW()) | MONTH(NOW()) | WEEK(NOW()) | DAY(NOW()) | HOUR(NOW()) | MINUTE(NOW()) | SECOND(NOW()) |
+---------------------+-------------+--------------+-------------+------------+-------------+---------------+---------------+
| 2022-08-12 22:08:29 |        2022 |            8 |          32 |         12 |          22 |             8 |            29 |
+---------------------+-------------+--------------+-------------+------------+-------------+---------------+---------------+
1 row in set (0.09 sec)
```

图 3-2-39 日期和时间函数 3

### 2. 格式化日期和时间的函数

函数 DATE_FORMAT(d,format)按字符串 format 格式化日期 d 的值，其中的 format 格式符及其作用见表 3-2-12。

表 3-2-12 日期和时间格式符及其意义

| 参数值 | 意义 |
|---|---|
| %Y | 四位数形式的年份 |
| %y | 两位数形式的年份 |
| %c | 数字形式（0~12）的月份 |
| %M | 英文形式（January~December）的月份名 |
| %m | 数字形式（00~12）的月份 |
| %W | 一周中每天为周几，用英文表示（Sunday，Monday，…，Saturday） |
| %D | 月中的第几天，英文后缀形式，如 0th，1st，2nd，3rd，… |
| %d | 两位数字表示月中的第几天，形式为 00~31 |

续表

| 参数值 | 意义 |
| --- | --- |
| %j | 一年的第几日（001～366） |
| %H | 24 小时形式的小时（00～23） |
| %h | 12 小时形式的小时（01～12） |
| %r | 12 小时形式的小时，后缀为上午（AM）或下午（PM） |
| %i | 两位数字形式的分（00～59） |
| %S | 两位数字形式的秒（00～59） |

**实例 23**：执行 SQL 语句，使用 DATE_FORMAT( ) 函数格式化指定的日期。

**步骤：**

**执行语句：**

```
SELECT DATE_FORMAT('2022-08-12 20:30:30','%y %M %D %r');
```

代码运行结果如图 3－2－40 所示。

```
mysql> SELECT DATE_FORMAT('2022-08-12 20:30:30','%y %M %D %r');
+---------------------------------------------------+
| DATE_FORMAT('2022-08-12 20:30:30','%y %M %D %r') |
+---------------------------------------------------+
| 22 August 12th 08:30:30 PM                        |
+---------------------------------------------------+
1 row in set (0.07 sec)
```

图 3－2－40　日期和时间函数 4

### 3. 计算日期和时间的函数

计算日期和时间的函数主要有 ADDDATE( )、SUBDATE( ) 和 DATEDIFF( )。

函数 ADDDATE( ) 与 SUBDATE( ) 分别用于执行日期和时间的加运算与减运算，其语法形式如下：

```
ADDDATE(date,INTERVAL expr unit)
SUBDATE(date,INTERVAL expr unit)
```

函数 DATEDIFF( ) 用于计算两个日期之间相差的天数，其语法格式如下：

```
DATE_FORMAT(d,format)
```

其中日期和时间间隔类型见表 3－2－13。

**表 3－2－13　MySQL 中的日期和时间间隔类型**

| 间隔类型值 | 描述 | 格式 |
| --- | --- | --- |
| YEAR | 年 | YY |
| MONTH | 月 | MM |

续表

| 间隔类型值 | 描述 | 格式 |
|---|---|---|
| DAY | 日 | DD |
| YEAR_MONTH | 年和月 | YY - MM |
| DAY_HOUR | 日和小时 | DD hh |
| DAY_MINUTE | 日和分钟 | DD hh:mm |
| DAY_SECOND | 日和秒 | DD hh:mm:ss |
| HOUR | 小时 | hh |
| MINUTE | 分 | mm |
| SECOND | 秒 | ss |
| HOUR_MINUTE | 小时和分 | hh:mm |
| HOUR_SECOND | 小时和秒 | hh:ss |
| MINUTE_SECOND | 分钟和秒 | mm:ss |

**实例 24**：执行 SQL 语句，使用 ADDDATE( ) 函数对日期执行加运算。

**步骤：**

**执行语句：**

```
SELECT ADDDATE('2022-01-01',INTERVAL 2 year) as date1, ADDDATE('2022-01-01',INTERVAL 2 hour) as date2, ADDDATE('2022-01-01',INTERVAL '50:600' minute_second) as date3;
```

代码运行结果如图 3-2-41 所示。

```
mysql> SELECT ADDDATE('2022-01-01',INTERVAL 2 year) as date1, ADDDATE('2022-01-01 ',INTERVAL 2 hour) as date2,
ADDDATE('2022-01-01',INTERVAL '50:600' minute_second) as date3;
+------------+---------------------+---------------------+
| date1      | date2               | date3               |
+------------+---------------------+---------------------+
| 2024-01-01 | 2022-01-01 02:00:00 | 2022-01-01 01:00:00 |
+------------+---------------------+---------------------+
1 row in set (0.06 sec)
```

图 3-2-41 日期和时间函数 5

**实例 25**：执行 SQL 语句，使用 SUBDATE( ) 函数对日期执行加运算。

**步骤：**

**执行语句：**

```
SELECT SUBDATE('2022-01-01',INTERVAL 2 year) as date1, SUBDATE('2022-01-01',INTERVAL 2 hour) as date2, SUBDATE('2022-01-01',INTERVAL '50:600' minute_second) as date3;
```

代码运行结果如图 3－2－42 所示。

```
mysql> SELECT SUBDATE('2022-01-01',INTERVAL 2 year) as date1, SUBDATE('2022-01-01 ',INTERVAL 2 hour) as date2,
SUBDATE('2022-01-01',INTERVAL '50:600' minute_second) as date3;
```

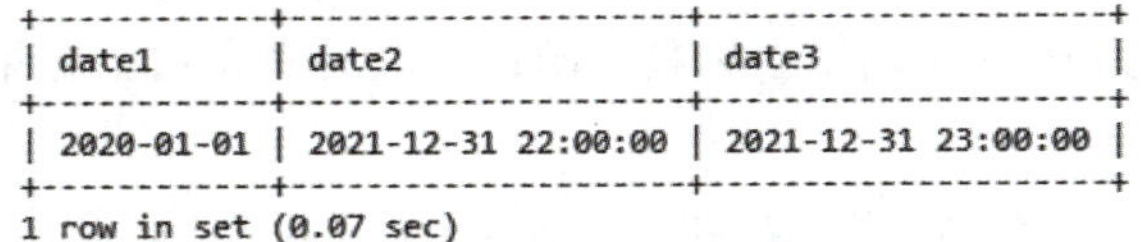

```
+------------+---------------------+---------------------+
| date1      | date2               | date3               |
+------------+---------------------+---------------------+
| 2020-01-01 | 2021-12-31 22:00:00 | 2021-12-31 23:00:00 |
+------------+---------------------+---------------------+
1 row in set (0.07 sec)
```

图 3－2－42　日期和时间函数 6

**实例 26：** 执行 SQL 语句，计算现在距离 2023 年还有多少天。

**步骤：**

**执行语句：**

```
SELECT DATEDIFF('2023－01－01',NOW());
```

代码运行结果如图 3－2－43 所示。

```
mysql> SELECT DATEDIFF('2023-01-01',NOW());
+------------------------------+
| DATEDIFF('2023-01-01',NOW()) |
+------------------------------+
|                          142 |
+------------------------------+
1 row in set (0.07 sec)
```

图 3－2－43　日期和时间函数 7

### 4. 时间和秒相互转换的函数

函数 TIME_TO_SEC(d) 可将指定的时间 d 换算为秒，函数 SEC_TO_TIME(d) 可将指定的秒换算为“HH:MM:SS”形式的时间格式，其语法格式如下：

```
TIME_TO_SEC(d)
SEC_TO_TIME(d)
```

**实例 27：** 执行 SQL 语句，使用 TIME_TO_SEC(d) 函数和 SEC_TO_TIME(d) 函数分别将时间转换为秒和将秒转换为时间格式。

**步骤：**

**执行语句：**

```
SELECT TIME_TO_SEC('01:20:20'),SEC_TO_TIME(4820);
```

代码运行结果如图 3－2－44 所示。

```
mysql> SELECT TIME_TO_SEC('01:20:20'),SEC_TO_TIME(4820);
+-------------------------+-------------------+
| TIME_TO_SEC('01:20:20') | SEC_TO_TIME(4820) |
+-------------------------+-------------------+
|                    4820 | 01:20:20          |
+-------------------------+-------------------+
1 row in set (0.09 sec)
```

图 3－2－44　日期和时间函数 8

## 四、条件判断函数

### 1. IF( )函数

IF(expr,v1,v2)函数的意义是，如果表达式 expr 的结果为真，函数的返回值为 v1；如果表达式 expr 的结果为假，则返回值为 v2。

**实例 28**：执行 SQL 语句，使用 IF(expr,v1,v2)函数将学生期末成绩分为合格和不合格两类。

**步骤一：**

执行以下语句，选择 stuinfo 数据库。

**执行语句：**

```
Use stuinfo;
```

**步骤二：**

执行 SQL 语句，查找视图“学生成绩”，并将期末成绩分为合格和不合格两个级别后将级别情况输出。

**执行语句：**

```
SELECT 姓名,课程名称,期末成绩,IF(期末成绩 > =60,'合格','不合格') FROM 学生成绩;
```

代码运行结果如图 3 – 2 – 45 所示。

```
mysql> use stuinfo;
Database changed
mysql> SELECT 姓名,课程名称,期末成绩,IF(期末成绩>=60,'合格','不合格') FROM 学生成绩;
+--------+------------+----------+----------------------------------+
| 姓名   | 课程名称   | 期末成绩 | IF(期末成绩>=60,'合格','不合格') |
+--------+------------+----------+----------------------------------+
| 刘佳佳 | 大数据导论 | 90.0     | 合格                             |
| 刘佳佳 | MySQL数据库 | 69.0    | 合格                             |
| 田露   | MySQL数据库 | 86.0    | 合格                             |
| 汪汪   | MySQL数据库 | 70.0    | 合格                             |
| 杨帅帅 | 计算机基础 | 77.0     | 合格                             |
| 杨帅帅 | 高等数学   | 66.0     | 合格                             |
| 杨帅帅 | 大学英语   | 50.0     | 不合格                           |
| 何楚   | 计算机基础 | 68.0     | 合格                             |
| 何楚   | 高等数学   | 75.0     | 合格                             |
| 何楚   | 大学英语   | 80.0     | 合格                             |
+--------+------------+----------+----------------------------------+
10 rows in set (0.16 sec)
```

图 3 – 2 – 45　IF 函数

### 2. CASE 函数

**实例 29**：执行 SQL 语句，使用 CASE 函数将学生成绩分成不合格、合格、优秀多个档次。

**步骤：**

**执行语句：**

```
SELECT 姓名,课程名称,期末成绩,CASE
WHEN 期末成绩 < =100 and 期末成绩 > =80 THEN '优秀'
WHEN 期末成绩 < =80 and 期末成绩 > =60 THEN '合格'
ELSE '不合格' END
FROM 学生成绩;
```

代码运行结果如图 3－2－46 所示。

```
mysql> SELECT 姓名,课程名称,期末成绩,
CASE WHEN 期末成绩<=100 and 期末成绩>=80 THEN '优秀' WHEN 期末成绩<=80 and 期末成绩>=60  THEN '合格' ELSE '不合格' END FROM 学生成绩;
+--------+------------+----------+------------------------------------------------------------------------------------------------------------+
| 姓名   | 课程名称   | 期末成绩 | CASE WHEN 期末成绩<=100 and 期末成绩>=80 THEN '优秀' WHEN 期末成绩<=80 and 期末成绩>=60  THEN '合格' ELSE '不合格' END |
+--------+------------+----------+------------------------------------------------------------------------------------------------------------+
| 刘佳佳 | 大数据导论 | 90.0     | 优秀     |
| 刘佳佳 | MySQL数据库 | 69.0    | 合格     |
| 田露   | MySQL数据库 | 86.0    | 优秀     |
| 汪汪   | MySQL数据库 | 70.0    | 合格     |
| 杨帅帅 | 计算机基础 | 77.0     | 合格     |
| 杨帅帅 | 高等数学   | 66.0     | 合格     |
| 杨帅帅 | 大学英语   | 50.0     | 不合格   |
| 何楚   | 计算机基础 | 68.0     | 合格     |
| 何楚   | 高等数学   | 75.0     | 合格     |
| 何楚   | 大学英语   | 80.0     | 优秀     |
+--------+------------+----------+------------------------------------------------------------------------------------------------------------+
10 rows in set (0.18 sec)
```

图 3－2－46　CASE 函数

## 五、JSON 函数

### 1. 创建 JSON 值的函数

JSON_OBJECT( ) 函数用于创建对象形式的 JSON 值，其语法形式如下：

```
JSON_OBJECT(key1: val1,key2: val2,…,keyn: valn)
```

**实例 30**：执行 SQL 语句，创建 JSON 对象。

**步骤：**

**执行语句：**

```
SELECT JSON_OBJECT('学号','20220001','姓名','小新');
```

代码运行结果如图 3－2－47 所示。

```
mysql> SELECT JSON_OBJECT('学号', '20220001', '姓名', '小新');
+---------------------------------------------+
| JSON_OBJECT('学号', '20220001', '姓名', '小新') |
+---------------------------------------------+
| {"姓名": "小新", "学号": "20220001"}           |
+---------------------------------------------+
1 row in set (0.17 sec)
```

图 3－2－47　JSON 函数 1

### 2. 修改 JSON 值的函数

在 MySQL 中常用修改 JSON 值的函数有两个。

方法一：

使用 JSON_ARRAY_APPEND( ) 函数将值附加到 JSON 文档中指示数组的结尾并返回结果。

➢ **语法**：JSON_ARRAY_APPEND(json_doc,key,val[,key,val]…)

方法二：

使用 JSON_SET( ) 函数在 JSON 文档中插入或更新数据并返回结果。

➢ **语法**：JSON_SET(json_doc,key,val[,key,val]…)

**实例 31**：执行 SQL 语句，使用 JSON_ARRAY_APPEND( ) 函数在数组中附加值。

**步骤一：**

使用用户变量定义 JSON 类型的数组。

**执行语句：**

```
SET @j = '["a", ["b", "c"], "d"]';
```

**步骤二：**

使用 JSON_ARRAY_APPEND( ) 函数分别在数组中不同的位置添加附加值。

**执行语句：**

```
SELECT JSON_ARRAY_APPEND(@j,'$[0]', 1),JSON_ARRAY_APPEND(@j,'$[1]', 1),JSON_ARRAY_APPEND(@j,'$[2]', 1);
```

代码运行结果如图 3-2-48 所示。

**实例 32**：执行 SQL 语句，使用 JSON_SET( ) 函数在 JSON 文档中更新和插入数据。

**步骤一：**

使用用户变量定义 JSON 类型的对象。

```
mysql> SET @j = '["a", ["b", "c"], "d"]';
Query OK, 0 rows affected (0.00 sec)

mysql> SELECT JSON_ARRAY_APPEND(@j, '$[0]', 1),JSON_ARRAY_APPEND(@j, '$[1]', 1),JSON_ARRAY_APPEND(@j, '$[2]', 1);
+----------------------------------+----------------------------------+----------------------------------+
| JSON_ARRAY_APPEND(@j, '$[0]', 1) | JSON_ARRAY_APPEND(@j, '$[1]', 1) | JSON_ARRAY_APPEND(@j, '$[2]', 1) |
+----------------------------------+----------------------------------+----------------------------------+
| [["a", 1], ["b", "c"], "d"]      | ["a", ["b", "c", 1], "d"]        | ["a", ["b", "c"], ["d", 1]]      |
+----------------------------------+----------------------------------+----------------------------------+
1 row in set (0.06 sec)
```

图 3-2-48　JSON 函数 2

**执行语句：**

```
SET @j = '{ "a": 1, "b": [2, 3]}';
```

**步骤二：**

使用 JSON_ARRAY_APPEND( ) 函数分别在 JSON 中不同的位置更新或插入数据。

**执行语句：**

```
SELECT JSON_SET(@j,'$.a', 10,'$.c','[true, false]');
```

代码运行结果如图 3-2-49 所示。

```
mysql> SET @j = '{ "a": 1, "b": [2, 3]}';
Query OK, 0 rows affected (0.00 sec)

mysql> SELECT JSON_SET(@j, '$.a', 10, '$.c', '[true, false]');
+-------------------------------------------------+
| JSON_SET(@j, '$.a', 10, '$.c', '[true, false]') |
+-------------------------------------------------+
| {"a": 10, "b": [2, 3], "c": "[true, false]"}    |
+-------------------------------------------------+
1 row in set (0.08 sec)
```

图 3-2-49　JSON 函数 3

### 3. 从 JSON 文档中删除数据的函数

如果用户需要删除 JSON 数组或者 JSON 对象中的数据，可以使用 JSON_REMOVE( ) 函数。

➢ **语法：** JSON_REMOVE(json_doc,key,val[,key,val]…)

**实例 33：** 执行 SQL 语句，删除 JSON 数组和 JSON 对象中的数据。

**步骤一：**

使用用户变量，定义 JSON 类型的对象。

**执行语句：**

```
SET @j = '["a",["b","c"],"d"]', @h = '{"a":1,"b":[2,3]}';
```

**步骤二：**

使用 JSON_REMOVE()函数删除 JSON 数组和 JSON 对象中的数据。

**执行语句：**

```
SELECT JSON_REMOVE(@j,'$[1]'), JSON_REMOVE(@h,'$.a');
```

代码运行结果如图 3-2-50 所示。

```
mysql> SET @j = '["a", ["b", "c"], "d"]', @h = '{ "a": 1, "b": [2, 3]}';
Query OK, 0 rows affected (0.00 sec)

mysql> SELECT JSON_REMOVE(@j, '$[1]'), JSON_REMOVE(@h, '$.a');
+-------------------------+-------------------------+
| JSON_REMOVE(@j, '$[1]') | JSON_REMOVE(@h, '$.a')  |
+-------------------------+-------------------------+
| ["a", "d"]              | {"b": [2, 3]}           |
+-------------------------+-------------------------+
1 row in set (0.09 sec)
```

图 3-2-50　JSON 函数 4

### 4. 返回 JSON 文档中数据和路径的函数

使用 JSON_EXTRACT()函数，可以根据给出的 key，返回 JSON 文档中其所对应的数据。

➢ **语法：** JSON_EXTRACT (json_doc,key1[,key2]…)

使用 JSON_SEARCH()函数可以根据给出的数据，返回 JSON 文档中其所对应的路径。

➢ **语法：** JSON_SEARCH (json_doc,one_or_all,str)

**实例 34：** 执行 SQL 语句，根据 key 返回 JSON 文档中其所对应的数据。

**步骤一：**

使用用户变量定义 JSON 类型的数组。

**执行语句：**

```
SET @j = '["a",["b","c"],"d"]';
```

**步骤二：**

使用 JSON_EXTRACT()函数查找数据。

**执行语句：**

```
SELECT JSON_EXTRACT(@j,'$[1]');
```

代码运行结果如图 3-2-51 所示。

```
mysql> SET @j = '["a", ["b", "c"], "d"]';
Query OK, 0 rows affected (0.00 sec)

mysql> SELECT JSON_EXTRACT(@j, '$[1]');
+--------------------------+
| JSON_EXTRACT(@j, '$[1]') |
+--------------------------+
| ["b", "c"]               |
+--------------------------+
1 row in set (0.08 sec)
```

图 3-2-51　JSON 函数 5

**实例 35**：执行 SQL 语句，根据数据返回 JSON 文档中其所对应的路径。

**步骤一**：

使用用户变量定义 JSON 类型的数组。

**执行语句**：

```
SET @j = '["a",["b","c"],"d","e","d",["a","d"]]';
```

**步骤二**：

使用 JSON_SEARCH()函数查找数据所对应的路径。

**执行语句**：

```
SELECT JSON_SEARCH(@j,'one','d'),JSON_SEARCH(@j,'all','d');
```

代码运行结果如图 3-2-52 所示。

```
mysql> SET @j = '["a", ["b", "c"], "d","e","d",["a","d"]]';
Query OK, 0 rows affected (0.00 sec)

mysql> SELECT JSON_SEARCH(@j,'one','d'),JSON_SEARCH(@j,'all','d');
+---------------------------+------------------------------+
| JSON_SEARCH(@j,'one','d') | JSON_SEARCH(@j,'all','d')    |
+---------------------------+------------------------------+
| "$[2]"                    | ["$[2]", "$[4]", "$[5][1]"] |
+---------------------------+------------------------------+
1 row in set (0.08 sec)
```

图 3-2-52　JSON 函数

## 六、其他函数

### 1. 返回数据库信息的函数

MySQL 中常用返回数据库信息的函数有 DATABASE()、VERSION()和 USER()，其中，DATABASE()函数返回使用 UTF8 字符集的当前数据库名，VERSION()函数返回当前数据库版本，USER()函数返回当前登录用户名和主机名的组合。

**实例 36**：执行 SQL 语句，查看当前数据库名、数据库版本和登录用户名。

**步骤**：

**执行语句**：

```
SELECT DATABASE(),VERSION(),USER();
```

代码运行结果如图 3-2-53 所示。

```
mysql> SELECT DATABASE(),VERSION(),USER();
+------------+-----------+----------------+
| DATABASE() | VERSION() | USER()         |
+------------+-----------+----------------+
| bookinfo   | 8.0.27    | root@localhost |
+------------+-----------+----------------+
1 row in set (0.02 sec)
```

图 3-2-53　返回数据库信息的函数

### 2. 加密函数

函数 MD5(str)可以对字符串 str 进行加密，算出一个 128 位二进制形式的信息，但是系统会显示为 32 位十六进制的信息；若参数为 NULL，则返回 NULL 值。该函数常用于对一些普通的不需要解密的数据进行加密。

**实例 37：** 执行 SQL 语句，验证 MD5( ) 函数的用法。

**步骤：**

**执行语句：**

```
SELECT MD5('123456'),MD5('654321'),MD5('abc'),MD5('cba');
```

代码运行结果如图 3-2-54 所示。

```
mysql> SELECT MD5('123456'),MD5('654321'),MD5('abc'),MD5('cba');
+----------------------------------+----------------------------------+----------------------------------+----------------------------------+
| MD5('123456')                    | MD5('654321')                    | MD5('abc')                       | MD5('cba')                       |
+----------------------------------+----------------------------------+----------------------------------+----------------------------------+
| e10adc3949ba59abbe56e057f20f883e | c33367701511b4f6020ec61ded352059 | 900150983cd24fb0d6963f7d28e17f72 | 3944b025c9ca7eec3154b44666ae04a0 |
+----------------------------------+----------------------------------+----------------------------------+----------------------------------+
1 row in set (0.03 sec)
```

图 3-2-54　加密函数

使用 MD5( ) 函数加密数据需注意两点。无论输入信息长度为多少，经过处理后，结果均为 128 位二进制形式的信息，但系统会显示为 32 位十六进制的信息；MD5( ) 函数是单向加密，根据输出结果不能反推出输入的信息。

### 3. 进制数据转换函数

函数 CONV(val,from_base,to_base)用于不同进制数据之间的相互转换，其中，参数 val 为需要转换的数据，该函数的作用是将其由 from_base 进制转换为 to_base 进制。

**实例 38：** 执行 SQL 语句，验证函数 CONV(val,from_base,to_base)的应用。

**步骤：**

**执行语句：**

```
SELECT CONV(255,10,2),CONV('ff',16,2),CONV(377,8,2);
```

代码运行结果如图 3-2-55 所示。

```
mysql> SELECT CONV(255,10,2),CONV('ff',16,2),CONV(377,8,2);
+----------------+-----------------+---------------+
| CONV(255,10,2) | CONV('ff',16,2) | CONV(377,8,2) |
+----------------+-----------------+---------------+
| 11111111       | 11111111        | 11111111      |
+----------------+-----------------+---------------+
1 row in set (0.06 sec)
```

图 3-2-55　进制数据转换函数

### 4. IP 地址与数字相互转换函数

为方便地进行 IP 或者网段的比较，可以将字符串形式的 IP 地址转换为数字表示的网络字节序。这就用到了 INET_ATON(IP)函数和 INET_NTOA(val)函数。

**实例 39**：执行 SQL 语句，验证函数 INET_ATON(IP)和 INET_NTOA(val)的应用。

**步骤**：

**执行语句**：

```
SELECT INET_ATON('127.0.0.1'),INET_NTOA(2130706433);
```

代码运行结果如图 3－2－56 所示。

```
mysql> SELECT INET_ATON('127.0.0.1'),INET_NTOA(2130706433);
+------------------------+-----------------------+
| INET_ATON('127.0.0.1') | INET_NTOA(2130706433) |
+------------------------+-----------------------+
|             2130706433 | 127.0.0.1             |
+------------------------+-----------------------+
1 row in set (0.05 sec)
```

图 3－2－56　IP 地址与数字相互转换函数

# 任务3　存储过程

## 情境引入

小何在一家软件开发公司顶岗实习，A高校需要建设学生信息系统，小何所在的公司承接了该项目，并成立了项目组。小何了解了项目背景后，觉得这是一个难得的锻炼机会，于是向领导提出了申请，也参与到了这个项目组中。

## 学习目标

➢ **专业能力**

1. 掌握创建存储过程方法。
2. 掌握使用存储过程的方法。

➢ **方法能力**

1. 通过使用存储过程，实现复杂数据操作的能力。
2. 通过完成学习任务，提高解决实际问题的能力。

➢ **社会能力**

1. 培养学生逻辑思维能力和分析问题、解决问题的能力。
2. 培养严谨的工作作风，增强信息安全意识和危机意识。
3. 培养学生运用数据库管理系统解决实际问题的能力。

## 任务3－1　创建并调用存储过程

### 任务描述

小明在熟悉了SQL的基础操作以后，项目组要求他为图书管理系统设计借阅功能。要实现图书借阅功能，需要一组具有特定功能的SQL语句和可选控制流语句的预编译集合，并能持久性保存在数据库中，这需要存储过程来实现。

### 知识学习

存储过程（Stored Procedure）是在大型数据库系统中，一组为了完成特定功能的SQL语句集，它存储在数据库中，一次编译后永久有效，用户通过指定存储过程的名字并给出参数（如果该存储过程带有参数）来执行它。存储过程是数据库中的一个重要对象。在数据量特别庞大的情况下，利用存储过程能达到倍速的效率提升。

存储过程的优点有：

（1）存储过程在服务器端运行，执行速度快。

（2）存储过程执行一次后，其执行规划就驻留在高速缓冲存储器，在以后的操作中，只需从高速缓冲存储器中调用已编译好的二进制代码执行即可，提高了系统性能。

（3）确保数据库的安全。使用存储过程可以完成所有数据库操作，并可通过编程方式控制上述操作对数据库信息访问的权限。

### 1. 创建存储过程

创建存储过程可以使用 CREATE PROCEDURE 语句。

**语法格式：**

```
CREATE PROCEDURE 存储过程名 ([参数[,…]]) 存储过程体
```

参数：存储过程的参数，格式如下：

```
[ IN | OUT | INOUT ] 参数名 类型
```

➢ 当有多个参数的时候，中间用逗号隔开。存储过程可以有 0 个、1 个或多个参数。

➢ 关键字 IN、OUT 和 INOUT 分别为输入参数、输出参数和输入/输出参数。输入参数使数据可以传递给一个存储过程。当需要返回一个答案或结果的时候，存储过程使用输出参数。输入/输出参数既可以充当输入参数，也可以充当输出参数。

➢ 存储过程也可以不加参数，但是名称后面的括号是不可省略的。

➢ 参数的名字不要等于列的名字，否则不会返回出错消息。

在 MySQL 中，服务器处理语句的时候是以分号为结束标志的。但是在创建存储过程的时候，存储过程体中可能包含多个 SQL 语句，每个 SQL 语句都是以分号为结尾的，这时服务器处理程序的时候遇到第一个分号就会认为程序结束，这肯定是不行的。所以，这里使用 DELIMITER 命令将 MySQL 语句的结束标志修改为其他符号。

DELIMITER 语法格式为：

```
DELIMITER $$
```

$$ 是用户定义的结束符，通常这个符号可以是一些特殊的符号，如两个“#”、两个“￥”等。

### 2. 调用存储过程

存储过程创建完后，可以在程序、触发器或者存储过程中被调用，调用时都必须使用到 CALL 语句。

**语法格式：**

```
CALL 存储过程名( [参数 [,…]])
```

参数为调用该存储过程使用的参数，这条语句中的参数个数必须总是等于存储过程的参数个数。如果是输出变量，前面加@ 。

## 任务实施

## 一、创建存储过程

**实例 1：** 将 MySQL 结束符修改为两个斜杠“/”符号。

**步骤：**

**执行语句：**

```
DELIMITER //
```

要想恢复使用分号“;”作为结束符，运行下面的命令即可：

**执行语句：**

```
DELIMITER;
```

代码运行结果如图 3－3－1 所示。

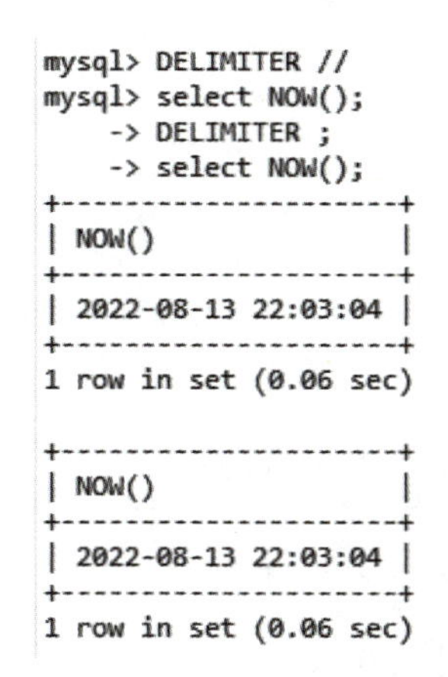


图 3－3－1　DELIMITER 使用方法

**实例 2**：创建一个名为 proc 的简单存储过程，用于获取 book 表中的记录数。

**步骤：**

**执行语句：**

```
DELIMITER $$
CREATE PROCEDURE proc(OUT num INT)
 BEGIN
  SELECT COUNT( * ) INTO num FROM book;
 END $$
DELIMITER ;
```

代码运行结果如图 3－3－2 所示。

```
mysql> DELIMITER $$
mysql> CREATE PROCEDURE proc(OUT num INT)
    -> BEGIN
    -> SELECT COUNT(*) INTO num FROM book;
    -> END $$
Query OK, 0 rows affected (0.07 sec)

mysql> DELIMITER ;
```

图 3－3－2　创建存储过程 proc

在关键字 BEGIN 和 END 之间指定了存储过程体，因为在程序开始用 DELIMITER 语句转换了语句结束标志为“$$”，所以 BEGIN 和 END 被看成一个整体，在 END 后用“$$”结束。当然，BEGIN－END 复合语句还可以嵌套使用。

## 二、调用存储过程

**实例 3**：调用上个实例创建的存储过程 proc( )，查看其返回值。

**步骤一**：

使用 CALL 调用存储过程，输出参数为@ num;。

**执行语句**：

```
CALL proc(@num);
```

**步骤二**：

使用 SELECT 显示输出参数。

**执行语句**：

```
SELECT @num;
```

代码运行结果如图 3 -3 -3 所示。

```
mysql> call proc(@num);
Query OK, 1 row affected (0.05 sec)

mysql> select @num;
+------+
| @num |
+------+
|   12 |
+------+
1 row in set (0.06 sec)
```

图 3 -3 -3　调用存储过程 proc

## 三、使用图形化工具创建存储过程

**实例 4**：创建一个名为 proc1 的简单存储过程，用于获取 book 表中的记录数。

**步骤一**：

使用 Navicat for MySQL 连接 MySQL 后，双击需要操作的数据库“bookinfo”，然后单击“函数”按钮。

**步骤二**：

单击“新建函数”按钮，选择需要创建的类型，此处选择创建存储过程，单击“下一步”按钮，如图 3 -3 -4 所示。

**步骤三**：

在编辑区填写存储过程需要的参数，单击编辑区左下方的“ + ”按钮可以添加参数，单击“ - ”按钮可以删除参数，如果存储过程没有参数，直接单击“完成”按钮即可，如图 3 -3 -5 所示。

**步骤四**：

在 BEGIN…END 语句中编辑需要执行的 SQL 语句，再单击“保存”按钮，如图 3 -3 -6 所示。

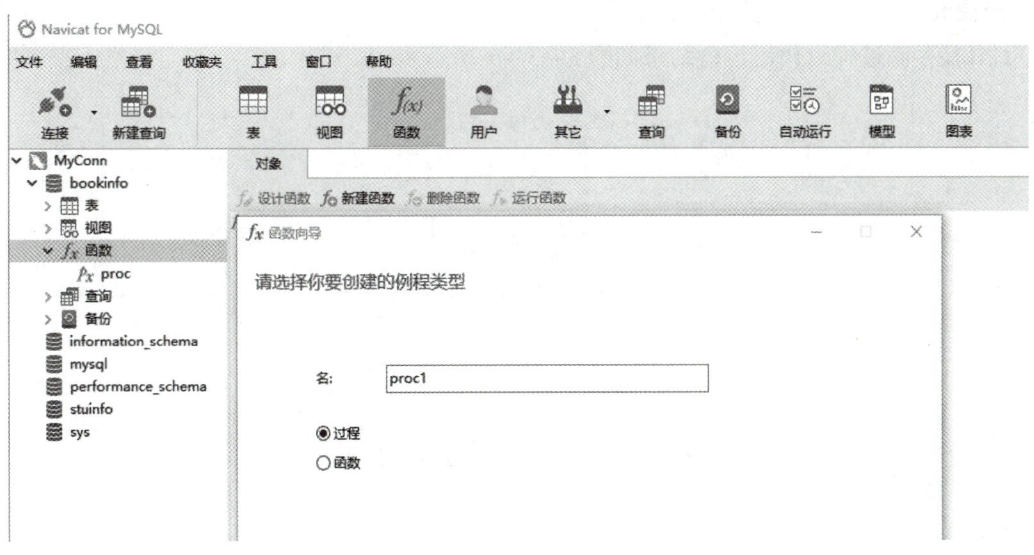


图 3-3-4　单击“新建函数”按钮

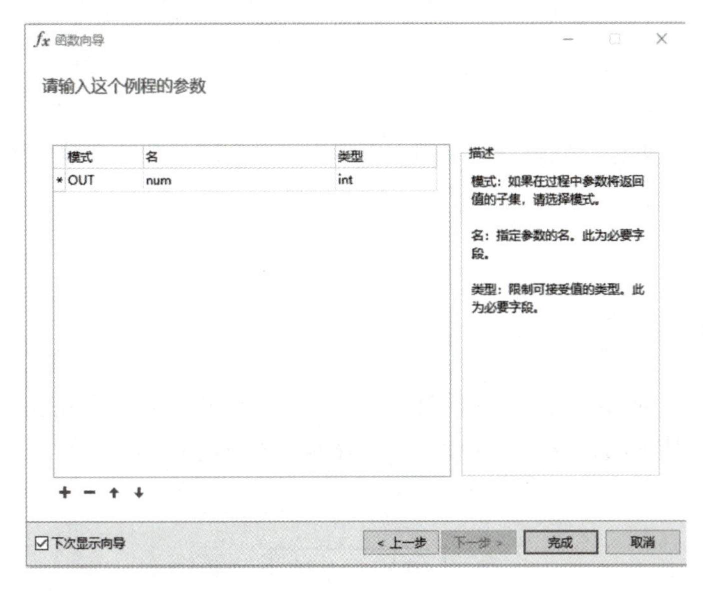


图 3-3-5　添加存储过程参数

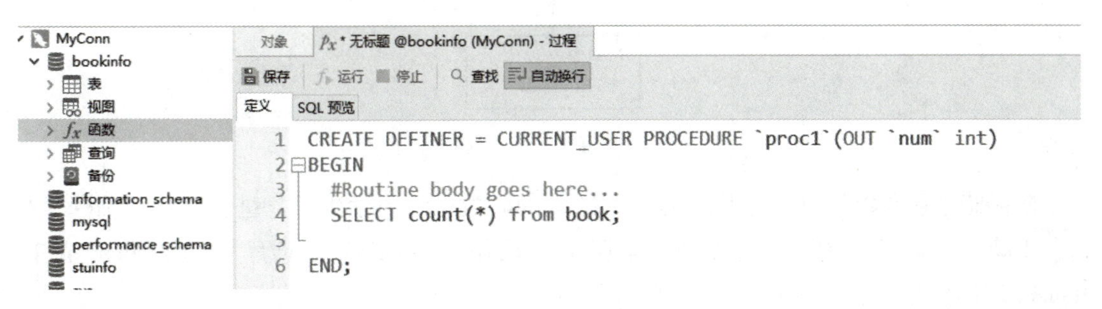


图 3-3-6　编辑存储过程内容

**步骤五：**

CALL 存储过程，代码运行结果如图 3－3－7 所示。

```
mysql> call proc1(@num);
+----------+
| count(*) |
+----------+
|       12 |
+----------+
1 row in set (0.01 sec)

Query OK, 0 rows affected (0.00 sec)
```

图 3－3－7 调用存储过程 proc1

# 任务 3－2 借书登记管理

## 任务描述

开发人员在 MySQL 数据库管理系统中创建好学生信息数据库后，开始创建数据表为存储数据做准备。

## 任务分析

本任务中，将为创建存储过程实现借书管理。主要实现的功能有学生注册信息功能和借书功能。

## 知识学习

### 一、学生注册信息功能分析

学生借阅图书之前需要注册个人信息，同时需要对照原学生信息系统内的数据，有该学生信息才会允许注册成功，因此需要创建一个存储过程 stu_register 实现学生信息注册。流程如图 3－3－8 所示。

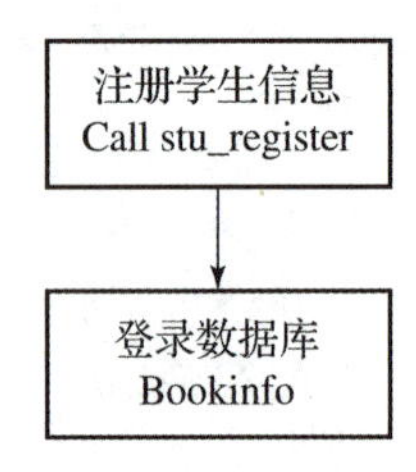


图 3－3－8 学生注册流程

该存储过程参数只要学号和姓名，通过 stuinfo 数据库内学生信息进行对比，确保学生信息正确，并将相关的班级、专业、学院信息调用到 bookinfo 数据库中的 Student 表中。Student 表结构见表 3－3－1。

➢ Student(stu_id，stu_name，stu_class，stu_specialty，stu_college，stu_integrity)

表 3－3－1　Student 表结构

| 字段名 | 数据类型 | 是否为空 | 约束 | 字段说明 |
|---|---|---|---|---|
| stu_id | Char(15) | 否 | 主键 | 标明学生唯一学号 |
| stu_name | char(10) | 否 | | 学生姓名 |
| stu_class | Varchar(30) | 否 | | 学生班级 |
| stu_specialty | Varchar(30) | 否 | | 学生专业 |
| stu_college | Varchar(30) | 否 | | 所在学院 |
| stu_integrity | int | 否 | default＝1 | 学生诚信级（1 表示诚信，0 表示不诚信） |

## 二、借书功能分析

借书功能需要判断该学生诚信度和书籍是否在架上，若为真，则借书成功，在 Borrow 表中插入纪录；否则提示“借书失败”。因此需要创建一个存储过程 proc_borrow 实现借书功能。流程如图 3－3－9 所示。

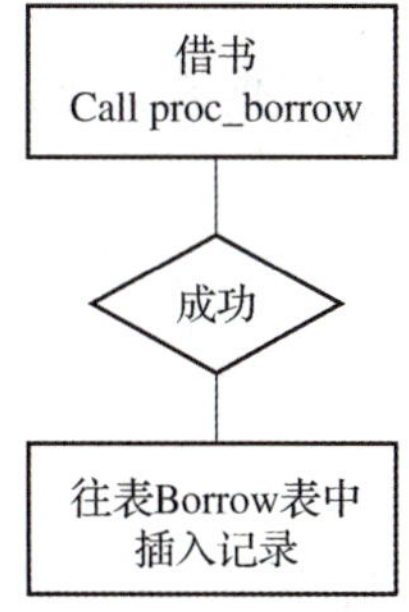


图 3－3－9　借书流程

该存储过程参数只要学号和书籍编号，通过 bookinfo 数据库内 Book 表中 book_num 字段和 Student 表中 stu_integrity 字段进行判断。如果书在书架上（book_num＝1）及学生诚信(stu_integrity＝1)，则该书可以借出，设置借书时间为当前时间，预期还书时间为 30 天以后，并将数据添加到 borrow 表中。borrow 表结构见表 3－3－2。

➢ Borrow(borrow_id，student_id，book_id，borrow_date，expect_return_date)

表 3－3－2　Borrow 表结构

| 字段名 | 数据类型 | 是否为空 | 约束 | 字段说明 |
|---|---|---|---|---|
| borrow_id | int | 否 | 主键、自增 | 借书流水号 |
| student_id | char(15) | 否 | 外键 | 学生编号 |
| book_id | int | 否 | 外键 | 书籍编号 |
| borrow_date | datetime | 否 | | 借书时间 |
| expect_return_date | datetime | 否 | | 预期归还时间 |
| status | int | 否 | default＝1 | 0 表示已归还，1 表示未归还 |

## 任务实施

**实例 1**：创建名为 stu_register 的存储过程，要求以 CALL – stu_register('2020010001', '刘佳佳')方式实现学生信息的注册需求。

**步骤一**：

创建存储过程 stu_register。

**执行语句**：

```
DELIMITER //
Create procedure stu_register(in stu_id char(15),in stu_name char(10))
BEGIN
insert into student
select sno,sname,classname,specialty,college,1 from stuinfo.学生信息
where Exists (select * from stuinfo.学生信息 where sno = stu_id and sname = stu_name) and sno = stu_id;
END //
```

**步骤二**：

通过 CALL 调用存储过程，并将相关数据添加到 bookinfo 数据库的 Student 表中。

**执行语句**：

```
CALL stu_register('2020010001', '刘佳佳')
```

代码运行结果如图 3 – 3 – 10 和图 3 – 3 – 11 所示。

```
mysql> DELIMITER //
mysql> create procedure stu_register(in stu_id char(15),in stu_name char(10))
BEGIN
insert into student
select sno,sname,classname,specialty,college,1 from stuinfo.学生信息
where Exists (select * from stuinfo.学生信息 where sno=stu_id and sname=stu_name) and  sno=stu_id;
END //
Query OK, 0 rows affected (0.07 sec)

mysql> DELIMITER ;
mysql> CALL stu_register('2020010001', '刘佳佳');
Query OK, 1 row affected (0.05 sec)
```

图 3 – 3 – 10　创建存储过程 stu_register

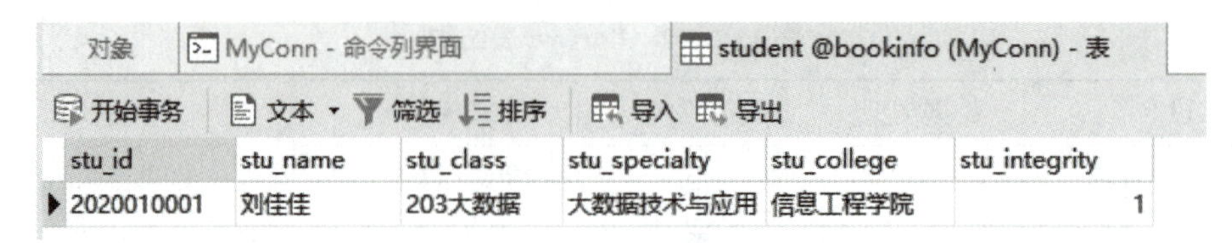

| stu_id | stu_name | stu_class | stu_specialty | stu_college | stu_integrity |
|---|---|---|---|---|---|
| 2020010001 | 刘佳佳 | 203大数据 | 大数据技术与应用 | 信息工程学院 | 1 |

图 3 – 3 – 11　添加数据成功

**实例 2**：创建名为 proc_borrow 的存储过程，要求以 CALL proc_borrow ('2020010001', 1)和 CALL proc_borrow ('2020010001', 2)方式实现借书功能。

**步骤一**：

创建存储过程 proc_borrow。

**执行语句：**

```
DELIMITER //
Create procedure proc_borrow(in s_id int, in b_id int)
BEGIN
 if (select stu_integrity from student where s_id) = 1 and (select book_num from
book where book_id = b_id) = 1
      then
      insert into borrow (student_id, book_id, borrow_date, expect_return_date)
values(s_id, b_id, now(), date_add(now(),INTERVAL 30 day));
 else select '借书失败';
 end if;
END //
```

代码运行结果如图 3－3－12 所示。

```
mysql> DELIMITER //
mysql> create procedure proc_borrow(in s_id int, in b_id int)
  BEGIN
    if (select stu_integrity from student where s_id)= 1 and (select book_num from book where book_id = b_id)= 1
         then
         insert into borrow (student_id, book_id, borrow_date, expect_return_date)
         values(s_id, b_id, now(), date_add(now(),INTERVAL 30 day));
    else select '借书失败';
    end if;
  END //
Query OK, 0 rows affected (0.16 sec)
```

图 3－3－12　创建存储过程 proc_borrow

**步骤二：**

通过 CALL 调用存储过程，并将相关数据添加到 bookinfo 数据库的 Borrow 表中。

**执行语句：**

```
CALL proc_borrow('2020010001',1);
```

代码运行结果如图 3－3－13 所示。

```
mysql> CALL proc_borrow('2020010001',1);
+----------+
| 借书失败 |
+----------+
| 借书失败 |
+----------+
1 row in set (0.08 sec)

Query OK, 0 rows affected (0.00 sec)
```

图 3－3－13　调用 proc_borrow，显示借书失败

➢ 由于输入参数 book_id 对应的 book_num 为 0，不在书架上，所以借书失败。

**步骤三：**

**执行语句：**

```
CALL proc_borrow('2020010001',2);
```

代码运行结果如图 3－3－14 所示。

```
mysql> CALL proc_borrow('2020010001',2);
Query OK, 1 row affected (0.09 sec)
```

图 3-3-14　调用 proc_borrow，成功执行

对象　MyConn - 命令列界面　borrow @bookinfo (MyConn) - 表

开始事务　文本　筛选　排序　导入　导出

| borrow_id | student_id | book_id | borrow_date | expect_return_date | status |
|---|---|---|---|---|---|
| 1 | 2020010001 | 2 | 2022-09-04 09:14:06 | 2022-10-04 09:14:06 | 1 |

➢ 由于输入参数 book_id 对应的 book_num 为 1，在书架上，对应数据成功添加到 borrow 表中。

# 任务 3-3　还书管理

## 任务描述

小明在实现了借书功能的存储过程后，将使用同样的方式解决还书问题。本任务中，将实现还书管理，主要实现的功能有罚单生成功能和还书功能。

## 知识学习

### 一、罚单生成功能分析

根据预期归还时间借书表中预期归还时间来判断是否逾期，如果超过，则触发定时器批量生成罚单，并更新 Ticket 表，因此需要创建一个存储过程 proc_gen_ticket 来实现罚单功能。流程如图 3-3-15 所示。

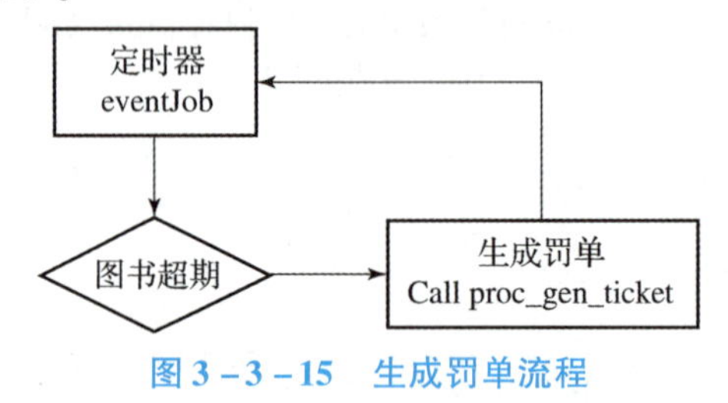


图 3-3-15　生成罚单流程

该存储过程参数只要当前时间，bookinfo 数据库内 borrow 表中 status 字段为 1，则表示书未还，所有未还的记录的 expect_return_date 字段与当前日期（使用 NOW()函数可获得）进行对比，逾期的将产生罚单，每天 0.1 元的罚金，并更新 Ticket 表。Ticket 表结构见表 3-3-3。

➢ Ticket(borrow_id，over_date，ticket_fee)

表 3-3-3　Ticket 表结构

| 字段名 | 数据类型 | 是否为空 | 约束 | 字段说明 |
|---|---|---|---|---|
| borrow_id | int | 否 | 主键、外键 | 借书流水号 |
| over_date | int | 否 | | 超期天数 |
| ticket_fee | float | 否 | | 处罚金额 |

## 二、还书功能分析

还书时可能会出现的情况有三种。第一，查看书是否超期，即查询 Ticket 表项，当发现有罚单并且没有交清时，提示交罚单；第二，查看书是否有借阅记录，即查询 Borrow 表项，没有记录，提示没有借阅记录；第三，查看书是否归还，即查询 Borrow 表中 status 为 0，表示书已归还；第四，当 Ticket 表中没有罚单，Borrow 表中 status 为 1，可以正常还书，则在还书表中添加还书记录。流程如图 3－3－16 所示。

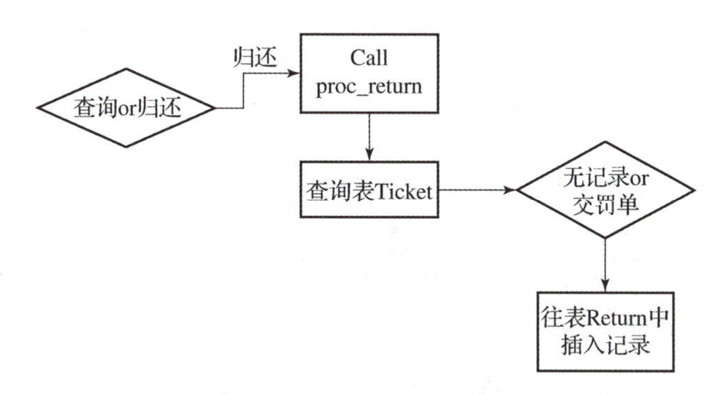


图 3－3－16　还书功能流程

该存储过程参数只要借书流水号 borrow_id。通过 borrow_id 判断在 Ticket 表中是否存在未交清的罚单，如果有未缴清的罚单，显示“请交罚金”；通过 borrow_id 判断在 Borrow 表中是否存在借阅记录，如果为没有，显示“没有借阅记录”；通过 borrow_id 判断在 Borrow 表中 status 的状态，如果为 0，表示已归还，显示“书已归还”；否则，还书成功，将还书信息添加到 Returns 表中。Returns 表结构见表 3－3－4。

➢ Returns(return_id，borrow_id，borrow_date，return_date)

**表 3－3－4　Returns 表结构**

| 字段名 | 数据类型 | 是否为空 | 约束 | 字段说明 |
| --- | --- | --- | --- | --- |
| return_id | int | 否 | 主键、自增 | 还书流水号 |
| borrow_id | int | 否 | 外键 | 借书流水号 |
| borrow_date | datetime | 否 | | 借书时间 |
| return_date | datetime | 是 | | 实际还书时间 |

## 任务实施

**实例 1：** 创建名为 proc_gen_ticket 的存储过程实现罚单生成功能，批量更新 ticket 表中数据。

**步骤一：**

创建存储过程 proc_gen_ticket。

**执行语句：**

```
DELIMITER //
create procedure proc_gen_ticket(in currentdate datetime)
BEGIN
replace into ticket(borrow_id, over_date, ticket_fee)
select borrow_id, datediff(cur_date,expect_return_date), 0.1 * datediff(cur_date, expect_return_date) from borrow where status =1 and cur_date > expect_return_date;
END //
```

代码运行结果如图 3－3－17 所示。

```
mysql> DELIMITER //
mysql> create procedure proc_gen_ticket(in cur_date datetime)
  BEGIN
    replace into ticket(borrow_id, over_date, ticket_fee)
    select borrow_id, datediff(cur_date,expect_return_date), 0.1*datediff(cur_date, expect_return_date)
        from borrow where status=1 and cur_date> expect_return_date;
  END //
Query OK, 0 rows affected (0.08 sec)
```

图 3－3－17　创建存储过程 proc_gen_ticket

**步骤二：**

通过 CALL 调用存储过程，参数为当前日期。

**执行语句：**

```
CALL proc_gen_ticket (now());
```

代码运行结果如图 3－3－18 和图 3－3－19 所示。

```
mysql> CALL proc_gen_ticket (now());
Query OK, 0 rows affected (0.00 sec)
```

图 3－3－18　调用 proc_gen_ticket，日期为当前日期

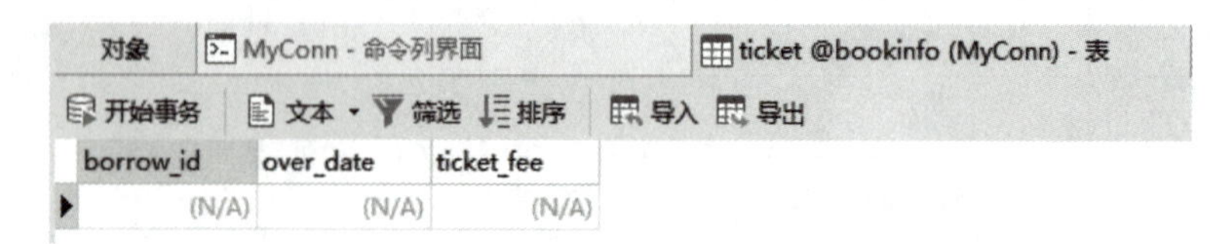


图 3－3－19　罚单表中没有生成记录

➢ 由于输入参数当前日期小于借书表中所有预期归还时间，因此没有罚单，所以 Ticket 表中没有数据。

**步骤三：**

通过 CALL 调用存储过程，参数为当前日期之后第 45 天。

**执行语句：**

```
CALL proc_gen_ticket (ADDDATE(now(),INTERVAL 45 day));
```

代码运行结果如图 3 -3 -20 和图 3 -3 -21 所示。

```
mysql> CALL proc_gen_ticket (ADDDATE(now(),INTERVAL 45 day));
Query OK, 1 row affected (0.07 sec)
```

图 3 -3 -20　调用 proc_gen_ticket，日期为 45 天后

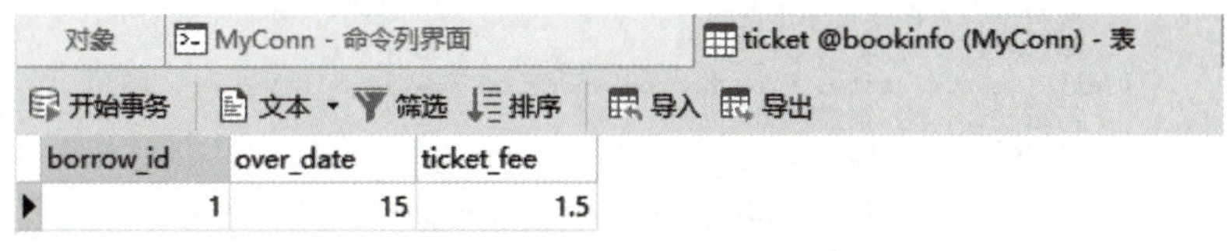


| borrow_id | over_date | ticket_fee |
|---|---|---|
| 1 | 15 | 1.5 |

图 3 -3 -21　罚单表中生成记录

➢ 由于输入参数的时间超出预期归还时间 15 天，产生罚单，对应数据成功更新到 Ticket 表中。

**实例 2**：创建名为 proc_return 的存储过程实现还书功能，更新 Borrow 和 Returns 表中数据。

**步骤一：**

创建存储过程 proc_return。

**执行语句：**

```
DELIMITER //
create procedure proc_return(in b_id int)
BEGIN
if EXISTS(select ticket_fee from ticket where borrow_id = b_id)
/* 判断产生了罚单 */
then select '请交罚金';
else if NOT EXISTS(select * from borrow where borrow_id = b_id)
  /* 判断是否存在该借阅记录 */
  then select '没有借阅记录';
elseif (select status from borrow where borrow_id = b_id) = 0
  /* 判断归还,为 0 则显示已归还 */
  then select '已归还';
else
  /* 记录归还项目到 return 中,并且将借书记录中的 status 设置为 0 */
  insert into returns(borrow_id, borrow_date, return_date)
select borrow_id, borrow_date,now() from borrow where
borrow_id = b_id;
  update borrow set status = 0 where borrow_id = b_id;
end if;
END //
```

代码运行结果如图 3 -3 -22 所示。

**步骤二：**

通过 CALL 调用存储过程，实现还书功能。

```
mysql> DELIMITER //
mysql> create procedure proc_return(in b_id int)
  BEGIN
    if EXISTS(select ticket_fee from ticket where borrow_id=b_id)
      /*判断产生了罚单*/
      then select '请交罚金';
    elseif NOT EXISTS(select * from borrow where borrow_id=b_id)
      /*判断是否存在该借阅记录*/
      then select '没有借阅记录';
    elseif (select status from borrow where borrow_id=b_id)=0
      /*判断归还，为0则显示已归还*/
      then select '已归还';
    else
      /*纪录归还项目到return中，并且将借书纪录中的status设置为0*/
      insert into returns(borrow_id, borrow_date, return_date)
      select borrow_id, borrow_date,now() from borrow where borrow_id=b_id;
      update borrow set status=0 where borrow_id=b_id;
    end if;
  END //
Query OK, 0 rows affected (0.07 sec)
```

图 3-3-22　创建存储过程 proc_return

（1）还借书流水号为“1”的书籍。

**执行语句：**

```
CALL proc_return (1);
```

代码运行结果如图 3-3-23 所示。

```
mysql> CALL proc_return (1);
+----------+
| 请交罚金 |
+----------+
| 请交罚金 |
+----------+
1 row in set (0.07 sec)
```

图 3-3-23　调用 proc_return，显示请交罚金

➢ 由于 Ticket 表中有借书流水号为 1 的罚款记录，所以显示“请交罚款”。

（2）还借书流水号为“2”的书籍。

**执行语句：**

```
CALL proc_return (2);
```

代码运行结果如图 3-3-24 所示。

```
mysql> CALL proc_return (2);
+--------------+
| 没有借阅记录 |
+--------------+
| 没有借阅记录 |
+--------------+
1 row in set (0.06 sec)
```

图 3-3-24　调用 proc_return，显示没有借阅记录

➢ 由于 Borrow 表中没有借书流水号为 2 的借阅记录，所以显示“没有借阅记录”。

（3）通过调用借书存储过程，在 Borrow 表中增加了一条流水号为 2 的借阅记录，生成新的借阅记录，再执行还书存储过程。

**执行语句：**

```
CALL proc_borrow('2020010001',12);
```

代码运行结果如图 3－3－25 和图 3－3－26 所示。

```
mysql> CALL proc_borrow('2020010001',12);
Query OK, 1 row affected (0.07 sec)
```

图 3－3－25　调用 proc_borrow，添加数据成功执行

对象　MyConn - 命令列界面　borrow @bookinfo (MyConn) - 表

开始事务　文本　筛选　排序　导入　导出

| borrow_id | student_id | book_id | borrow_date | expect_return_date | status |
|---|---|---|---|---|---|
| 1 | 2020010001 | 2 | 2022-09-04 09:14:06 | 2022-10-04 09:14:06 | 1 |
| 2 | 2020010001 | 12 | 2022-09-04 10:01:36 | 2022-10-04 10:01:36 | 1 |

图 3－3－26　Borrow 表中生成新的记录

➢ 借书流水号为“2”的借阅记录已生成。

（4）再次还借书流水号为“2”的书籍。

**执行语句：**

```
CALL proc_return (2);
```

（5）代码运行结果如图 3－3－27 所示。

```
mysql> CALL proc_return (2);
Query OK, 1 row affected (0.11 sec)
```

图 3－3－27　调用 proc_return，成功执行

➢ 新的还书记录被插入 Returns 表中，如图 3－3－28 所示。

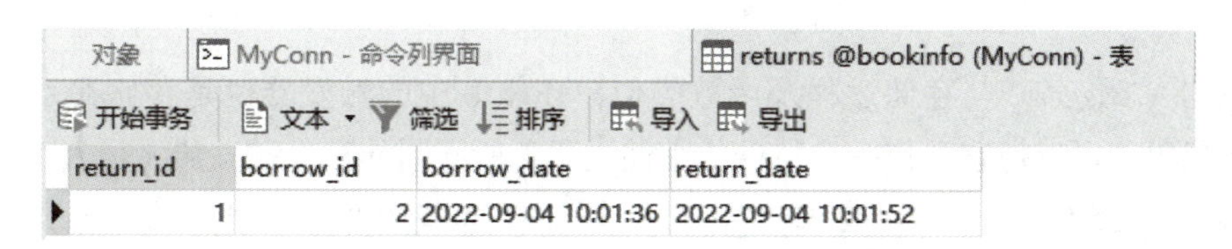

对象　MyConn - 命令列界面　returns @bookinfo (MyConn) - 表

开始事务　文本　筛选　排序　导入　导出

| return_id | borrow_id | borrow_date | return_date |
|---|---|---|---|
| 1 | 2 | 2022-09-04 10:01:36 | 2022-09-04 10:01:52 |

图 3－3－28　Returns 表中生成新的记录

➢ 同时，Borrow 表中流水号为 2 的 status 为 0，表示已归还，如图 3－3－29 所示。

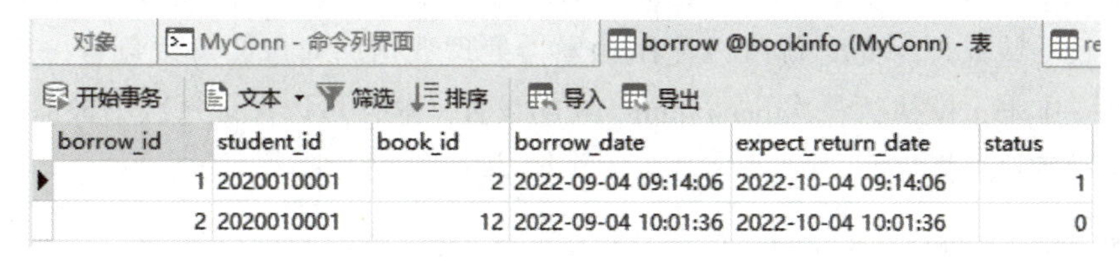

对象　MyConn - 命令列界面　borrow @bookinfo (MyConn) - 表

开始事务　文本　筛选　排序　导入　导出

| borrow_id | student_id | book_id | borrow_date | expect_return_date | status |
|---|---|---|---|---|---|
| 1 | 2020010001 | 2 | 2022-09-04 09:14:06 | 2022-10-04 09:14:06 | 1 |
| 2 | 2020010001 | 12 | 2022-09-04 10:01:36 | 2022-10-04 10:01:36 | 0 |

图 3－3－27　Borrow 表中状态已更新

# 任务 4 创建触发器

## 情境引入

在图书管理数据库系统维护过程中，数据表中为了保证数据的完整性或执行其他特殊规则，只有约束还不够。项目组要求小明运用触发器的功能，确保图书借阅过程中书籍状态保持和真实情况一致。

## 学习目标

➤ **专业能力**

1. 认识触发器。
2. 掌握创建触发器方法。

➤ **方法能力**

1. 通过使用触发器，提升数据库完整性维护能力。
2. 通过完成学习任务，提高解决实际问题的能力。

➤ **社会能力**

1. 培养学生逻辑思维能力和分析问题、解决问题的能力。
2. 培养严谨的工作作风，增强信息安全意识和危机意识。
3. 培养学生运用数据库管理系统解决实际问题的能力。

## 任务描述

数据表中为了保证数据的完整性或执行其他特殊规则，MySQL 除了提供约束之外，还提供了另外一种机制：触发器（trigger）。本任务使用触发器来完成书籍状态更新的工作。

## 知识学习

触发器（Trigger）与存储过程及函数类似，MySQL 中的触发器也是存储在系统内部的一段程序代码，可以把它看作一个特殊的存储过程。所不同的是，触发器无须人工调用，当程序满足定义条件时，就会被 MySQL 自动调用。这些条件可以称为触发事件，包括 INSERT、UPDATE 和 DELETE 操作

触发器常被用在数据库端来确保数据的完整性。例如，在开发图书管理系统项目时，会遇到如下情况：当借出一本书后，要更改 Book 表中书架状态。就是在对表执行某项操作后，需要自动进行一些处理。此时就可以使用触发器处理数据库对象，可以创建一个触发器对象，每借出一本书，就执行一次 book_num =0 的设置，这样可以保证每次书被借出后，书不在书架上，避免错误操作。

触发器有以下优点：

(1) 自动执行。触发器在对表的数据做了任何修改之后立即被激活。

(2) 级联更新。触发器可以通过数据库中的相关表进行层叠更改，这比直接把代码写

在前台的做法更安全合理。

（3）强化约束。触发器可以引用其他表中的列，能够实现比 CHECK 约束更为复杂的约束。

（4）跟踪变化。触发器可以阻止数据库中未经许可的指定更新和变化。

（5）强制业务逻辑。触发器可用于执行管理任务，并强制影响数据库的复杂业务规则。

## 一、创建触发器

创建存储过程可以使用 CREATE TRIGGER 语句。

**语法格式：**

```
CREATE  [DEFINER = {'user'|CURRENT_USER}]
TRIGGER trigger_name trigger_time trigger_event
ON table_name
FOR EACH ROW
[trigger_order]
trigger_body
```

MySQL 创建触发器语法中的关键词解释见表 3－4－1。

**表 3－4－1　MySQL 创建触发器语法中的关键词解释**

| 字段 | 含义 | 可能的值 |
|---|---|---|
| DEFINER = | 可选参数，指定创建者，默认为当前登录用户。<br>该触发器将以此参数指定的用户执行，所以需要考虑权限问题 | 'root@%'<br>CURRENT_USER |
| trigger_name | 触发器名称 | |
| trigger_time | 触发时间，在某个事件之前还是之后 | BEFORE、AFTER |
| trigger_event | 触发事件，如插入时触发、删除时触发。<br>INSERT：插入操作触发器，INSERT、LOAD DATA、REPLACE 操作时触发；<br>UPDATE：更新操作触发器，UPDATE 操作时触发；<br>DELETE：删除操作触发器，DELETE、REPLACE 操作时触发 | INSERT<br>UPDATE<br>DELETE |
| table_name | 触发操作时间的表名 | |
| trigger_order | 可选参数，如果定义了多个具有相同触发事件和触发时间的触发器，默认触发顺序与触发器的创建顺序一致，可以使用此参数来改变它们触发顺序。<br>FOLLOWS：当前创建触发器在现有触发器之后激活；<br>PRECEDES：当前创建触发器在现有触发器之前激活 | FOLLOWS<br>PRECEDES |
| trigger_body | 触发执行的 SQL 语句内容，一般以 begin 开头，end 结尾 | begin…end |

在 trigger_body 中，可以使用 NEW 表示将要插入的新行，OLD 表示将要删除的旧行。通过 OLD、NEW 获取它们的字段内容，方便在触发操作中使用。表 3－4－2 是事件是否支持 OLD、NEW 的对应关系。

**表 3－4－2　触发事件**

| 触发事件 | OLD | NEW |
| --- | --- | --- |
| INSERT | × | √ |
| DELETE | √ | × |
| UPDATE | √ | √ |

➢ 由于 UPDATE 相当于删除旧行（OLD），然后插入新行（NEW），所以 UPDATE 同时支持 OLD、NEW。

**实例 1**：创建一个触发器，当删除 stuinfo 数据库中 Student 表中某学生的信息时，同时将 Score 表中与该学生有关的数据全部删除。

步骤一：创建一个名为 stu_del 的触发器。

```
DELIMITER //
CREATE TRIGGER stu_del AFTER DELETE ON student FOR EACH ROW
BEGIN
DELETE FROM score WHERE sno = OLD.sno;
END //
```

代码运行结果如图 3－4－1 所示。

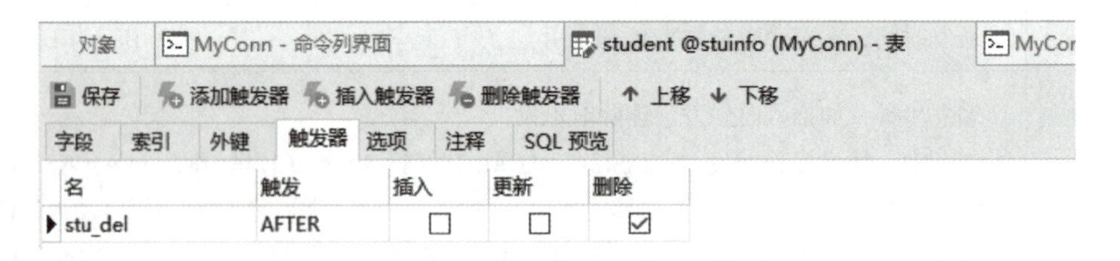


图 3－4－1　创建触发器 stu_del

➢ 右键单击 Student 表，打开设计表菜单，选中触发器，可以看见新创建的触发器 stu_del。

步骤二：验证触发器的功能。

```
DELETE FROM student WHERE sno = '2020010008';
```

代码运行结果如图 3－4－2 所示。

第一次执行删除 Student 表中数据的操作失败，是由于 Score 表有外键和 Student 表相关联，所以，删除相关外键后才能执行删除操作。成功删除 sno = '2020010008'的学生信息后，触发了触发器 stu_del，成功删除了 score ='2020010008'数据。

```
mysql> select * from score;
+------------+-----+--------+----------+
| Sno        | Cno | Uscore | EndScore |
+------------+-----+--------+----------+
| 2020010001 |   2 | 87.0   | 90.0     |
| 2020010001 |   4 | 80.0   | 69.0     |
| 2020010002 |   4 | 73.0   | 86.0     |
| 2020010003 |   4 | 69.0   | 70.0     |
| 2020010008 |   1 | 80.0   | 77.0     |
| 2020010008 |   7 | 50.0   | 66.0     |
| 2020010008 |   8 | 78.0   | 50.0     |
| 2020010009 |   1 | 80.0   | 68.0     |
| 2020010009 |   7 | 66.0   | 75.0     |
| 2020010009 |   8 | 59.0   | 80.0     |
+------------+-----+--------+----------+
10 rows in set (0.03 sec)

mysql> DELETE FROM student WHERE sno= '2020010008';
1451 - Cannot delete or update a parent row: a foreign key constraint fails (`stuinfo`.`score`, CONSTRAINT
`FK_student_score` FOREIGN KEY (`Sno`) REFERENCES `student` (`Sno`))
mysql> DELETE FROM student WHERE sno= '2020010008';
Query OK, 1 row affected (0.10 sec)

mysql> select * from score;
+------------+-----+--------+----------+
| Sno        | Cno | Uscore | EndScore |
+------------+-----+--------+----------+
| 2020010001 |   2 | 87.0   | 90.0     |
| 2020010001 |   4 | 80.0   | 69.0     |
| 2020010002 |   4 | 73.0   | 86.0     |
| 2020010003 |   4 | 69.0   | 70.0     |
| 2020010009 |   1 | 80.0   | 68.0     |
| 2020010009 |   7 | 66.0   | 75.0     |
| 2020010009 |   8 | 59.0   | 80.0     |
+------------+-----+--------+----------+
7 rows in set (0.04 sec)
```

图 3－4－2　验证触发器 stu_del

## 二、查看触发器

查看 MySQL 创建的触发器有三种方式：

方法一：通过 information_schema. triggers 表查看触发器。

➤ **语法格式**：select ＊ from information_schema. triggers；

方法二：查看当前数据库的触发器。

➤ **语法格式**：show triggers；

方法三：查看指定数据库的触发器。

➤ **语法格式**：show triggers from 数据库名；

## 三、删除触发器

和其他数据库对象一样，使用 DROP 语句即可将触发器从数据库中删除。

➤ **语法格式**：DROP TRIGGER 触发器名

## 任务实施

**实例 2**：设计触发器 trigger_borrow，当某学生借书成功后，图书表相应的图书不在架上，状态 book_num 变为 0。

**分析**：因为借书成功即往 Borrow 表中插入数据，该触发器的触发事件是 insert 事件；改变书的书架状态是在发生 insert 事件之后，所以是 after 触发器。

**步骤一**：

创建触发器 trigger_borrow。

**执行语句**：

```
DELIMITER //
create trigger trigger_borrow after insert on borrow for each row
BEGIN
update book set book_num = book_num -1
where book_id = new.book_id;
END //
```

代码运行结果如图 3 -4 -3 所示。

```
mysql> DELIMITER //
mysql> create trigger trigger_borrow after insert on borrow for each row
  BEGIN
    update book set book_num = book_num-1
    where book_id = new.book_id;
  END //
Query OK, 0 rows affected (0.09 sec)
```

图 3 -4 -3　创建触发器 trigger_borrow

➢ 触发器创建成功

**步骤二**：

通过 CALL 调用存储过程 proc_borrow 实现借书。

**执行语句**：

```
CALL proc_borrow('2020010001',11);
```

代码运行结果如图 3 -4 -4 和图 3 -4 -5 所示。

对象 | MyConn - 命令列界面 | borrow @bookinfo (MyConn) - 表

开始事务　文本　筛选　排序　导入　导出

| borrow_id | student_id | book_id | borrow_date | expect_return_date | status |
|---|---|---|---|---|---|
| 1 | 2020010001 | 2 | 2022-09-04 09:14:06 | 2022-10-04 09:14:06 | 1 |
| 2 | 2020010001 | 12 | 2022-09-04 10:01:36 | 2022-10-04 10:01:36 | 0 |
| 3 | 2020010001 | 11 | 2022-09-04 13:53:44 | 2022-10-04 13:53:44 | 1 |

图 3 -4 -4　验证触发器 trigger_borrow

➢ 在 Borrow 表中添加新的借书记录。

➢ 同时，Book 表中对应书籍的 book_num 变为 0，即不在书架上。

**实例 3**：设计触发器 trigger_return，当某学生成功还书后，图书表中相应的图书显示在架上，状态 book_num 变为 1。

**分析**：因为还书成功即 Returns 表中插入数据，该触发器的触发事件是 insert 事件；改变书的书架状态是在发生 insert 事件之后，所以是 after 触发器。

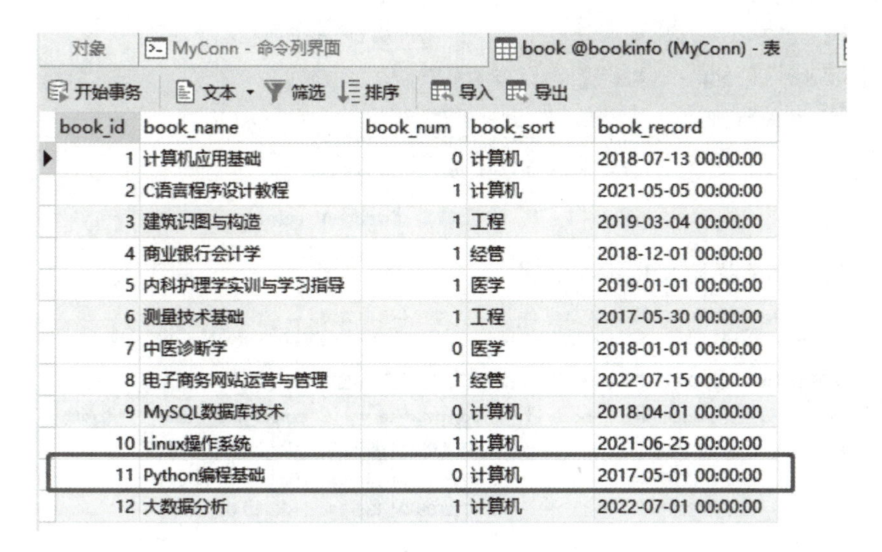

对象　MyConn - 命令列界面　book @bookinfo (MyConn) - 表

开始事务　文本　筛选　排序　导入　导出

| book_id | book_name | book_num | book_sort | book_record |
|---|---|---|---|---|
| 1 | 计算机应用基础 | 0 | 计算机 | 2018-07-13 00:00:00 |
| 2 | C语言程序设计教程 | 1 | 计算机 | 2021-05-05 00:00:00 |
| 3 | 建筑识图与构造 | 1 | 工程 | 2019-03-04 00:00:00 |
| 4 | 商业银行会计学 | 1 | 经管 | 2018-12-01 00:00:00 |
| 5 | 内科护理学实训与学习指导 | 1 | 医学 | 2019-01-01 00:00:00 |
| 6 | 测量技术基础 | 1 | 工程 | 2017-05-30 00:00:00 |
| 7 | 中医诊断学 | 0 | 医学 | 2018-01-01 00:00:00 |
| 8 | 电子商务网站运营与管理 | 1 | 经管 | 2022-07-15 00:00:00 |
| 9 | MySQL数据库技术 | 0 | 计算机 | 2018-04-01 00:00:00 |
| 10 | Linux操作系统 | 1 | 计算机 | 2021-06-25 00:00:00 |
| 11 | Python编程基础 | 0 | 计算机 | 2017-05-01 00:00:00 |
| 12 | 大数据分析 | 1 | 计算机 | 2022-07-01 00:00:00 |

图 3-4-5　验证触发器 trigger_borrow

**步骤一：**

创建触发器 trigger_return。

**执行语句：**

```
DELIMITER //
create trigger trigger_return after insert on returns for each row
BEGIN
update book set book_num = book_num +1
where book_id = (select book_id from borrow where borrow_id = new.borrow_id);
END //
```

代码运行结果如图 3-4-6 所示。

```
mysql> DELIMITER //
mysql> create trigger trigger_return after insert on returns for each row
    BEGIN
      update book set book_num = book_num+1
      where book_id = (select book_id from borrow where borrow_id = new.borrow_id);
END //
Query OK, 0 rows affected (0.17 sec)
```

图 3-4-6　创建触发器 trigger_return

**步骤二：**

通过 CALL 调用存储过程 proc_return 实现还书。

**执行语句：**

```
CALL proc_return (3);
```

代码运行结果如图 3-4-7 ~ 图 3-4-9 所示。

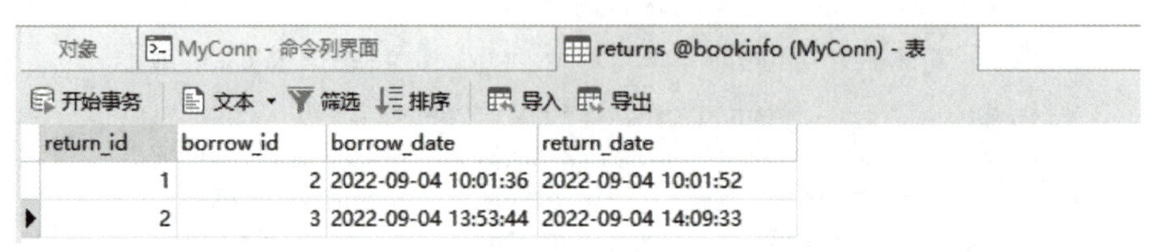

对象 | MyConn - 命令列界面 | returns @bookinfo (MyConn) - 表

开始事务 | 文本 | 筛选 | 排序 | 导入 | 导出

| return_id | borrow_id | borrow_date | return_date |
|---|---|---|---|
| 1 | 2 | 2022-09-04 10:01:36 | 2022-09-04 10:01:52 |
| 2 | 3 | 2022-09-04 13:53:44 | 2022-09-04 14:09:33 |

图 3-4-7　验证触发器 trigger_return

➢ 新的还书记录被插入 Returns 表中。

对象 | MyConn - 命令列界面 | borrow @bookinfo (MyConn) - 表

开始事务 | 文本 | 筛选 | 排序 | 导入 | 导出

| borrow_id | student_id | book_id | borrow_date | expect_return_date | status |
|---|---|---|---|---|---|
| 1 | 2020010001 | 2 | 2022-09-04 09:14:06 | 2022-10-04 09:14:06 | 1 |
| 2 | 2020010001 | 12 | 2022-09-04 10:01:36 | 2022-10-04 10:01:36 | 0 |
| 3 | 2020010001 | 11 | 2022-09-04 13:53:44 | 2022-10-04 13:53:44 | 0 |

图 3-4-8　验证触发器 trigger_return

➢ 同时，Borrow 表中借书流水号为 3 的 status 为 0，表示已归还。

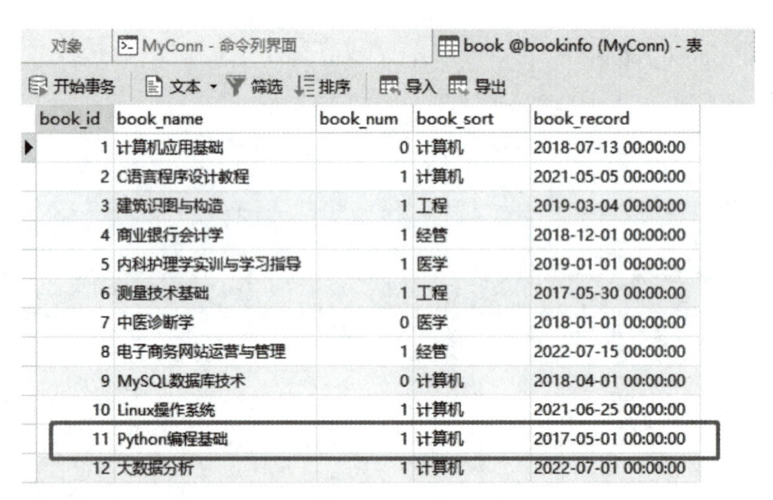

对象 | MyConn - 命令列界面 | book @bookinfo (MyConn) - 表

开始事务 | 文本 | 筛选 | 排序 | 导入 | 导出

| book_id | book_name | book_num | book_sort | book_record |
|---|---|---|---|---|
| 1 | 计算机应用基础 | 0 | 计算机 | 2018-07-13 00:00:00 |
| 2 | C语言程序设计教程 | 1 | 计算机 | 2021-05-05 00:00:00 |
| 3 | 建筑识图与构造 | 1 | 工程 | 2019-03-04 00:00:00 |
| 4 | 商业银行会计学 | 1 | 经管 | 2018-12-01 00:00:00 |
| 5 | 内科护理学实训与学习指导 | 1 | 医学 | 2019-01-01 00:00:00 |
| 6 | 测量技术基础 | 1 | 工程 | 2017-05-30 00:00:00 |
| 7 | 中医诊断学 | 0 | 医学 | 2018-01-01 00:00:00 |
| 8 | 电子商务网站运营与管理 | 1 | 经管 | 2022-07-15 00:00:00 |
| 9 | MySQL数据库技术 | 0 | 计算机 | 2018-04-01 00:00:00 |
| 10 | Linux操作系统 | 1 | 计算机 | 2021-06-25 00:00:00 |
| 11 | Python编程基础 | 1 | 计算机 | 2017-05-01 00:00:00 |
| 12 | 大数据分析 | 1 | 计算机 | 2022-07-01 00:00:00 |

图 3-4-9　验证触发器 trigger_return

➢ 同时，在 Book 表中对应书籍的 book_num 变为 1，即在书架上。

## 任务工单 9

**图书管理系统功能开发**

| 任务序号 | 2 | 任务名称 | 图书管理系统功能开发 | 学时 | 4 |
|---|---|---|---|---|---|
| 学生姓名 | | 学生学号 | | 班　级 | |
| 实训场地 | | 日　期 | | 任务成绩 | |
| 实训设备 | 安装 Windows 操作系统的计算机、互联网环境、MySQL 数据库管理系统 | | | | |
| 客户任务描述 | 创建存储过程和触发器，实现图书管理系统借阅功能的开发 | | | | |
| 任务目的 | 通过完成任务，掌握存储过程、触发器的设计及应用，提高解决实际问题的能力 | | | | |

**一、习题**

1. 使用关键字 CALL 可以调用的数据库对象是________。

2. 创建存储过程的关键字是________。

3. 查看所有的存储过程使用________语句。

4. 查看指定数据库中已存在的触发器语句、状态等信息，使用________。

5. MySQL 的触发器的触发时机分别是：在表中数据发生改变前的状态，对应关键字是________；在表中数据已经发生改变后的状态，对应关键字是________。

6. MySQL 的触发器的触发事件分别是：插入操作，对应关键字是________；更新操作，对应关键字是________；删除操作，对应关键字是________。

7. 在存储过程中，用于将执行顺序转到语句段开头处的是（　　）。[单选题]

A. LEAVE

B. ITERATE

C. EXIT

D. QUIT

8. 下面选项中，关于存储过程的说法，正确的有（　　）。[多选题]

A. 存储过程就是一条或多条 SQL 语句的集合

B. 将一系列复杂操作封装成一个代码块

C. 可以实现 SQL 代码重复使用

D. 减少数据库开发人员的工作量

**二、实施**

1. 创建实现学生注册功能的存储过程。

2. 实现借书功能的存储过程。

3. 实现还书功能的存储过程。

4. 创建改变图书状态的触发器，当书籍被借出后，下架，状态更新为 0；当书籍归还后上架，状态更新为 1。

续表

三、评估

1. 请根据自己任务完成的情况，对自己的工作进行评估，并提出改进意见。

（1）______________________________

______________________________

（2）______________________________

______________________________

（3）______________________________

______________________________

2. 工单成绩（总分为自我评价、组长评价和教师评价得分值的平均值）。

| 自我评价 | 组长评价 | 教师评价 | 总分 |
| --- | --- | --- | --- |
| | | | |

# 项目四

# 数据库综合应用

## ——网上购物商城数据库

### 项目背景

电子商务通常是指在全球各地广泛的商业贸易活动中，在因特网开放的网络环境下，基于客户端/服务端应用方式，买卖双方不谋面地进行各种商贸活动，实现消费者的网上购物、商户之间的网上交易和在线电子支付，以及各种商务活动、交易活动、金融活动和相关的综合服务活动的一种新型的商业运营模式。

网上购物商城通过搭建 B－C 模式的网上交易平台来完成商家与客户的商品交易活动，商家可以利用互联网进行商品的信息发布和打开产品的供销渠道，缩短生产和消费之间的时间路径、空间路径和人际路径，从而加快信息的传递速度，减少企业成本，提高企业的生产效率，增强企业营销竞争力，给销售商带来更多的利润空间。

客户可以浏览商城开放的业务和信息，可以查询商城的商品信息，若客户要购买商品，则必须在本商城注册并登录后方可进行商品交易活动。当客户登录本商城系统时，客户可以查询或修改个人信息，可以浏览、查询并购买商品，可以管理自己的购物车，可以查询订单，也可享受商城提供的个性化服务以及优惠服务等。农产品电商平台同样提供了一定的后台管理功能，商城管理员可以管理客户积分与等级，删除不合法客户；可以管理商品，包括商品信息入库、商品分类管理、商品信息删除、优惠商品信息、商品信息修改、订单管理等；可以管理订单，包括订单统计、查询历史订单、配送单管理等。

# 任务 1 需求分析

## 任务实施

### 一、系统的功能描述

#### 1. 前台销售系统功能

作为网上购物商城，前台销售系统提供以下功能：用户信息管理、商品信息管理、购物车管理、订单信息管理。

1）用户信息管理

①用户必须注册并登录本系统才能进行网上交易活动。一个用户只能拥有一个注册号（用户编号），注册号自动生成。一个注册号对应一个用户名，用户可以根据自己的喜好自行定义。

②用户所填资料必须真实，其中注册号、密码、姓名、性别、电话为必填资料。

③用户注册成功以后，其注册信息将自动被加入用户基本信息中。登录系统后，用户可以查询或修改个人信息。

2）商品信息管理

①用户登录本系统后，可以浏览本商城所展示的商品。

②用户登录本系统后，可以查找自己所需的商品。

③用户登录本系统后，可以购买自己选中的商品。

3）购物车管理

当客户选中某件商品时，可以将其放入购物车（购物车信息表），其中，“购物数量”字段由用户自己填写，并由商品价格×购物数量生成“商品总价格”字段。

4）订单信息管理

①用户确认购买购物车中的商品后，提交购物清单，此时将自动生成一张用户订单基本信息表，用户订单基本信息表包含了订单号、订购人的用户信息、订单接收人信息等，即用户可以修改其中的信息。

②当用户付款后，将自动生成一张订单明细表（用户订单详细信息表）。明细表中包括订单编号、物品编号和数量，以及生成订单总金额。

#### 2. 后台管理系统功能

本电子商城的后台管理系统将提供用户管理、商品管理、订单统计管理等功能，具体描述如下：

1）用户管理

①为用户建立一张基本表，用于添加用户个人信息。用户登录后，可以维护自己的个人信息，并且在向网站发出订单时会默认填写自己的联系信息。

②为用户赋予查询或修改个人信息的权利。

2）商品管理

①若商品库存量小于等于100，则提示要添加商品。

②若某种商品已不再销售，应将该商品信息删除。

③当商品入库时，将商品按不同的种类分类管理。

3）订单统计管理

①统计每种商品年销售总额，并显示销售总额排在前十名的商品以供用户浏览。

②统计商城所有订单的年销售总额，根据销售情况调整营销计划。

③统计每个用户年订单总额。

④统计商品上个月的销售总额，并显示销售总额排在前十名的商品供用户浏览。

## 二、实体之间的联系

### 1. 实体与数据

通过对电子商城各方面的分析，确定电子商城中的实体，包括用户、商品、商品类别。各实体包含的数据项分别如下：

（1）用户：用户号，用户名，密码，姓名，性别，电话，邮箱，地址，注册日期时间，用户级别。

（2）商品：商品编号，商品名称，上架日期，商品图片，商品简介，商品规格，商品价格，商品数量，商品浏览量。

（3）商品类别：类别编号，类别名称，父级类别，建立时间。

### 2. 联系与数据

通过以上的实体与数据可以得到如下实体间的联系：

（1）订单：订单号，订单日期，订单状态，订单接收人姓名，订单接收地址，用户号，订单总金额，订单接收人电话，订单接收人邮箱。

（2）订单明细：订单号，类别编号，商品编号，订购数量。

（3）购物车：购物车编号，用户号，商品编号，商品数量，商品总金额。

### 3. 实体之间的联系

通过以上分析，该数据模型确定如下规定：

（1）一个用户可以购买多种商品，一种商品可以被多个用户购买。

（2）一个商品可以属于一种类别，一种类别的商品可以包含多个商品。

（3）一个订单对应一个用户，一个用户对应多个订单。

（4）一个购物车属于一个用户，一个用户只有一个购物车。

实体之间的联系有：

（1）用户与商品之间（M：N）。

（2）商品与商品类别之间（1：N）。

（3）订单与用户之间（1：N）。

（4）用户与购物车之间（1：1）。

# 任务 2 概念设计

## 任务实施

通过对用户需求进行综合、归纳与抽象，形成一个独立于具体 DBMS 的概念模型，并采用自底向上的方法，用 E－R 图表示各实体之间的联系。

## 一、实体图

通过需求分析得到用户、商品、购物车等最基本的实体，实体图如下：

（1）用户实体图，如图 4－2－1 所示。

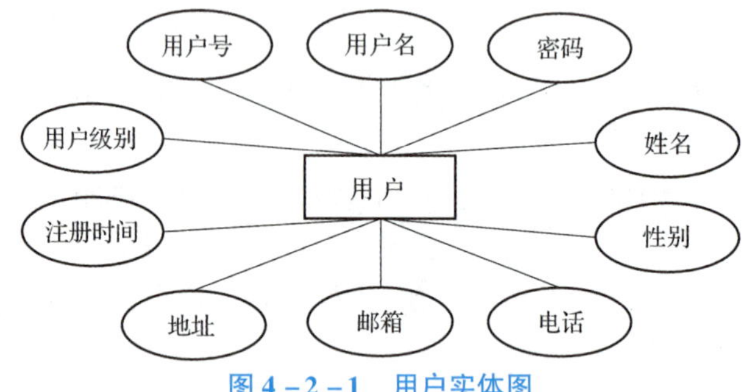


图 4－2－1 用户实体图

（2）商品实体图，如图 4－2－2 所示。

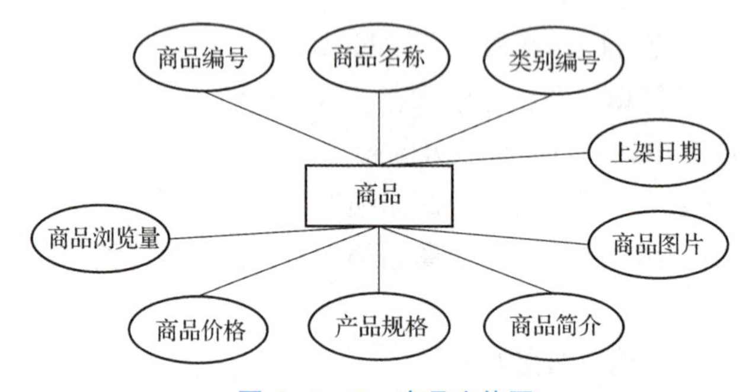


图 4－2－2 商品实体图

（3）商品类别实体图，如图 4－2－3 所示。

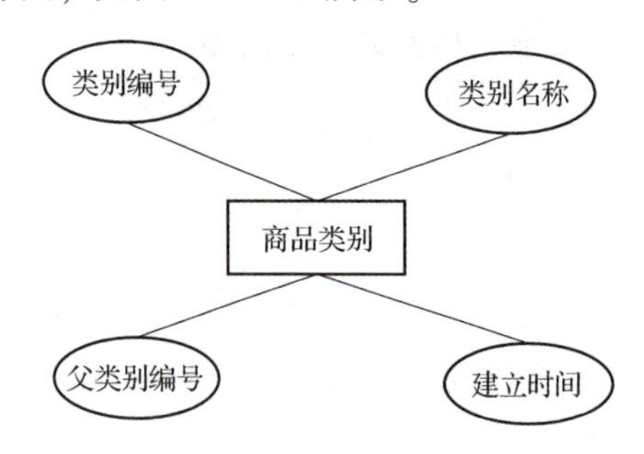


图 4－2－3 商品类别实体图

## 二、多个实体间的联系图

实体与实体间有多种联系，画出各种实体间的联系图如下：

（1）商品与商品类别间的联系图，如图 4－2－4 所示。

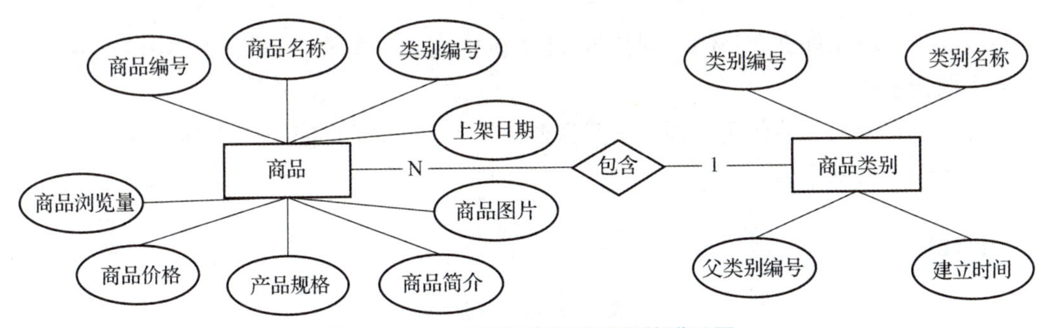


图 4－2－4　商品与商品类别间的联系图

（2）用户与商品实体之间的联系图，如图 4－2－5 所示。

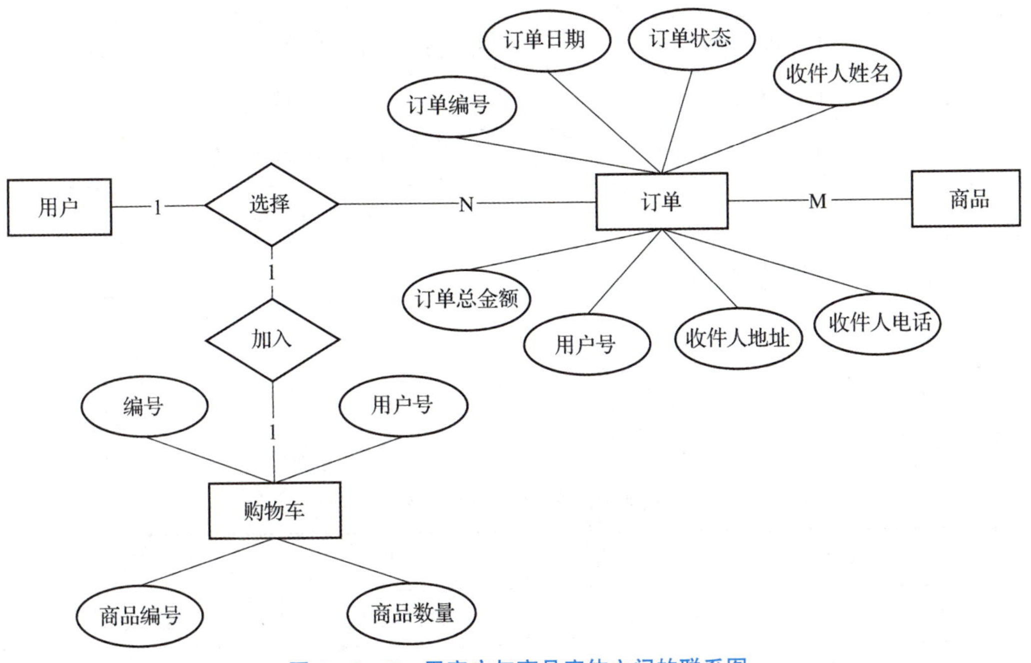


图 4－2－5　用客户与商品实体之间的联系图

# 任务3 逻辑设计

## 任务实施

本次设计的数据库在 MySQL 数据库管理系统中实现，将概念结构设计中的 E－R 图转换成关系数据模型。

通过关系转换与关系优化，根据参照完整性，表与表之间有主键、外键、用户自定义约束，最终得到 6 张基本表。

## 一、表汇总（表 4－3－1）

表 4－3－1 表汇总

| 序号 | 数据库表 | 数据库表存储内容 |
| --- | --- | --- |
| 1 | UserInfo | 用户基本信息 |
| 2 | Orders | 用户订单的基本信息、订单发送地址等 |
| 3 | Orderdetail | 用户订单的商品内容 |
| 4 | Goodstype | 商城内物品的类别信息 |
| 5 | Goods | 商城内物品的基本信息 |
| 6 | Shopping_Cart | 购物车信息表 |

## 二、各表信息

### 1. 用户基本信息（UserInfo）（表 4－3－2）

表 4－3－2 UserInfo 表结构

| 序号 | 字段名 | 字段类型 | 说明 | 备注 |
| --- | --- | --- | --- | --- |
| 1 | U_id | Int | 用户号 | 主键、自增 |
| 2 | U_name | Varchar(50) | 用户名 | Not Null |
| 3 | U_pwd | Varchar(20) | 密码 | Not Null |
| 4 | U_realname | Varchar(20) | 真实姓名 | Not Null |
| 5 | U_sex | Enum('男','女') | 性别 | Not Null |
| 6 | U_tel | Varchar(11) | 电话 | Not Null |
| 7 | U_email | Varchar(80) | E_mail | |

续表

| 序号 | 字段名 | 字段类型 | 说明 | 备注 |
| --- | --- | --- | --- | --- |
| 8 | U_address | Varchar(200) | 地址 | |
| 9 | U_regTime | Datetime | 注册时间 | 系统自动记录 |
| 10 | U_leave | Int | 用户级别 | |

（1）用户号为客户表的主键，为整型自增。

（2）性别只能为“男”或“女”，使用枚举数据类型。

（3）注册时间使用系统当前时间，由系统自动生成。

（4）客户表中的客户等级为三级：0—初级用户，1—重要用户，2—VIP。默认为0。

### 2. 用户订单基本信息表（Orders）（表4-3-3）

**表4-3-3 Orders表结构**

| 序号 | 字段名 | 字段类型 | 说明 | 备注 |
| --- | --- | --- | --- | --- |
| 1 | Odr_no | Int | 订单编号 | 主键、自增 |
| 2 | Odr_time | Datetime | 订单日期 | 系统自动记录 |
| 3 | Odr_state | Int | 订单状态 | 订单状态<br>0—未处理；1—备货；<br>2—已发货；3—货已到；<br>4—账单已结；5—退货 |
| 4 | Odr_recname | Varchar(20) | 订单接收人姓名 | |
| 5 | Odr_address | Varchar(200) | 订单接收地址 | |
| 6 | Usr_id | Int | 订购人 id | 买家用户信息 |
| 7 | Odr_totalprice | double(8,2) | 订单总金额 | |
| 8 | Odr_phone | Varchar(11) | 订单接收人电话 | |

（1）订单表中订单编号为主键。

（2）订单表中的订单日期使用系统当前时间，由系统自动生成。

（3）订单状态设置默认值为0。

（4）订单接收人的信息默认为已注册用户的信息。

（5）一个用户购买某种商品的数量不能超过该商品的库存量，当用户购买之后，该商品的库存量应自动减少。

### 3. 用户订单明细表（Orderdetail）（表 4-3-4）

**表 4-3-4 Orderdetail 表结构**

| 序号 | 字段名 | 字段类型 | 说明 | 备注 |
|---|---|---|---|---|
| 1 | Odr_no | Int | 订单号 | 主键 |
| 2 | G_id | Int | 商品编号 | 主键 |
| 3 | St_typeid | Int | 类别编号 | |
| 4 | List_num | Int | 订购数量 | |

（1）订单明细表中订单编号和商品编号为主键。

（2）订单明细表中的订单编号应参照订单表中的订单编号。

（3）订单明细表中的商品编号应参照商品表中的商品编号。

（4）当生成订单明细表后，订单表要自动生成，订单时间由系统自动生成，当修改订单明细表时，订单总表也要做相应的修改。

### 4. 商品类别的基本信息表（Goodstype）（表 4-3-5）

**表 4-3-5 Goodstype 表结构**

| 序号 | 字段名 | 字段类型 | 说明 | 备注 |
|---|---|---|---|---|
| 1 | St_typeid | Int | 类别编号 | 主键 |
| 2 | St_name | Varchar(100) | 类别名称 | |
| 3 | St_fid | Int | 父类别编号 | Null 表示根类别 |
| 4 | St_inputdate | Datetime | 建立时间 | 系统时间 |

（1）商品类别表中商品类别编号为主键。

（2）父类别编号如果为 Null，表示该类为根类别。

（3）商品类别表中的建立日期使用系统当前时间，由系统自动生成。

### 5. 商品基本信息表（Goods）（表 4-3-6）

**表 4-3-6 Goods 表结构**

| 序号 | 字段名 | 字段类型 | 说明 | 备注 |
|---|---|---|---|---|
| 1 | G_id | Int | 商品编号 | 主键、自增 |
| 2 | G_name | Varchar(100) | 商品名称 | Not null |
| 3 | G_typeid | Int | 类别编号 | 商品类别 |
| 4 | G_time | Datetime | 上架日期 | |
| 5 | G_imgurl | Varchar(200) | 商品图片 | |

续表

| 序号 | 字段名 | 字段类型 | 说明 | 备注 |
|---|---|---|---|---|
| 6 | G_content | Varchar(4000) | 商品简介 | |
| 7 | G_standard | Varchar(20) | 产品的规格 | 比如斤两或者长度 |
| 8 | G_value | double(8,2) | 商品价格 | |
| 9 | G_num | Int | 商品库存 | 默认0 |
| 10 | G_point | Int | 商品浏览量 | |

（1）商品表中商品编号为主键，数据类型为整型自增。

（2）商品表中的商品类别编号应参照商品类别表中的类别编号。

（3）商品表中的上架日期为该商品第一次入库时系统当前时间，由系统自动生成。

（4）商品表中的商品库存默认为0。

### 6. 购物车信息表（Shopping_Cart）（表4-3-7）

**表4-3-7　Shopping_Cart表结构**

| 序号 | 字段名 | 字段类型 | 说明 | 备注 |
|---|---|---|---|---|
| 1 | Cart_id | Int | 编号 | Primary key |
| 2 | Usr_id | Int | 用户号 | 用户信息 |
| 3 | G_id | Int | 商品编号 | 商品信息 |
| 4 | Cart_num | int | 商品数量 | |
| 5 | Cart_sum | float | 商品总金额 | |

（1）购物车表中购物车编号和商品编号为主键。

（2）购物车表中的用户号应参照用户表中的用户号。

（3）购物车表中的商品数量默认为“0”。

（4）购物车表中的用户编号和购物车编号应该一一对应，一个用户只有一个购物车。

## 任务工单 10

**网上购物商城数据库设计**

<table>
<tr><td>任务序号</td><td>2</td><td>任务名称</td><td>网上购物商城数据库设计</td><td>学时</td><td>8</td></tr>
<tr><td>学生姓名</td><td></td><td>学生学号</td><td></td><td>班　级</td><td></td></tr>
<tr><td>实训场地</td><td></td><td>日　期</td><td></td><td>任务成绩</td><td></td></tr>
<tr><td>实训设备</td><td colspan="5">安装 Windows 操作系统的计算机、互联网环境、MySQL 数据库管理系统</td></tr>
<tr><td>客户任务描述</td><td colspan="5">创建网上商城数据库，实现订购功能，并进行数据分析</td></tr>
<tr><td>任务目的</td><td colspan="5">通过完成任务，强化学生数据库技术综合能力，培养学生以项目视角解决实际问题的能力</td></tr>
</table>

**一、实施**

根据项目中的设计，创建数据库及出购物车信息表外的 5 张表，并完成以下和数据库有关的功能。

1. 创建存储过程

| 数据存储过程名 | 功能 | 处理说明 |
|---|---|---|
| insert_user | 插入新的用户信息 | 当用户成功注册后，自动在用户表中添加该用户的注册信息 |
| select_sales | 查询订单 | 当客户查询时，只能查询其个人订单信息 |
| insert_product | 添加新的商品信息 | 在存储过程中用 insert 语句添加新的商品信息 |
| insert_kind | 添加新的商品类别信息 | 添加新的商品信息时，若其属于新的类别，则应先在类别表中添加该商品类别 |
| add_prod | 提示添加商品信息 | 当商品库存量小于 100 时，提示要添加商品 |
| prod_name_select | 按商品名称查询商品信息 | 用户可以输入商品名称查询自己想要的商品 |
| add_shopcart | 往购物车中放入商品 | 用户单击“购买”按钮时，自动生成一张购物车表 |
| delete_shopcart | 清空购物车 | 当客户提交购物清单后，自动把购物车中的商品信息清除 |

2. 创建触发器

| 触发器名 | 功能 | 处理说明 |
|---|---|---|
| detect_qty | 检测客户输入的商品数量是否超过库存量 | 当用户输入商品数量时，检测其是否超过库存量，若是，则提示“您所购买的数量超过库存量，请重新输入！”，否则，在商品表中库存量应做相应的减少 |
| update_sale_item | 更新订单总表 | 当修改订单明细表的数量或单价时，订单总表的 tot_amt值应做相应的修改 |

续表

3. 创建视图

| 视图名 | 功能 | 处理说明 |
| --- | --- | --- |
| cust_hero_view | 生成用户消费排行榜 | 把消费总金额排在前 20 位的用户放在视图表中，以供浏览 |
| calculate_year_sale_view | 统计商品年销售总额 | 年终时统计商品本年度销售总额，并显示前 10 名的商品 |

**二、评估**

1. 请根据自己任务完成的情况，对自己的工作进行评估，并提出改进意见。

(1) ______________________________

______________________________

(2) ______________________________

______________________________

(3) ______________________________

______________________________

2. 工单成绩（总分为自我评价、组长评价和教师评价得分值的平均值）。

| 自我评价 | 组长评价 | 教师评价 | 总分 |
| --- | --- | --- | --- |
| | | | |